프로가 가르쳐 주는

말랑말랑 2

전자회로

飯高 成男 감수 · 宇田川 弘 저

Electronic Circuit

日本 옴사 · 성안당 공동 출간

프로가 가르쳐 주는

전 자 회 로

Original Japanese edition
Naruhodo Nattoku! Denshikairo ga Wakaru Hon
by Shigeo Iidaka and Hiroshi Udakawa

Published by Ohmsha, Ltd.

This Korean Language edition is co-published by Ohmsha, Ltd. and SEONG AN DANG Publishing Co.

감수의 말

전자회로는 우리 주변에 있는 가전 전자제품을 비롯하여, 사무실에 있는 OA 기기, 공장에서 사용하는 측정기와 전력·전자 기기 등 여러 방면의 제품에 내장되어 주요 부분을 담당하고 있다. 전자회로를 이해하기 위해서는 전기·전자에 대한 기초 지식, 전자회로를 구성하는 제품, 이름이 붙여진 각종 전자회로, 전자회로를 응용한 주위의 가전 전자제품의 구조 등을 알아야 할 필요가 있다.

필자인 우다가와 선생님은 도립 공업고등학교에서 전기·전자과 교사로 교편을 잡고 계시면서, 섬세하고 꼼꼼한 알기 쉬운 수업을 진행하며 지도에 힘쓰셨다. 현재는 도쿄도 교직원연수센터 연구부 기술교육과의 전문교육주사로서 교직원들 및 학생들에게 실습 지도를 하고 계시며, 진지한 교육에 대한 열정으로 선생님들과 학생들로부터 신뢰와 존경을 얻고 있다.

이 책은 광범위한 분야에 걸쳐 있는 전자회로에 있어서, 필자의 품성과 전기·전자에 대한 지도력이 스며들어 완성된 책으로, 정선되고 꼼꼼한 해설은 실로 「작은 대사전」에 어울릴 정도가 되어 있다.

따라서 전자공학에 취미있는 중학생이나 고등학생을 비롯하여, 기계·화학·건축 등 전기·전자 계열 이외의 엔지니어와 대학생 중에 전자회로를 처음 학습하는 분, 전기·전자 계열 전공학생들, 공업고등학교 학생들이 전자회로의 입문용 참고서로서 활용한다면 전자회로를 제작하는 등 전자회로를 즐기면서 지식을 익힐 수 있을 것으로 기대하고 있다.

끝으로 바쁘신 중에 원고 집필에 시간을 할애해 주신 Hirosi Woodagawa(宇田川 弘) 선생님 및 이 책의 출판을 지도해 주신 옴사 출판부 여러분께 깊이 감사의 말씀을 드린다.

이다카 시게오(飯高 成男)

머리말

과학기술의 진보는 두드러져 눈부심을 느끼게 할 정도가 되었다. 특히, 전자회로의 부품 발달에 힘입어 제품의 소형·경량화, 저소비전력화 진행과 함께 성능·품질·신뢰성도 점점 향상되고 있다. 컴퓨터, 휴대전화, DVD(Digital Versatile Disc), 게임기, MDLP(MD Long Play), 디지털 방송 등 차례차례 새로운 기술과 함께 제품화되어 세상 속으로 나오고 있다.

현대에는 우리들의 생활도 상당히 편리해졌다. 전기제품이 없는 생활따윈 거의 생각할 수도 없고, 이젠 없어선 안 될 것이라고 생각한다. 그런데 그 전기제품의 대부분이 전자회로에 의해 구성되어 있다.

이 책은 처음 「전자회로」에 대해 학습하는 사람들을 위한 입문서로서, 기본적인 사항에 대해 다루고 있다. 전자회로의 내용을 깊게 알고 싶을 때 실마리가 될 수 있도록 고려했고, 전문용어도 알기 쉽게 풀어썼기 때문에 나중에 찾아볼 때 편리하다.

끝으로, 이 책이 출판될 수 있도록 지도해 주신 Sigeo Iidaka(飯高成男) 선생님과 옴사 출판부 여러분들에게 깊이 감사의 말씀을 드린다.

우다가와 히로시(宇田川 弘)

차 례

01 전자회로의 기초

02 전자회로의 부품

03 아날로그 회로

06 가전제품의 구조

제 1 장

전자회로의 기초

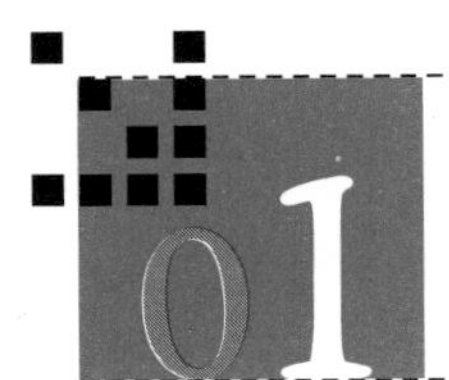

01 전자회로의 세계로 출발 ! … 전자회로란?

전기의 흐름을 전류라고 한다. 그런데 이 전류라는 현상을 관찰해 보면, 그림 1-1과 같이 전류는 전자의 이동에 따라 흐르고 있다는 것을 알 수 있다. 특히 다이오드와 트랜지스터, IC(집적회로) 같은 반도체 소자는 전자의 흐름을 제어하기 쉬운 성질을 가지고 있어서, 이것들을 전자소자(電子素子)라고 부르기도 한다.

따라서 전자회로란 저항, 코일, 콘덴서 등의 부품과 함께 다이오드, 트랜지스터, IC 같은 전자소자를 적절히 조합하여 어떠한 작용을 가지도록 구성한 것을 말한다.

그림 1-2는 증폭작용을 하는 B급 푸시풀 회로(push-pull circuit)라고 불리는 전자회로의 일종이다. 또한, 우리들 주변에 있는 텔레비전 수신기(일반적으로 텔레비전이라고 하고 있다)에는 많은 전자회로가 내장되어 있다. 예를 들어 그림 1-3과 같이 방송국으로부터 전파를 타고 보내져 오는 신호를 안테나로 수신하고 나면, 방송국을 선택하는 전자회로, 음성(소리)과 영상(그림)을 재현하는 전자회로 등이 있다. 텔레비전 수신기는 이처럼 부분적인 작용을 하는 다수의 전자회로가 적절히 조합되어 가정에서 소리와 영상을 즐길 수 있게 된다.

그림 1-1 전류와 전자

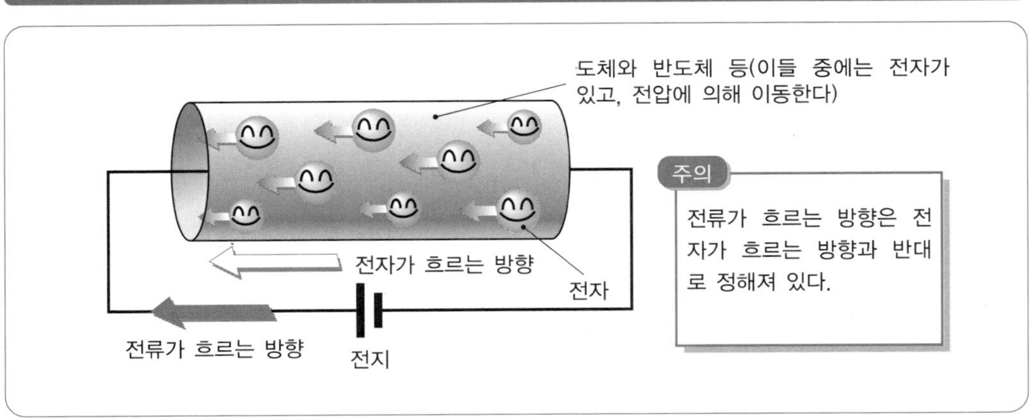

그림 1-2 B급 푸시풀 회로(push-pull circuit)

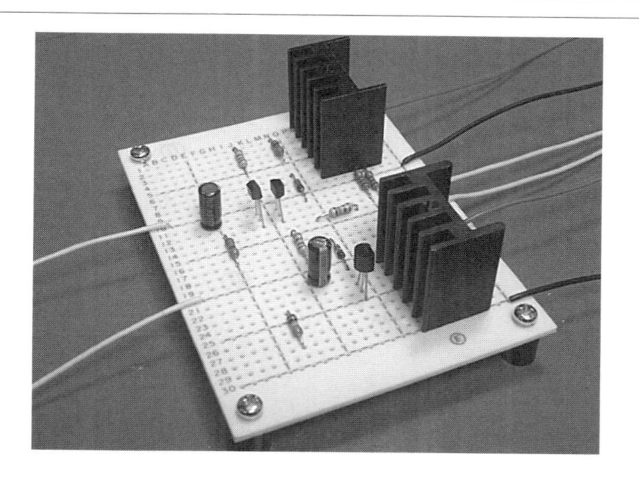

그림 1-3 텔레비전 수신기 안의 전자회로 일부

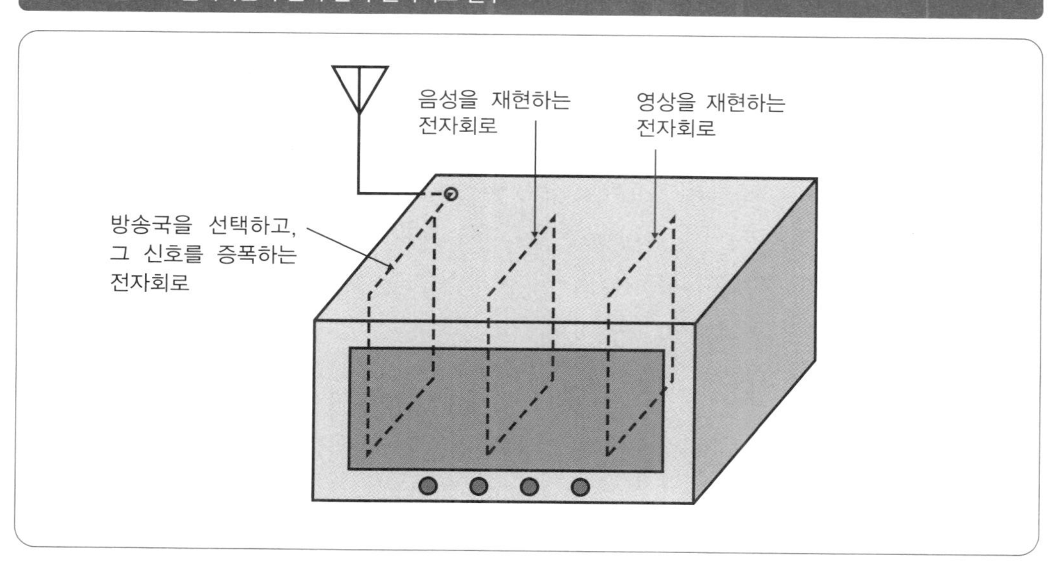

전지와 콘센트의 전원 … 직류와 교류

전압과 전류를 크게 나누면 직류와 교류로 나눌 수 있다.

■ 직류

DC(Direct Current)라고도 하며, 표 1-1과 같이 시간이 경과해도 크기와 방향이 일정하다. 대표적으로 건전지를 들 수 있는데, 플러스(+)와 마이너스(-)의 극성이 정해져 있다. 휴대전화나 워크맨, 손목시계, 노트북 컴퓨터, 자동차와 오토바이 등도 직류전원으로 동작한다. 직류전원으로 동작하는 장치는 +와 -의 극성이 바뀌면, 동작하지 않거나 고장의 원인이 될 수 있으므로 주의가 필요하다.

■ 교류

AC(Alternating Current)라고도 하며, 표 1-1과 같이 시간에 따라 크기와 방향이 주기적으로 변화한다. 대표적으로 가정 내의 콘센트에서 얻을 수 있는 전원이 있으며, 교류전압의 크기는 100[V](주 : 일본의 경우)이다. 콘센트는 +· - 극성이 정해져 있지 않기 때문에 플러그를 좌우 어느 쪽으로든 꽂기만 하면 전자제품이 동작하게 된다. 또한, 그림 1-4에서 알 수 있듯이 일본의 경우 지역에 따라 교류의 주파수가 다르다. 대체적으로 후지가와를 경계로 동일본은 50[Hz], 서일본은 60[Hz]로 되어 있다. 전기제품에 따라서는 주파수가 다르면 속도와 밝기, 열량 등 여러 가지 문제가 발생하는 경우도 있지만, 특별히 주파수를 지정하지 않은 것은 전국 어느 지역에서도 사용할 수 있다.

가정용 교류는 정현파 교류(사인 웨이브)라는 파형으로 되어 있다. 이 밖에 그림 1-5와 같이 교류 파형에는 삼각파와 톱날파 등이 있으며, 전자회로에서 자주 사용되고 있다. 또한, 자동차 안에서 교류 전원으로 사용할 수 있는 인버터(직류를 교류로 변환)가 있는데, 이 파형은 대부분 방형파(方形波)를 이루고 있다.

표 1-1 직류와 교류

구분	파형	회로기호	전원기호
직류	크기, 방향이 일정 + 0 − 시간		═
교류	크기 방향이 주기적으로 변화 + 0 − 시간		~

그림 1-4 일본의 교류 주파수

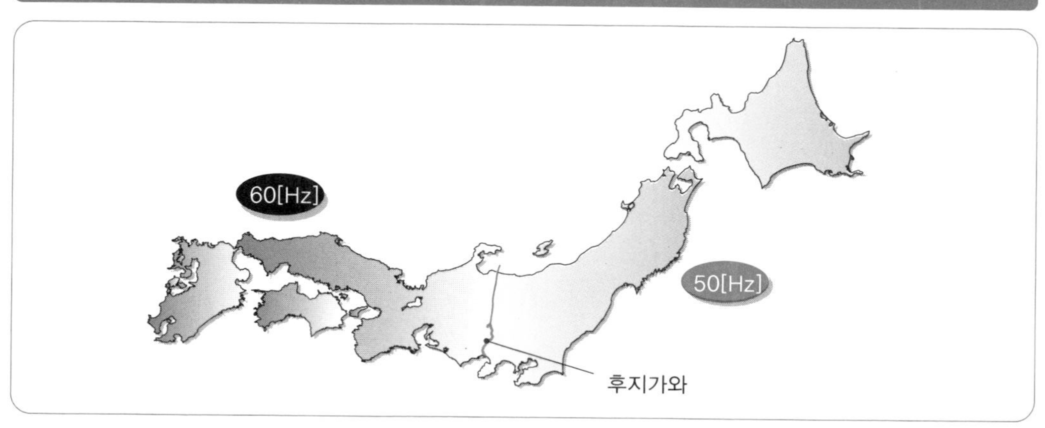

그림 1-5 다양한 교류파형

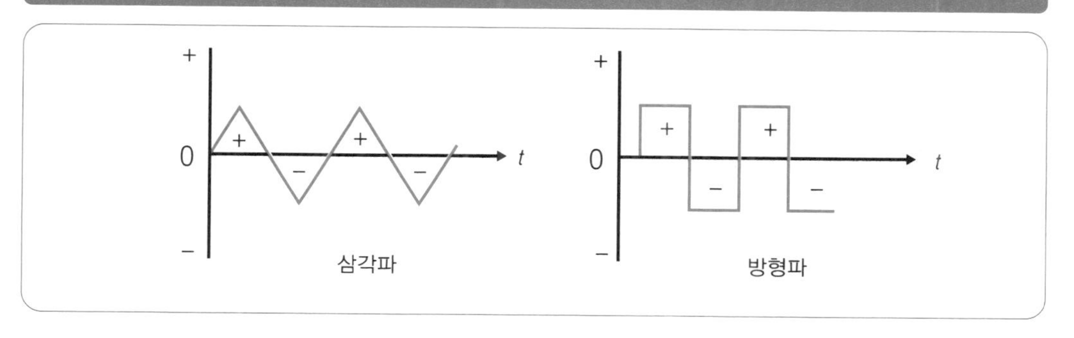

텔레비전과 위성방송과의 차이 … 주파수와 전파

■ 주파수

주파수란 그림 1-6과 같이, 1초 동안 동일한 파형이 반복되는 주기적인 변화의 횟수를 말하며, f로 나타내고 단위로는 헤르츠(Hz)를 사용한다. 1회의 변화에 필요한 시간을 주기라고 하며, T로 나타내고 단위로는 초(s)를 사용한다.

따라서 주파수 f와 주기 T와의 사이에는 다음과 같은 식이 성립한다.

$$f=\frac{1}{T}[\mathrm{Hz}]$$

가정에 공급되고 있는 교류전압은 1초에 50회 전압의 크기와 방향이 변화하므로, 주파수는 50[Hz], 주기는 0.02[s]가 된다. 덧붙여, 인간의 가청 주파수(들리는 주파수)는 개인차가 있지만, 20[Hz]~20[kHz]의 소리를 들을 수 있다.

■ 전파

그림 1-7과 같이 도체 안에 고주파 전류를 흘리면, 고주파 전류와 동일한 주파수의 전계(電界)와 자계(磁界)의 파가 발생한다. 이것을 전자파(電磁波)라고 한다. 전파란 주파수가 3,000[GHz] 이하의 전자파를 말하고, 빛과 동일한 속도로 공간으로 퍼져 나간다. 또한, 주파수 f와 파장 λ의 관계는 다음과 같다.

$$\lambda=\frac{3\times10^8}{f}[\mathrm{m}]$$

따라서 전파의 파장은 주파수에 의해 결정되며, 주파수가 높을 때는 파장이 짧아진다. UHF 텔레비전이나 휴대전화처럼 주파수가 높은 것은 파장이 짧기 때문에 안테나를 짧게 할 수 있는 것이다.

표 1-2에 전파의 종류와 주요 용도를 나타낸다. 덧붙여, 텔레비전의 전파는 VHF(173 [MHz]), 위성방송은 SHF(11.84256[GHz])이다.

그림 1-6 주파수와 주기

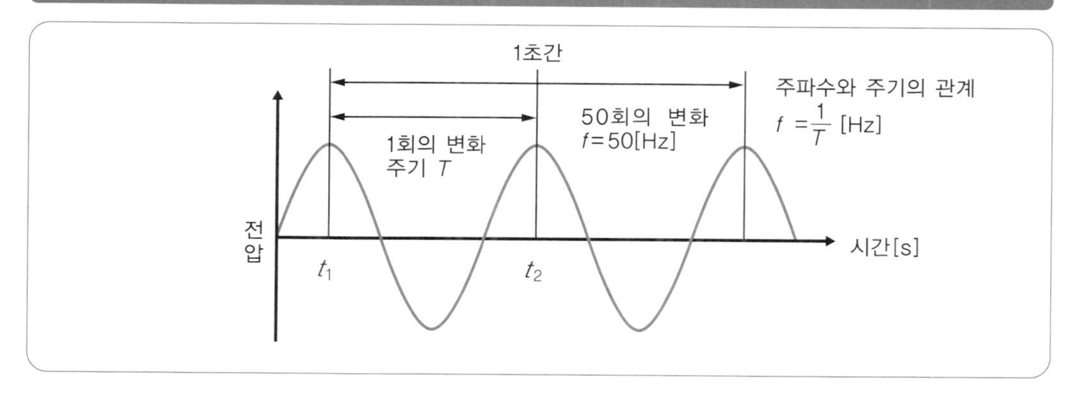

그림 1-7 전파의 발생

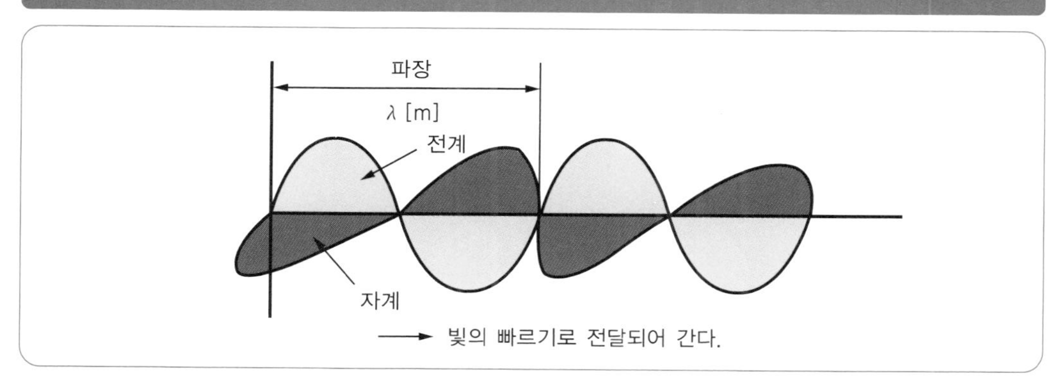

표 1-2 전파의 종류와 주된 용도

명칭	파장(λ)	주파수(f)	주된 용도
초단파			
	10[km]	30[kHz]	
장파(LF)			열차무선, 해상무선
	1[km]	300[kHz]	
중파(MF)			AM 라디오 방송, 선박의 무선통신
	100[m]	3[MHz]	
단파(HF)			항공·선박 무선
	10[m]	30[MHz]	
초단파(VHF)			텔레비전 방송, FM 라디오 방송, 아마추어 무선, 포켓 벨
	1[m]	300[MHz]	
극초단파(UHF)			텔레비전 방송, 휴대전화, 자동차 전화
	10[cm]	3[GHz]	
마이크로파(SHF)			위성방송, 통신위성, 레이더
	1[cm]	30[GHz]	
밀리파(EHF)			단거리 무선(위성간 통신)
	1[mm]	300[GHz]	
서브밀리파			

04 기본 중의 기본 … 옴의 법칙

옴의 법칙이란 전류 I[A], 전압 V[V], 저항 R[Ω]의 관계를 말한다.

우선 그림 1-8과 같은 측정회로에 있어서 저항을 일정하게 했을 때의 전압과 전류의 관계를 살펴보자. 전압을 2배, 3배로 크게 하면, 전류도 2배, 3배로 커지고, 그래프와 같이 전류는 전압에 비례한다는 것을 알 수 있다.

다음으로 그림 1-9와 같은 측정회로에 있어서 전압을 일정하게 했을 때의 저항과 전류의 관계를 살펴보자. 저항을 2배, 3배로 크게 하면, 전류는 1/2, 1/3로 작아지고, 그래프와 같이 전류는 저항에 반비례한다는 것을 알 수 있다.

이상의 사실로부터 다음과 같은 식을 얻을 수 있다.

$$I=\frac{V}{R}\ \text{[A]}$$

이 관계는 1826년 독일의 물리학자 옴(Georg Simon Ohm)에 의해 증명되어, 그의 이름을 따서 옴의 법칙이라고 불리고 있다.

또한, 위 식을 다음과 같이 변형할 수 있고, 흔히 잘 쓰이고 있다.

$$V=RI\ \text{[V]}$$

$$R=\frac{V}{I}\ [\Omega]$$

여기서 $I=V/R$를 $I=GV$로 나타냈을 때 $G=1/R$이라는 관계가 성립한다. 이 G는 컨덕턴스라고 불리며, 단위로는 지멘스(단위기호 : S)를 사용한다. 컨덕턴스 G[S]는 전류가 얼마나 잘 통하는지를 나타내는 양(직류 전기 전도도)이다.

그림 1-8 저항 일정인 전압과 전류

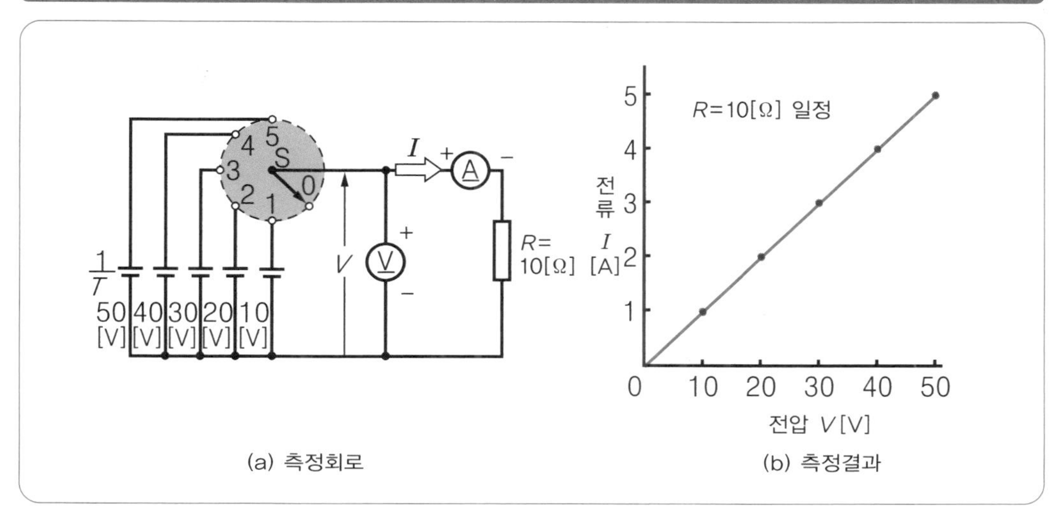

(a) 측정회로 (b) 측정결과

그림 1-9 전압 일정인 저항과 전류

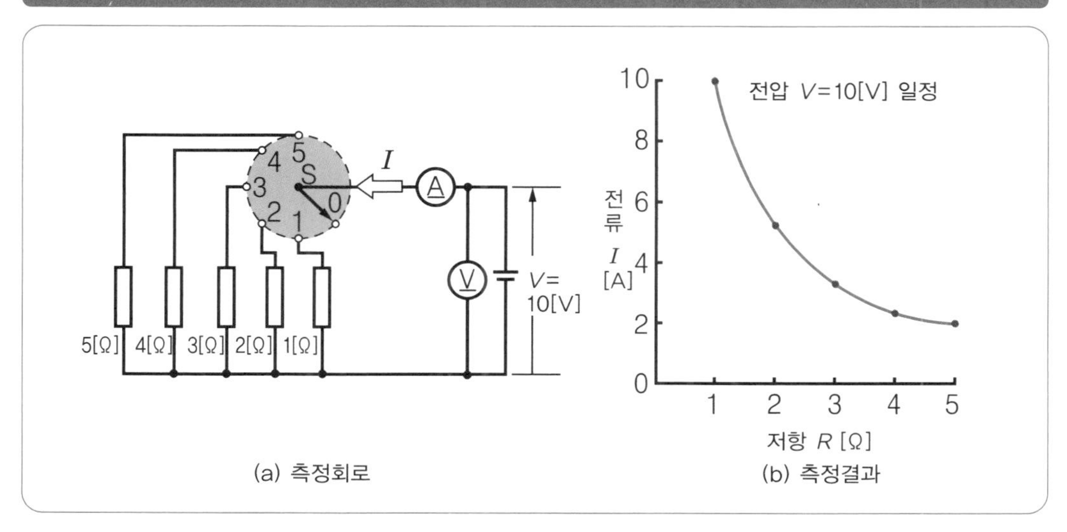

(a) 측정회로 (b) 측정결과

05 알아두면 편리하다! … 옴의 법칙 암기법

옴의 법칙의 전압 V[V], 전류 I[A], 저항 R[Ω]의 셋의 관계는 그림 1-10에 의해 간단히 외울 수 있다.

그림 1-10과 같이 제일 처음에 원을 그리고 이것을 3개로 구획한다. 윗부분에 전압 V [V], 아랫부분에 저항 R[Ω]과 전류 I[A]를 기입한다. 그림에서 아래·위는 나눗셈으로서, 위는 분자, 아래는 분모, 또한 아랫부분끼리는 곱셈으로 한다. 미지수를 구할 경우는 그 부분을 그림과 같이 손가락으로 가리고, 남은 부분을 계산한다. 따라서 R은 V를 I로 나누면 된다. 마찬가지로 I를 구하기 위해서는 V를 R로 나누고, V는 R과 I를 곱하면 된다.

그림 1-11은 전압 V와 전류 I의 값을 나타낸 것으로, 전지의 전압 V=1.5[V], 전류 I=0.5[A]라고 하면, 저항의 값은 몇 [Ω]이 될까? 이런 때 그림 1-10의 식을 유도하여 $R=V/I$가 되고,

$$R=\frac{V}{I}=\frac{1.5}{0.5}$$

으로, R=3[Ω]이 된다.

그렇다면 그림 1-12일 때는 전류는 어느 정도 흐르게 될까? 이 경우는 그림 1-10에서 I를 손으로 누르면 $I=V/R$이 된다. 이때 전지의 전압은 1.5[V]가 2개이므로, $V=1.5\times2=3$[V]가 된다.

그러므로

$$I=\frac{V}{R}=\frac{3}{3}=1[\text{A}]$$

가 된다.

전지가 2개분이 되면 전류도 2배가 흐르고, 전구의 밝기도 전지 1개일 때보다 밝게 빛난다.

그림 1-10 옴의 법칙

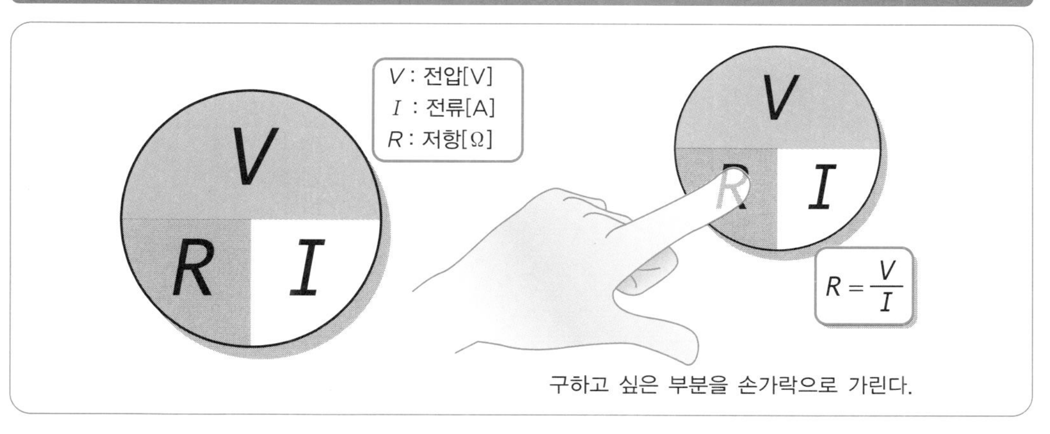

그림 1-11 전압과 전류의 값을 알 수 있는 경우

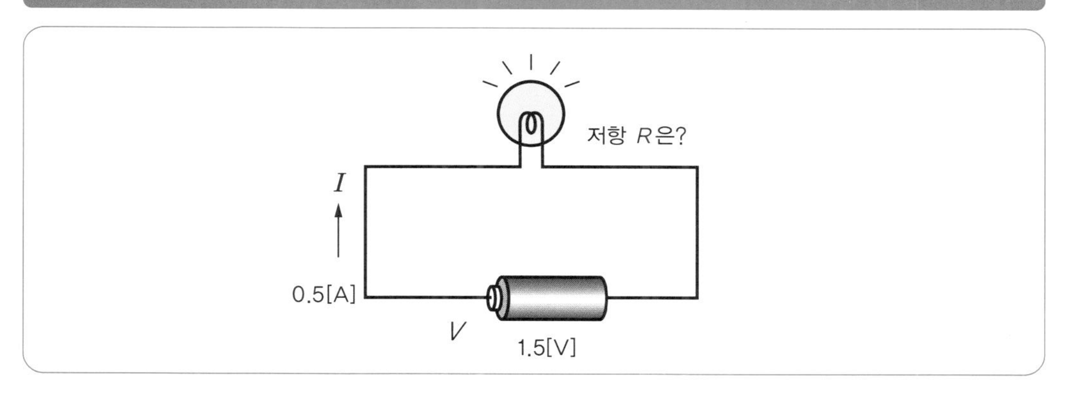

그림 1-12 전압과 저항의 값을 알 수 있는 경우

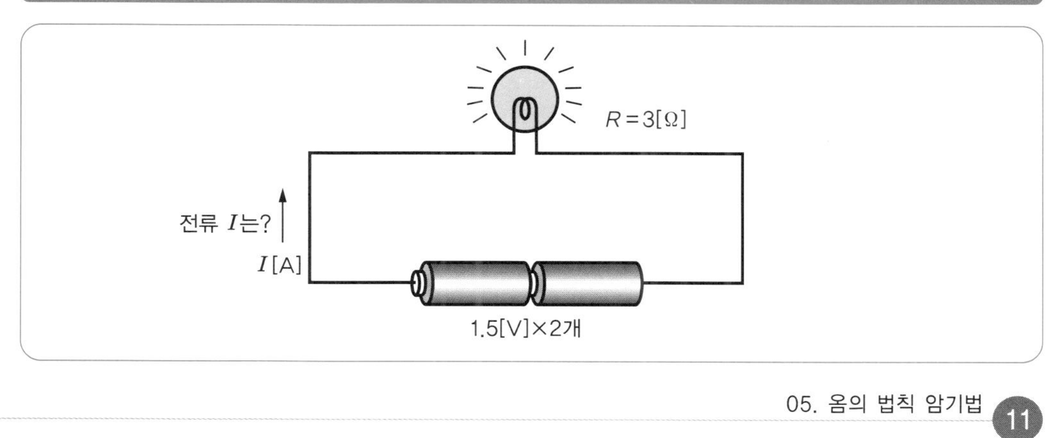

전기가 하는 일 … 전력과 전력량

■ 전력

전력이란 1초 동안 전기 에너지가 하는 일의 양을 말한다. 가전제품들은 그림 1-13과 같이 전기 에너지를 오디오와 라디오는 소리로, 백열전구와 형광등은 빛으로, 선풍기나 환풍기는 바람으로, 오븐이랑 히터는 열로, 에어컨과 냉장고는 냉기로 바꾸는 등의 일을 한다. 그리고 우리들이 평소에 텔레비전 100[W], 전자 레인지 1[kW], 컴퓨터 30[W], 에어컨 700[W] 등으로 말하는 것은 전력을 나타내는 것이다.

일반적으로 전력은 P로 나타내고, 단위는 와트[W]를 사용한다. 전력 P와 전압 V, 전류 I의 관계는 다음과 같다(그림 1-14 참조).

$$P = VI \text{ [W]}$$

따라서 전력은 전압 및 전류에 비례한다. 또한, 위의 식을 변형하면 다음과 같이 된다.

$$P = I^2R = \frac{V^2}{R} \text{ [W]}$$

■ 전력량

전력량이란 어떤 시간에 전류가 흘러 일을 했을 때의 전기 에너지의 총량을 말한다. 전력량계는 우리들이 가정에서 어느 정도 전력량을 소비했는지를 조사하기 위해 반드시 설치하고 있다(그림 1-15 참조).

이 전력량계의 전력량은 W로 표시하고, 단위는 와트초(W·s)를 사용한다. 큰 전력량을 나타낼 때는 와트시(W·h), 킬로와트시(kW·h)가 사용되며, 전기료 지불의 단위가 되고 있다.

따라서 전력량은 전력과 시간의 곱으로 나타내고, P[W]의 전력을 t초간 사용했을 때의 전력량은 다음과 같다.

$$W = Pt = VIt \text{ [W·s]}$$

그림 1-13 전력의 사용방법

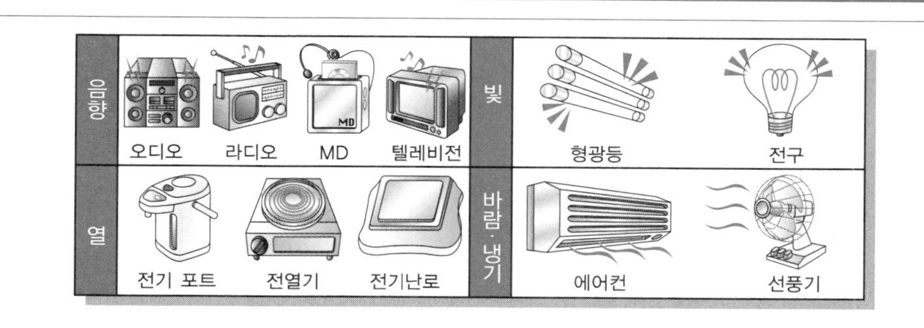

그림 1-14 전력

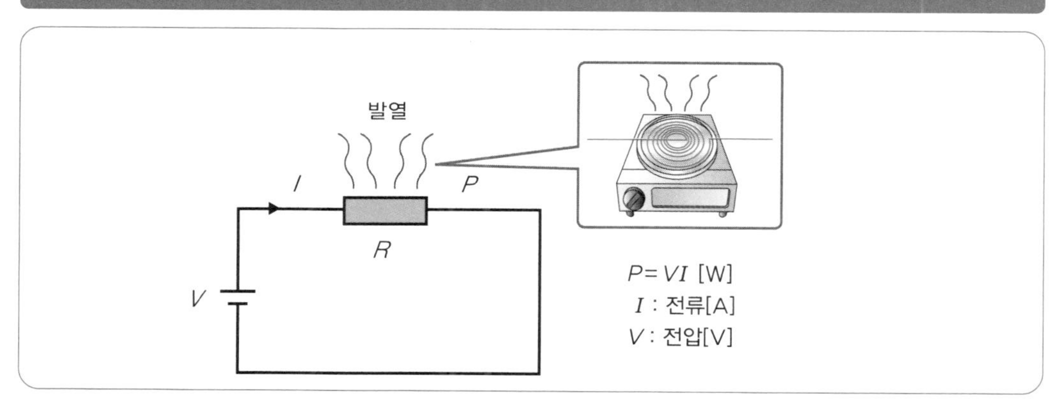

그림 1-15 전력량 $W=Pt=VIt$ [W·s]

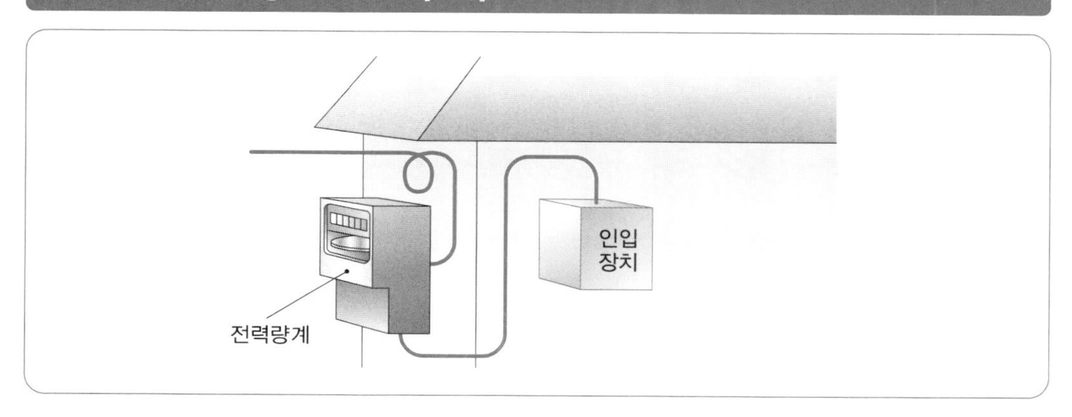

07 수치의 표시 방법 … 단위와 접두어

■ 단위

수량을 측정할 때 기준이 되는 수치로, 국제 단위계(International System of Units) 규격인 SI 단위가 사용되고 있다. SI 단위는 프랑스어로 된 국제단위를 말하는데, 표 1-3과 같이 7종류의 기본단위로 이루어져 있고, 그 조합에 의해 보조단위(표 1-4)와 조립단위(표 1-5)가 만들어졌다.

■ 접두어

표 1-6과 같이 큰 수와 작은 수를 나타내기 위한 문자로 16가지가 준비되어 있다. 전기계에서는 10의 3승마다 주로 사용한다. 가령, 500[mA]는 [mA]가 $10^{-3}=0.001$[A]를 말하므로, $500\times0.001=0.5$[A]가 된다. 또한, 1,500[V]는 $1.5\times10^{3}=1.5$[kV]가 된다.

표 1-3 기본단위

양	단위		양	단위	
	명칭	기호		명칭	기호
길이	미터	m	온도	켈빈	K
질량	킬로그램	kg	물질량	몰	mol
시간	초	s	광도	칸델라	cd
전류	암페어	A			

표 1-4 보조단위

양	단위		양	단위	
	명칭	기호		명칭	기호
각도	라디안	rad	입체각	스테라디안	sr

표 1-5 고유명에 대한 조립단위

양	단위		
	명칭	기호	정의
주파수	헤르츠	Hz	s^{-1}
힘	뉴턴	N	$m \cdot kg \cdot s^{-2}$
압력·응력	파스칼	Pa	N/m^2
에너지·일·열량	줄	J	N·m
작업률·방사속	와트	W	J/s
전기량·전하	쿨롱	C	s·A
전위·전압·기전력	볼트	V	W/A
정전용량	패럿(farad)	F	C/V
전기저항	옴	Ω	V/A
컨덕턴스	지멘스	S	A/V
자속	웨버	Wb	V·s
자속밀도	테슬라	T	Wb/m^2
인덕턴스	헨리	H	Wb/A
섭씨 온도	섭씨도	℃	1℃=1K
광속	루멘	lm	cd·sr
조명도	럭스	lx	lm/m^2
방사능	베크렐	Bq	s^{-1}
흡수선량	그레이	Gy	J/kg
선량당량	시버트	Sv	1Sv=1J/kg

표 1-6 접두어

구분	크기	접두어	
		명칭	기호
10^{18}		exa	E
10^{15}		peta	P
10^{12}		tera	T
10^{9}		giga	G
10^{6}	1000000	mega	M
10^{3}	1000	kilo	k
10^{2}	100	hecto	h
10^{1}	10	deca	da
10^{-1}	0.1	deci	d
10^{-2}	0.01	centi	c
10^{-3}	0.001	milli	m
10^{-6}		micro	μ
10^{-9}		nano	n
10^{-12}		pico	p
10^{-15}		femto	f
10^{-18}		atto	a

8 이득과 감쇠를 나타낸다 … 데시벨

데시벨은 상이한 두 개의 회로 간, 또는 하나의 회로에서도 다른 부분의 전력, 전압, 전류 등의 이득(증가) 및 감쇠(감소)를 상용대수로 나타내고, 단위로 [dB](데시벨)를 사용한다.

전력이득 G_p, 전압이득 G_v, 전류이득 G_i는 다음과 같다.

$$G_p = 10\log_{10} A_p [\text{dB}]$$
$$G_v = 20\log_{10} A_v [\text{dB}]$$
$$G_i = 10\log_{10} A_i [\text{dB}]$$

A_p : 전력 증폭도
A_v : 전압 증폭도
A_i : 전류 증폭도

그림 1-16과 같은 앰프의 경우 입력전압 1[mV]를 앰프에 가해 증폭된 출력이 20[V]라고 하면, 전압 증폭도는 A_v=출력전압/입력전압$=20/(1\times10^{-3})=20{,}000$배가 되는 큰 수치가 된다.

하지만, 데시벨로 나타내면 $G_v = 20\log_{10} A_v = 20\log_{10} 20{,}000 = 86[\text{dB}]$이라고 간단히 표시할 수 있다. 또한, 데시벨은 CD나 MD, 앰프 등의 음향계통에서 사용되는 일이 많다. 이것은 음압 레벨(dB 표시)의 값이 인간의 감각에 가까운 대수표시가 되므로, 그래프 등으로 표현할 때도 유리하기 때문이다.

데시벨에 관해 이야기하면, 또 하나 다이내믹 레인지라는 말을 자주 듣게 된다. 다이내믹 레인지는 음성신호와 영상신호 등을 정상적으로 판단할 수 있는 레벨의 범위를 말한다. 낮은 레벨에서는 잡음(노이즈) 레벨의 관계로 결정되고, 높은 레벨에서는 출력의 크기에 따라 결정된다. 그림 1-17은 잡음 레벨의 다이내믹 레인지의 그림이다. 같은 출력이라도 다소의 입력 노이즈 전압의 차이에 의해 레벨이 크게 변한다.

그림 1-16 앰프의 이득

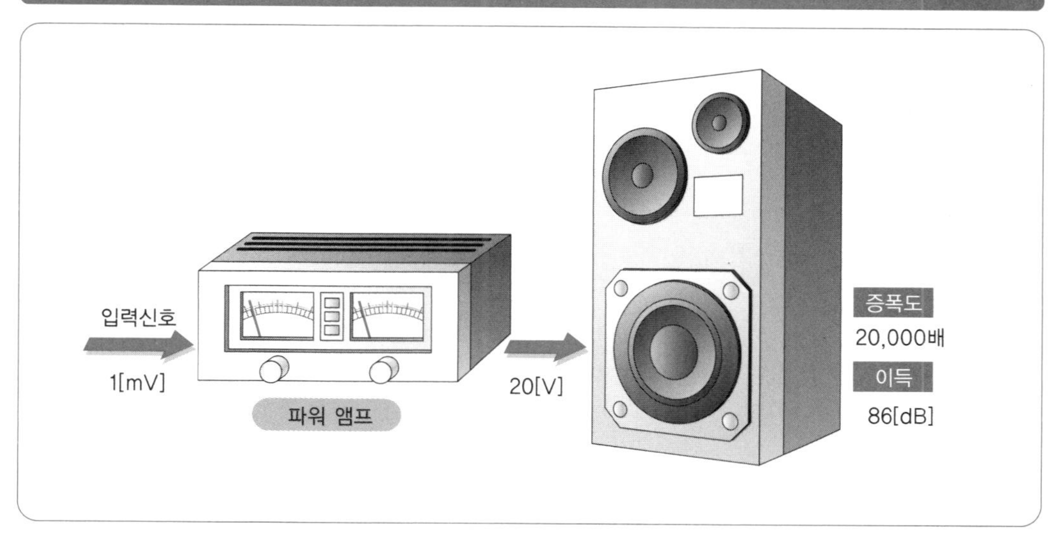

그림 1-17 잡음 레벨의 차이에 의한 다이내믹 레인지

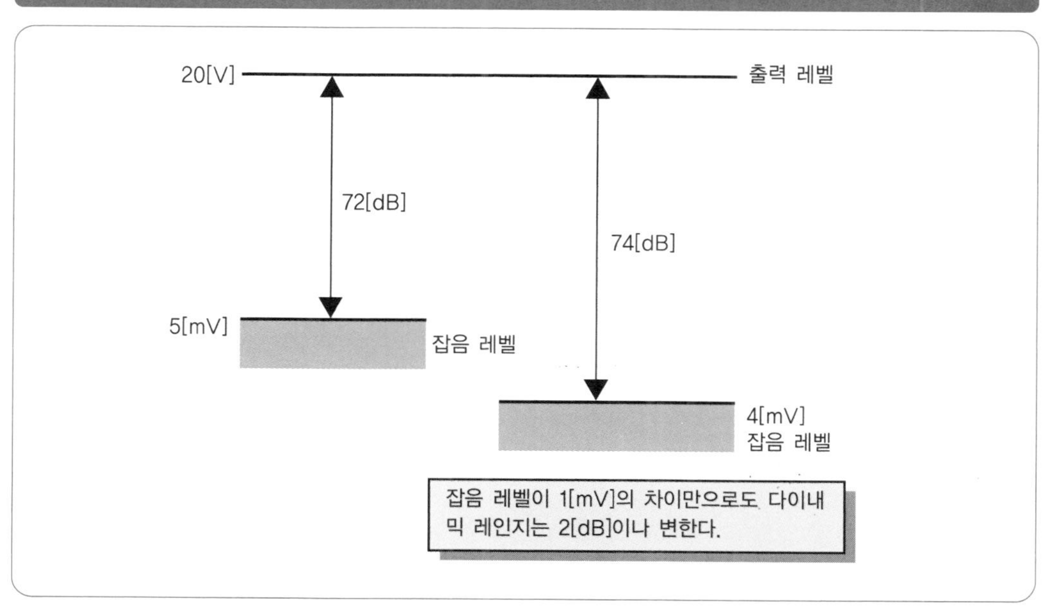

화려한 색상 … 저항값의 컬러 코드 표시

고정 저항기에는 컬러 코드로 저항값이 표시되어 있는 것이 있다. 최근에는 전자회로의 소비전력이 낮아지고 저항기의 크기도 작아졌기 때문에 저항기에 수치를 표시하기가 힘들어 저항값과 허용차를 컬러 코드로 나타내고 있다.

저항값을 읽을 때는 그림 1-18과 같이 저항기 몸체를 보았을 때 컬러 코드의 간격이 좁은 쪽부터 읽는다. 컬러 코드는 무색을 포함하여 13가지가 있으며, 4색 띠와 5색 띠로 된 것이 있다.

예를 들어 4색 띠인 경우에 제1색 띠가 「갈색」, 제2색 띠가 「적색」, 제3색 띠가 「등색(주황색)」, 제4색 띠가 「금색」이라면, 표 1-7에 의해 갈색은 1, 적색은 2이므로, 제1색 띠와 제2색 띠의 숫자는 그대로 붙여 12로 한다. 또한, 제3색 띠는 10의 멱수를 나타내는데, 등색은 3이므로 $10^3=1,000$이 되어 이 값을 곱한다.

제4색 띠는 오차를 나타내는데, 금색은 5이므로 5%가 된다. 따라서 $12\times1,000=12,000=12[k\Omega]$으로 오차가 $600[\Omega]$ 이내라는 말이 된다(그림 1-19 참조).

또한, 5색 띠인 저항기의 경우는 제1색 띠, 제2색 띠, 제3색 띠의 세 가지 숫자를 그대로 붙여서 표시하고, 제4색 띠는 10의 멱수를, 제5색 띠는 오차를 나타낸다. 5색 띠 저항기는 유효숫자를 많이 얻을 수 있기 때문에, 고정밀 저항기로서 정밀도가 요구되는 계측기나 정밀도가 높은 전자회로에 내장하여 사용한다.

그림 1-18 저항기의 컬러 표시

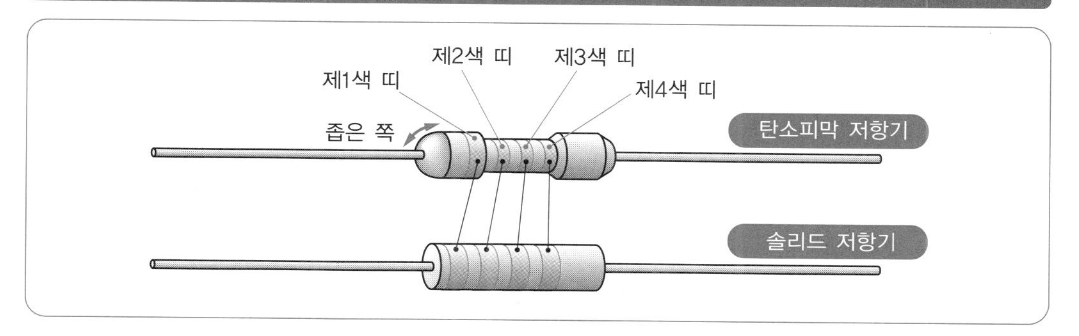

표 1-7 컬러 코드표

색상	제1숫자	제2숫자	제3숫자(승수)	허용차(%)
검정	0	0	$10^0=1$	±1
갈색	1	1	$10^1=10$	±2
적색	2	2	$10^2=100$	
등색	3	3	$10^3=1000$	
노란색	4	4	$10^4=10000$	
녹색	5	5	$10^5=100000$	
청색	6	6	$10^6=1000000$	
보라색	7	7	$10^7=10000000$	
회색	8	8	$10^8=100000000$	
흰색	9	9	$10^9=1000000000$	
금색	–	–	$10^{-1}=0.1$	±5
은색	–	–	$10^{-2}=0.01$	±10
무착색	–	–		±20

그림 1-19 컬러 코드 읽는 방법

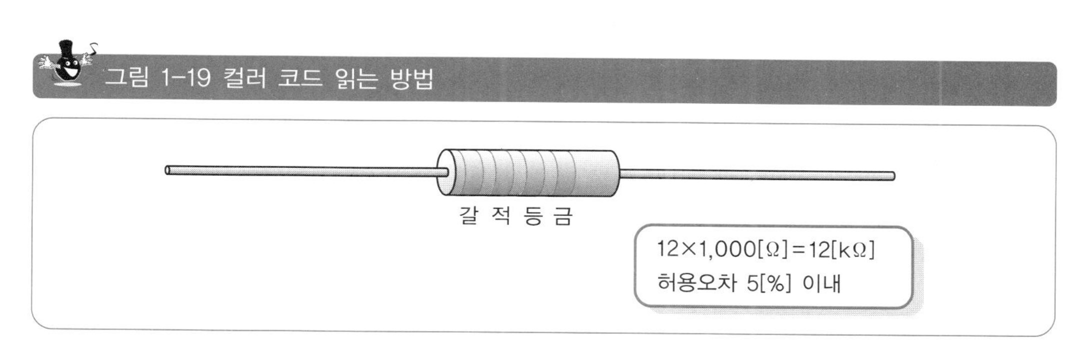

10 콘덴서의 여러 종류 … 콘덴서의 표시

콘덴서에는 여러 가지 표시가 있다. 대용량 전해 콘덴서(electrolytic condenser)는 용기도 크기 때문에 정전용량의 값·정격전압 등을 직접 콘덴서 표면에 숫자로 표시하고 있다(그림 1-20(a)). 그리고 전해 콘덴서의 정전용량의 단위는 [μF](마이크로패럿)으로 나타낸다. 만약 직접 수치를 표시할 공간이 없는 경우는 정전용량의 값 등을 저항기와 마찬가지로 컬러 코드와 같은 요령으로 3자리 숫자를 사용하여 표시한다.

세라믹 콘덴서와 필름 콘덴서, 마이크로 콘덴서는 [pF](피코패럿)으로 나타낸다. 예를 들면 그림 1-20(b)와 같이 333은 33×10^3으로, 33,000[pF]=0.033[μF]이 된다. 또한 부품에 따라서는, 예를 들어 4R7이라고 표시된 콘덴서가 있다. 이런 경우에 R은 소수점을 나타내고 단위는 [μF]이므로 정전용량은 4.7[μF]이 된다.

콘덴서의 숫자 뒤에 기호가 붙은 것도 있다. 이것은 콘덴서의 허용량을 나타낸다(표 1-8). 예를 들면 'K' 표시일 때의 허용차는 ±10[%]가 된다. 전해 콘덴서 등은 정격전압이 정해져 있으며, 연속적으로 가해질 수 있는 직류전압이 표시되어 있다. 정격전압을 넘어 사용하면 콘덴서가 파괴되기 때문에 주의가 필요하다.

또한, 전해 콘덴서에는 극성이 있고 그림 1-21과 같이 마이너스 단자 측에 마이너스 표시가 되어 있다. 콘덴서에 가해지는 전압의 극성과 콘덴서의 극성을 반대로 하면 폭발하기 때문에 매우 주의해야 한다.

그림 1-20 콘덴서의 정전용량

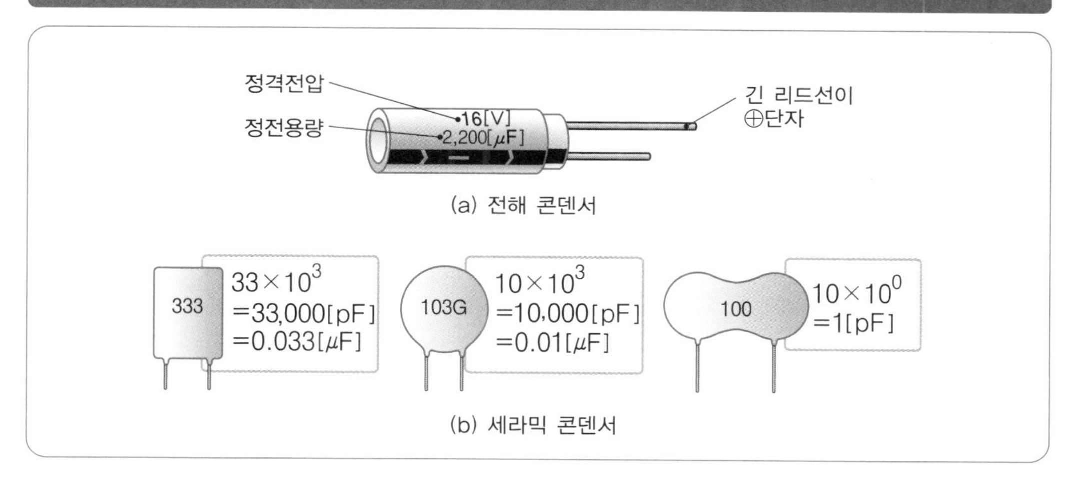

표 1-8 콘덴서의 허용량

기호	B	C	D	F	G	K
허용차[pF]	±0.1	±0.25	±0.5	±1	±2	±10

그림 1-21 콘덴서의 마이너스 표시

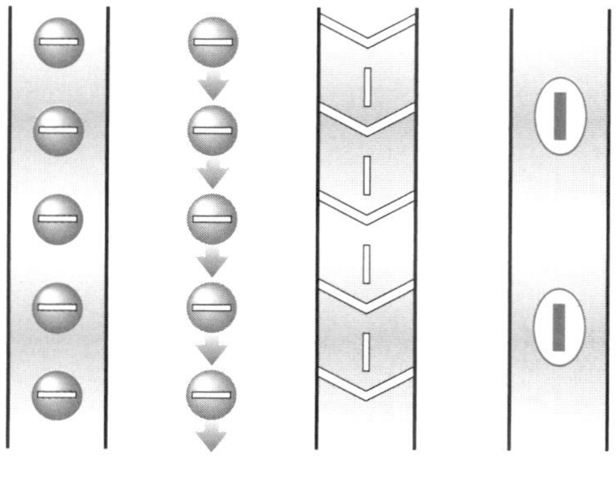

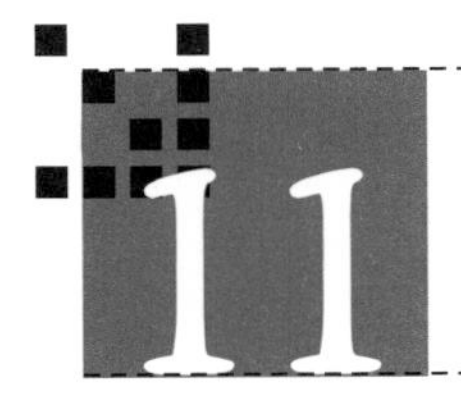

11 주변에서 흔히 볼 수 있는 전지 … 전지의 연결

전지를 연결하는 방법에는 직렬연결과 병렬연결이 있다.

■ 직렬연결

높은 전압을 얻고자 할 때 사용한다. 그림 1-22(b)와 같이 전지의 (−)극과 (+)극을 차례로 연결하는 것이 전지의 직렬연결이다. 같은 그림에서 꼬마전구에 가해지는 총 전압 V_0는 전지 각각의 전압 V_1, V_2의 합 만큼 증가하게 되고, 다음과 같이 나타낼 수 있다.

$$V_0 = V_1 + V_2 [\mathrm{V}]$$

따라서 꼬마전구 하나에 전지 1개를 연결해도 전구가 빛을 내지만, 전지 2개를 직렬로 연결했을 때는 약 2배의 밝기로 빛을 낸다.

■ 병렬연결

큰 전류를 얻고자 할 때나 전지수명을 오랫동안 지속하고자 할 때 사용한다. 그림 1-22(c)와 같이 각각의 전지에 같은 극끼리 연결하는 것이 전지의 병렬연결이다. 같은 그림에서 꼬마전구에 가해지는 총 전압 V_0는 전지 한 개의 전압과 같고, 다음과 같이 나타낼 수 있다.

$$V_0 = V_1 = V_2 [\mathrm{V}]$$

따라서 꼬마전구 하나에 많은 전지를 병렬로 연결해도 전지 한 개일 때와 같은 밝기로 빛이 나게 된다.

또한, 새 전지와 오래된 전지를 병렬로 연결하면 각각의 전지 안으로 전류가 흐르는데(순환전류라고 한다), 새 전지에 여분의 전류가 흘러 부담이 되기 때문에 새 전지가 빨리 소모된다. 따라서 전지를 교체할 때는 한 번에 모두 새 것으로 바꿔주는 것이 좋다.

그림 1-22 전지의 접속

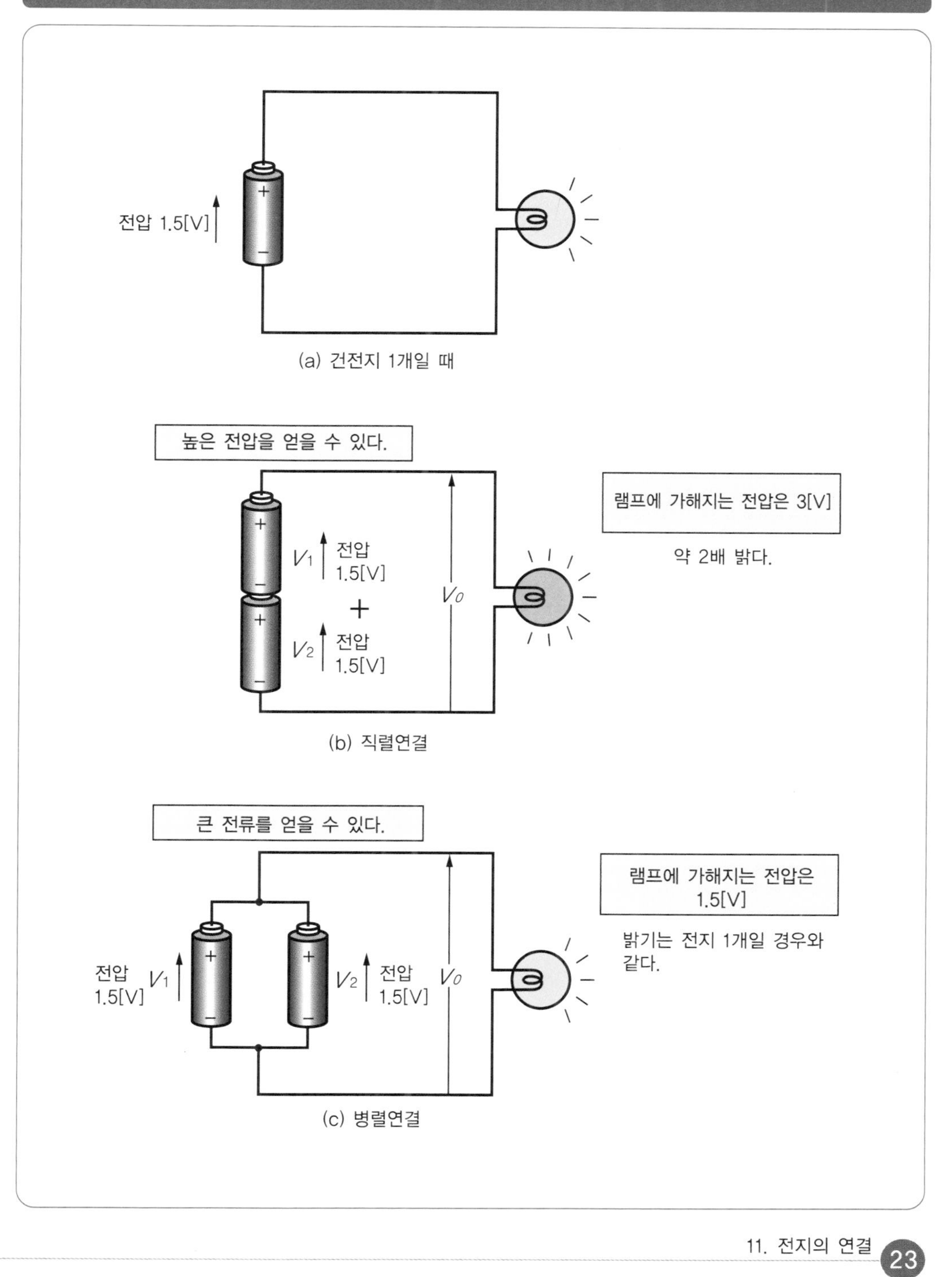

전압 1.5[V]
+
−
(a) 건전지 1개일 때
높은 전압을 얻을 수 있다.
램프에 가해지는 전압은 3[V]
약 2배 밝다.
V_1
전압
1.5[V]
+
V_2
전압
1.5[V]
V_0
(b) 직렬연결
큰 전류를 얻을 수 있다.
램프에 가해지는 전압은 1.5[V]
밝기는 전지 1개일 경우와 같다.
전압
1.5[V]
V_1
V_2
전압
1.5[V]
V_0
(c) 병렬연결

12 전기의 그림표현 … 전기용 그림기호

전기용 그림기호는 전기 회로도와 전기 배선도를 각 나라의 규격·기준의 국제적 정합화와 투명성을 확보하고, 나아가 무역상의 기술적 장애를 제거 또는 감소시켜, 세계적인 무역 자유화와 확대를 위해서 규격화한 것이다. 일본의 경우 구 JIS C 0301 계열2(일본의 독자적 그림기호)의 관점에서 계열1(IEC 방식)의 일원화로 전면적인 수정이 이루어졌다. 앞으로 JIS C 0617 시리즈의 그림기호가 두드러질 것이다.

표 1-9에 최신 주요 전기회로와 부품 등을 그림기호로 나타냈다. 덧붙이자면, 본서에서는 저항(-\/\/\/-) 등에 종래의 그림기호를 사용하는 경우가 있으므로 양해바란다.

■ IEC의 전기용 그림기호의 제정·개정

- ○ IEC 60117(Recommended graphical symbols)이 개정되어, 새롭게 IEC 60617 (Graphical symbols for diagrams)로 제정
- ○ 1992·1994년 2가 논리 소자의 수정(1997년 12월 제3판 발행)
- ○ 1993년 2월 아날로그 소자 제2판 발행
- ○ 1996년 5월 IEC 60617 주요 부분의 전면개정

표 1-9 주요 전기회로 그림기호

도선		트랜스	
접점		다이오드	
전지	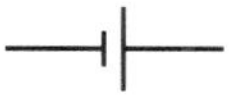	발광 다이오드	
교류		제너 다이오드	
스위치		가변용량 다이오드	
누름 버튼 스위치		사이리스터 N 게이트	
저항		NPN형 트랜지스터	
가변저항	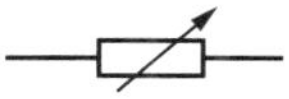	PNP형 트랜지스터	
콘덴서	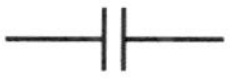	FET (접합형 N 채널)	
전해 콘덴서	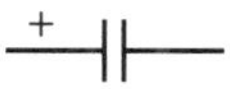 +	FET (절연 게이트 P 채널)	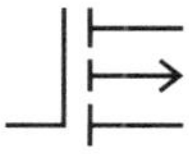
코일		스피커	

13 저항이 양극단 ··· 도체와 절연체

■ 도체

도체란 금속처럼 자유전자가 많아 전자가 이동하기 쉬운 것으로서, 전류가 흐르기 쉬운 물질을 말한다(그림 1-23 참조). 저항이 너무 적은 경우, 가령 수 [m]의 전선에 수 [V]의 전압을 가하면 큰 전류가 흘러 전선을 손상시키는 경우가 있는데, 이 상태를 쇼트(단락)라고 한다.

도체의 저항은 물질, 길이, 굵기, 주위온도에 따라 달라진다. 그래서 그림 1-24와 같이 여러 가지 물질의 저항은 단면적 1[m²]와 길이 1[m]를 기준으로 하여 측정한다. 이것을 저항률이라고 하며 ρ('로' 라고 읽는다)로 나타내고, 단위로는 옴 미터(Ω · m)를 사용한다. 그림 1-26과 같이 도체의 저항률은 약 10^{-4}[Ω · m] 이하의 물질로 은, 동, 금, 알루미늄, 텅스텐, 니크롬 등이 있고, 도전재료로 사용되고 있다. 도체의 저항은 이 저항률 ρ, 길이 l[m], 단면적 A[m^2]를 사용하여 다음과 같이 표현된다.

$$R = \frac{\rho \cdot l}{A} \ [\Omega]$$

■ 절연체

절연체란 그림 1-25와 같이 자유전자가 거의 없어 전류가 흐르기 어려운 물질이다. 그림 1-26과 같이 저항률은 약 10^{6}[Ω · m] 이상으로, 고무, 유리, 비닐, 플라스틱(특수한 것은 제외) 등이 있고, 전기 절연재료로 사용되고 있다.

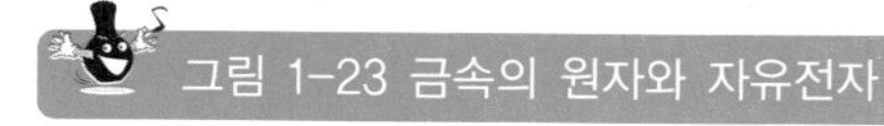
그림 1-23 금속의 원자와 자유전자

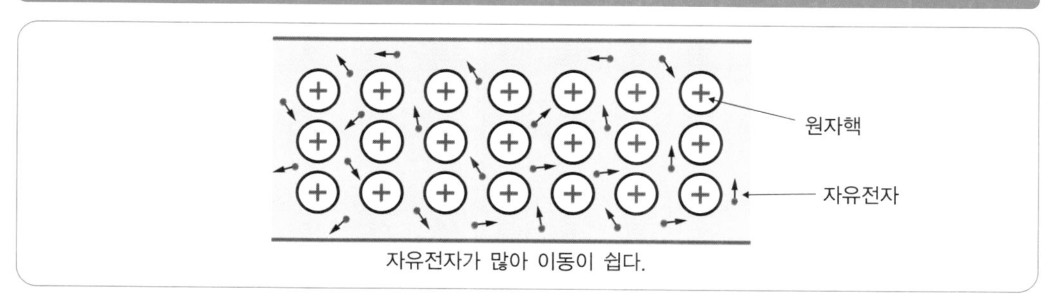

그림 1-24 저항률

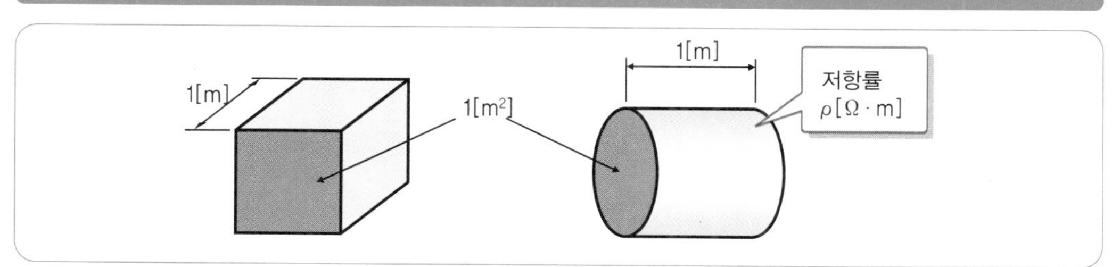

그림 1-25 절연체의 원자와 자유전자

그림 1-26 도체와 절연체의 저항률

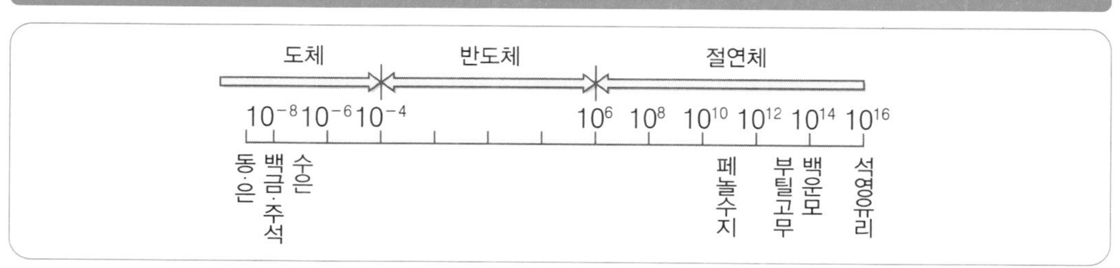

14 전자재료의 주역 … 반도체의 성질

반도체란 전기가 잘 통하는 도체와 전기가 거의 통하지 않는 절연체 중간에 있는 물질로, 실리콘, 게르마늄 등이 있고, 표 1-10과 같은 성질이 있다. 특히 실리콘은 다이오드, 트랜지스터, IC 등의 반도체 소자에 가장 많이 사용된다. 또한, 화합물 반도체인 갈륨비소(GaAs)는 실리콘에는 없는 특징이 있어 발광 다이오드나 초고속 디지털 IC 등에 사용되고 있다.

반도체를 결정구조로 보면 다음과 같은 종류로 분류할 수 있다.

반도체
- 진성 반도체
- 불순물 반도체
  - n형 반도체
  - p형 반도체

■ 진성 반도체(고유 반도체, intrinsic semiconductor)

실리콘과 게르마늄 같은 반도체 물질을 아주 높은 순도로 정제한 것이다. 그림 1-27과 같이 진성 반도체는 상온에서도 열 에너지를 받아 같은 수의 자유전자와 정공(positive hole)이 미세하게 발생된다.

여기에서 원자는 원자핵과 전자로 구성되어 있는데, 원자의 가장 바깥쪽에 있는 전자를 가전자라고 한다. 이 가전자가 원자핵의 속박에서 벗어난 것을 자유전자라고 한다. 또한, 원자가 규칙적으로 배열된 구조를 단결정이라고 한다. 이 단결정에 전압과 열을 가하거나 빛을 쪼이면 이 에너지에 의해서 가전자가 원자핵의 속박으로부터 벗어나 자유전자가 되고, 결정 안을 자유롭게 이동한다. 가전자가 자유전자가 된 후의 구멍(빈 자리)은 음의 전기를 가지고 있는 전자가 빠졌기 때문에 전기적으로 중성인 상태에서 양의 전기를 가진 상태가 된다. 이 구멍은 양의 전기를 가진 구멍이므로 정공이라고 한다. 전자는 음의 전하를, 정공은 양의 전하를 운반하기 때문에 이들을 캐리어(carrier)라고 한다.

표 1-10 반도체의 성질

성질	그림 설명
① 실리콘과 게르마늄 등 반도체의 저항률은 도체와 절연체의 중간으로, 10^{-4}~10^{6}[Ω · m] 정도이다.	도체 / 반도체 / 절연체 저항률 [Ω· m] 10^{-8} 10^{-4} 10^{0} 10^{4} 10^{8} 10^{12} 갈륨·실리콘 산화티탄·셀렌 게르마늄
② 온도가 상승함에 따라 저항값이 작아진다. 이런 성질을 저항의 온도계수가 음(−)이라고 한다.	저항 R [Ω] 온도 t [℃] 동선 등의 도체 : 온도상승 → 저항값 증가 서미스터 등의 반도체 : 온도상승 → 저항값 감소
③ 반도체에 불순물 원자를 혼입하면 저항률이 작아진다.	저항률 ρ [Ω· m] 불순물 농도[원자수/m³] Si Ge

그림 1-27 진성 반도체와 캐리어

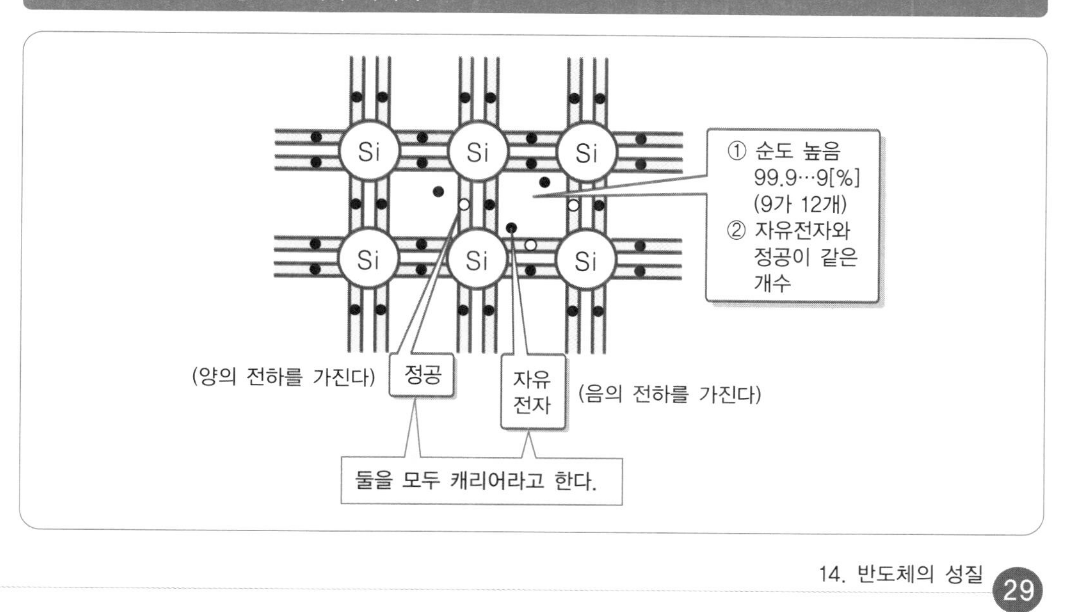

15 네거티브와 포지티브 … n형 반도체와 p형 반도체

불순물 반도체는 진성 반도체의 결정 안에 어떤 정해진 불순물을 100만분의 1~1,000만분의 1 정도 혼합한 것이다. 이 불순물 반도체는 표 1-11과 같은 불순물 원자의 가전자 수에 따라 n형 반도체와 p형 반도체로 나누어진다.

n형 반도체와 p형 반도체는 다이오드, 트랜지스터, IC 등의 전자소자에 가장 많이 사용되고 있다.

■ n형 반도체

그림 1-28에서 실리콘(Si)은 가전자가 4개이지만, 비소(As)는 5개로, 결합할 수 없는 가전자가 1개 남는다. 이 가전자가 자유전자가 되기 때문에 캐리어 전체에서는 정공보다 음(negative)의 전기를 띠는 자유전자 쪽이 많아진다. 이러한 반도체를 negative의 머리글자를 따서 n형 반도체라고 한다. 또한, 혼입한 가전자 5개인 불순물을 도너(donor)라고 한다.

■ p형 반도체

그림 1-29에서 실리콘(Si)은 가전자가 4개이지만 인듐(In)은 3개이므로, In이 결합하기 위해서는 가전자가 1개 부족하다. 이 부족한 부분이 정공이 되기 때문에 캐리어 전체에서는 자유전자보다 양(positive)의 전기를 가진 정공 쪽이 많아진다. 이러한 반도체를 positive의 머리글자를 따서 p형 반도체라고 한다. 또한, 혼입한 가전자 3개인 불순물을 억셉터(acceptor)라고 한다.

표 1-11 n형 반도체와 p형 반도체

진성 반도체 (가전자 4개)		불순물 반도체			
		n형 반도체 (가전자 5개)		p형 반도체 (가전자 3개)	
실리콘	Si	비소	As	갈륨	Ga
게르마늄	Ge	인	P	인듐	In
		안티몬	Sb	알루미늄	Al

그림 1-28 n형 반도체의 결정구조

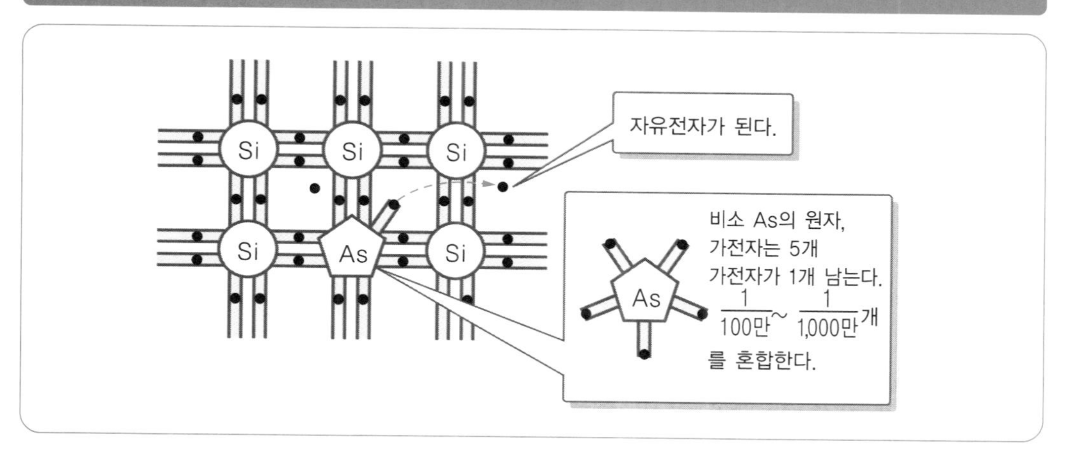

그림 1-29 p형 반도체의 결정구조

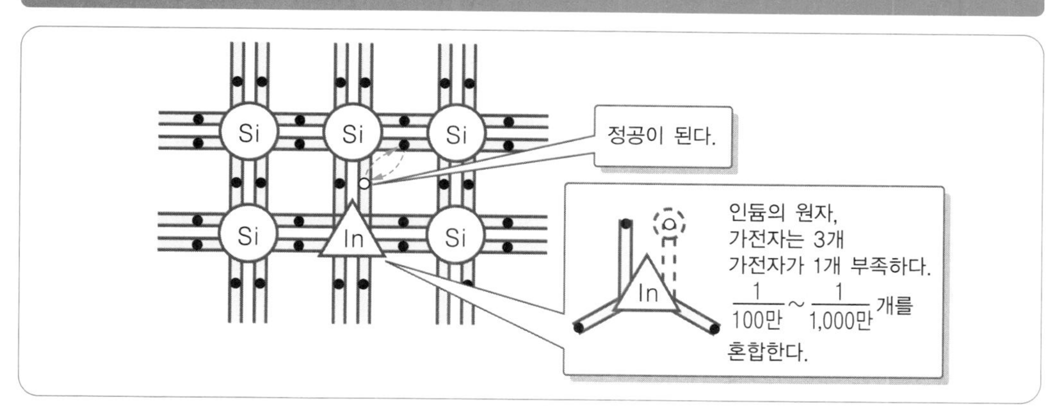

16 디지털의 아버지 … 10진수와 2진수

■ 10진수

10진수란 우리들이 일상적으로 사용하고 있는 수로 0, 1, ……, 9까지 10개의 수를 이용한 것이다. 여기서, 각 자리는 $1=10^0$, $10=10^1$, $100=10^2$,……과 같이 자릿수를 정한다.

■ 2진수

2진수란 '0'과 '1'이라는 2개의 수를 이용한 것이다. 여기서, 각 자리는 2^0, 2^1, 2^2, ……, 2^n으로 자릿수를 정한다. 예를 들어 1101은 다음과 같이 된다.

$$1101=1\times2^3+1\times2^2+0\times2^1+1\times2^0$$

2진수 각 자릿수의 크기

또한, 2진수 각 자리의 '0'이나 '1'을 1비트(bit)라고 하며, 취급하는 데이터의 최소 단위를 나타낸다. 또한, 8비트를 1바이트(byte)라고 한다.

이 2진수는 앞으로 4장에서 학습할 디지털 회로에 사용하기 적합하다. 여기서는 10진수와 2진수의 관계를 학습한다.

■ 10진수를 2진수로 변환하는 방법

그림 1-30과 같이 10진수를 2로 나누어 간다. 10진수 13은 2진수로 1101이 된다.

그림 1-30 10진수에서 2진수로

```
2) 13        나머지        [최하위의 숫자]
2)  6 ············ 1
2)  3 ············ 0
    1 ············ 1

[최상위의 숫자]          | 1 | 1 | 0 | 1 |
```

■ 2진수를 10진수로 변환하는 방법

그림 1-31과 같이 2진수의 각 자리 크기만큼 가중치를 주어 계산해 간다. 2진수 110101은 10진수로 53이 된다.

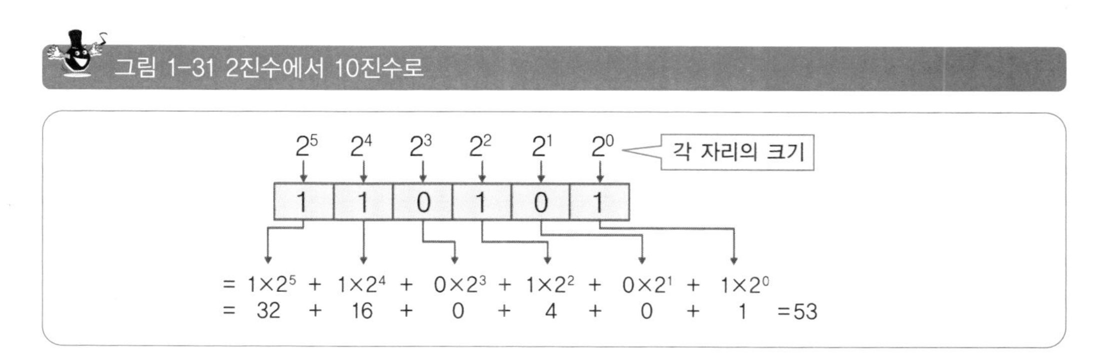

그림 1-31 2진수에서 10진수로

표 1-12는 10진수와 2진수의 관계를 정리한 것이다.

그림 1-32는 램프의 전기회로에 있어서 10진수 13을 2진수로 나타낸 것으로, 1101을 의미한다. 또한, 비트 수는 4자리의 2진수이므로 4비트이다.

표 1-12 10진수와 2진수의 관계

10진수			0	1	2	3	4	5	6	7	8	9	10	11	12	13	14	15	16
2진수	2^4	16																	1
	2^3	8									1	1	1	1	1	1	1	1	0
	2^2	4					1	1	1	1	0	0	0	0	1	1	1	1	0
	2^1	2			1	1	0	0	1	1	0	0	1	1	0	0	1	1	0
	2^0	1	0	1	0	1	0	1	0	1	0	1	0	1	0	1	0	1	0

그림 1-32 10진수 13을 2진수 1101로 나타내는 램프 회로

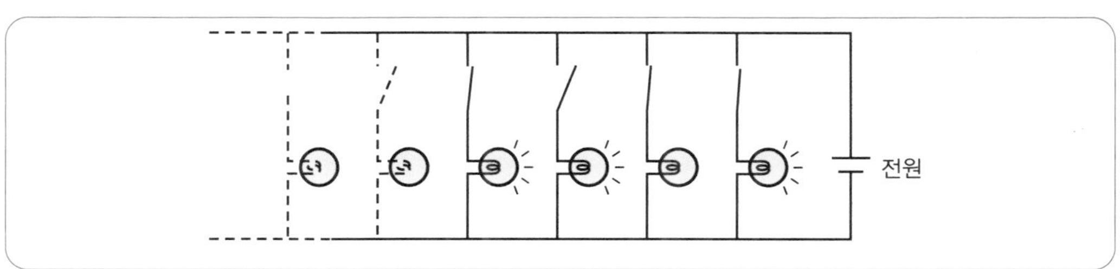

17 한눈에 알 수 있다! … 아날로그와 디지털

아날로그는 연속적으로 변화하는 것이고, 디지털은 단속적이며 불연속적으로 변화하는 것이다. 그림 1-33과 같이 아날로그와 디지털을 전기와 관련된 내용으로 비교해 보자.

① 신호

- 아날로그 신호 : 트랜지스터, 저항, 코일, 콘덴서, OP 앰프(operational amplifier) 등의 소자를 흐르는 연속적으로 변화하는 신호이다.
- 디지털 신호 : 논리회로 등을 흐르는 신호이다.

② 통신

- 아날로그 통신 : 라디오 방송이나 TV 방송 등 전류의 강약에 의해 전송된다.
- 디지털 신호 : ISDN이나 BS 위성방송, 광섬유 통신 등 고품질의 안정된 통신이 가능하다.

③ 전송

- 아날로그 전송 : 전화같이 직접 음성을 전송한다.
- 디지털 전송 : 모스(Morse) 부호 등과 같다.

④ 시계

- 아날로그 시계 : 시계 바늘을 보면 직감적으로 시각을 알 수 있다.
- 디지털 시계 : 숫자로 표시한다.

⑤ 비디오

- 아날로그 포맷 : VHS 테이프로 더빙하면 화질이 나빠진다.
- 디지털 포맷 : DV 테이프, 테이프가 작고 화질이 좋다.

⑥ 음악용 녹음매체

- 아날로그 : 카세트 테이프, 얼마 전까지 주류였다.
- 디지털 : MD, DAT 등으로 작고 음질이 좋다.

⑦ 전원

- 아날로그 : 교류전압이며, 1초에 지역에 따라 50~60회 (+), (−)가 전환된다.
- 디지털 : 건전지의 기전력 등이며, 시간에 따른 (+), (−)의 전환이 없다.

그림 1-33 아날로그와 디지털

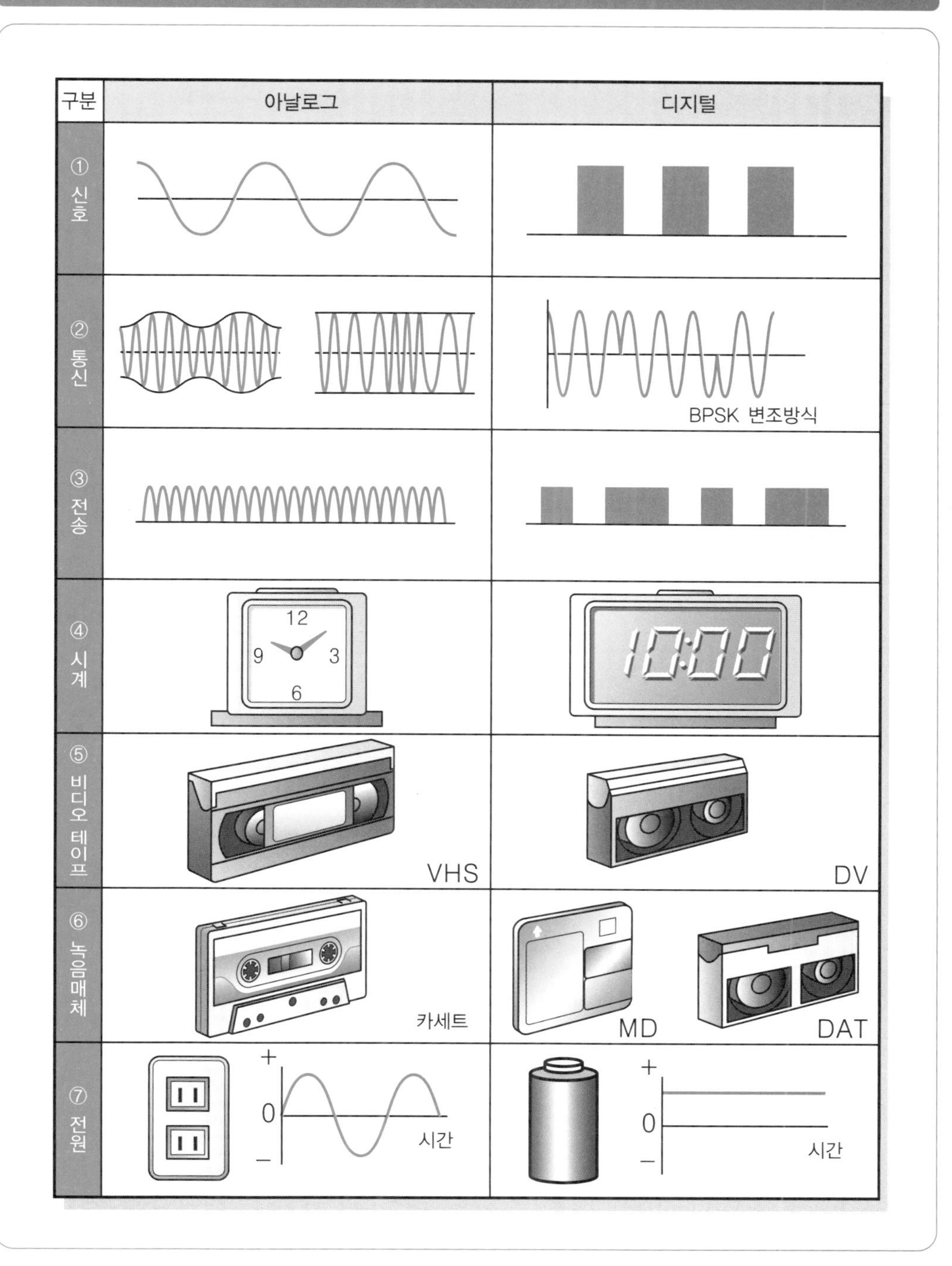

쉬어가기

제2장

전자회로의 부품

전류에 대한 레지스턴스 … 고정 저항기와 가변 저항기

■ 고정 저항기

전류를 분류하거나 전압을 분압하는 고정 저항기는 저항값이 고정되어 바꿀 수 없다. 표 2-1은 주요 고정 저항기의 모양과 특징이다.

표 2-1 주요 고정 저항기의 외관과 특징

종류	구조 또는 외관	특징·용도 등
탄소피막 저항 (카본 저항)	컬러 코드 나선형 홈을 판 탄소피막 도금 리드선 성형 보디 리드 용접 열전도성 자기 캡 단자 프린트 기판 튜브형 캡 P형 포밍형 L형	• 1[Ω]~100[MΩ], 1/16~1[W] • 잡음이 적고, 온도계수가 안정되어 있다. • 가격이 싸다. • 튜브형 또는 포밍형은 프린트 배선으로 실장밀도를 높일 경우에 사용한다.
솔리드 저항 (고체 저항)	컬러 코드 페놀 레신 절연도료 단자 저항체	• 2.2[Ω]~22[MΩ], 1/16~1[W] • 대량생산에 적합하고, 가격이 저렴하다. • 잡음이 커서 증폭기의 앞단부분에 사용하는 것은 부적당하다.
금속피막 저항	나선형 홈을 판 금속피막 리드 용접 성형 보디 열전도성 자기 캡 단자 도금 리드 선 원통 타입 각판 타입 몰드 패키지 타입	• 1[Ω]~3[MΩ], 1/8~1[W] • 저잡음, 주파수 특성이 양호하고, 온도에 의한 저항값의 변화도 적지만, 가격이 비싸다. • 측정기, 통신기 등에 사용된다.
집적 저항기	저항체 외장 전극 세라믹 기반 단자 SIP형 DIP형	다수의 저항이 하나의 패키지에 수납된 것으로, 저항이 하나하나 독립된 독립형과 저항이 병렬로 접속되어 있는 병렬형이 있다.

■ 가변 저항기

가변 저항기는 저항값이 변화할 수 있는 것으로, 볼륨이라고도 한다. 또한, 전압과 전류를 조정하기 위해서 한번 저항값을 설정하고, 그대로 사용하는 저항기는 반고정 저항기라고 한다. 표 2-2는 각종 가변 저항기의 모양과 특징이다.

표 2-2 각종 가변 저항기의 외관과 특징

종류	외관	특징
반고정 저항	카본 타입 금속피막 서멧	• 서멧은 가격이 비싸지만, 안정성이 좋다. • 카본 타입은 저렴한 대신 안정성이 결여된다.
탄소 피막형 가변저항	단자 3 2 1 와셔 스토퍼 손잡이 축 너트 단자 슬라이드형	• 일반적으로 널리 사용되고 가격이 싸고 안정성도 좋다. • 희망하는 저항변화 특성을 얻을 수 있다. • 이련, 탭형, 스위치형 등 여러 종류가 있다.
권선형 가변저항	슬라이더 권선형 저항체 법랑 축 단자	• 대전력용에 적합하고, 수 [Ω]~수 [kΩ]으로 저항의 변화특성은 B형이다. • 안정성이 좋고 노이즈가 적지만, 고주파용에는 부적합하다.

02 자석의 작용도 한다 … 코일

코일은 전선을 나선 모양으로 감은 것으로, 선륜, 인덕턴스 코일, 인덕터 혹은 단순히 L이라고 부른다.

코일은 전류를 흐르게 함으로써 자력과 기전력을 발생시키고, 또한 교류전류를 제한하는 등 여러 가지 작용을 한다. 그 작용에 의해 부저, 변압기 등 각종 제품이 만들어지고 있다. 표 2-3은 코일의 작용에 의한 용도 등을 나타냈다.

또한, 코일에는 다양한 형태가 있다. 표 2-4는 코일의 형태와 용도 등을 설명한다.

표 2-3 코일의 작용에 의한 종류와 용도

코일의 작용	응용	용도
전류에 의해 자력을 발생한다.	자속에 의한 기계적 힘	릴레이·부저 등의 전자석, 모터
전류에 비례하는 자계를 발생한다.		스피커, 미터기, 녹음 헤드
	전자의 흐름을 편향시키는 자계	브라운관 편향 코일
자속의 변화에 따른 기전력을 발생한다.	유도 기전력	트랜스, 마이크, 픽업, 이그니션 코일, 안정기
주파수가 높은 교류전류를 제한한다.	유도 리액턴스	초크 코일, 필터, 리액터
신호의 전달을 지연시킨다.	지연특성	텔레비전 등의 지연회로
공진을 발생시킨다(콘덴서 병용).	공진특성	라디오·텔레비전 등의 동조회로, 발진회로

표 2-4 코일의 종류, 형상, 구조, 용도

종류		형상	구조	용도
공심 또는 자심	솔레노이드형	칩 타입 0 1 2 3 4 5 6 7 [cm]	• 공심 솔레노이드(원통형 코일)는 플라스틱 또는 자기제의 보빈(bobbin)에 권선을 감은 것으로, 표피작용에 의한 고주파 저항의 증가를 막기 위해서 가는 절연 에나멜(enamel) 선을 적당한 가닥만큼 묶은 것(리츠선)을 사용하는 경우가 있다. • 자심은 더스트 코어(dust core, 압분자심)를 사용한다. • 칩 타입은 페라이트의 자심에 권선을 감고, 코일부를 내열성 수지로 외장하여, 금속 단자판과 일체화 구조로 되어 있다.	• 저주파용 코일 • 고주파용 코일 • 스피커 보이스 코일 • 릴레이용 전자석 칩 타입은 비디오, 라디오, 텔레비전 등의 소형화되는 전자기기와 통신기기에 적합하다.
공심 또는 자심	허니콤형		• 공심 허니콤(벌집형) 코일은 주파수가 낮은 곳에서 큰 인덕턴스를 필요로 하는 경우에 사용된다. 권선 한줄 한줄 다른 권선에 교차하도록 감겨 있다. • 자심이 들어간 것은 안에 페라이트 또는 카보닐 압분자심을 넣은 것이다.	• 저주파용 코일 • 고주파용 코일 • 초크 코일
철심	트로이달형		• 카보닐 철 더스트코어, 페라이트 코어, 퍼멀로이(permalloy) 등의 링 모양 자심에 권선을 감은 것으로 새나가는 자속이 극히 적다.	• 파라메트론 • 자기 증폭기 • 전송선로 트랜스
철심	내철형과 외철형	철심, 권선, 내철형 / 철심, 권선, 외철형		• 저주파 트랜스 • 형광등 안정기 • 초크 코일 • 변압기
가변 코일		R001		• 중간주파 트랜스 • 고주파 코일 • RF 컨버터 발진 코일 • VTR용 트랙 코일 • 디스플레이용 수평편향 코일

03 전기의 저장소 … 콘덴서

콘덴서는 두 장의 전극판을 평행으로 마주보게 하고, 가운데에 유전체(절연체)를 끼운 것으로, 기본적으로는 전하(전기)를 저장하는 작용을 한다.

표 2-5 각종 고정 콘덴서의 품격, 외관, 구조, 특징

명칭	외관	구조	특징
알루미늄 전해 콘덴서	튜블러형 (가로형) 플러그형	• 알루미늄 박의 표면에 산화 피막을 형성하고, 여기에 콘덴서지를 말아 감은 것 • 블록형은 2개 이상의 콘덴서를 하나의 케이스에 넣고, 어스는 공통으로 되어 있다.	• 0.47~1,000,000[μF] • 3~500[V] • 소형이고 대용량인 것이 있지만 용량 허용차가 크다. • 극성이 있다. • 저주파 및 전원용
탄탈 고체 콘덴서	칩 타입 금속 케이스입	탄탈을 전해액화하여 산화피막을 만든 후 여기에 이산화망간을 부착시키고, 음극은 그라파이트(graphite)로 한다.	• 0.1~220[μF] • 3~50[V] • 극성이 있고, 소형이며 대용량이다. • 온도범위가 넓다. • 특성이 좋으며, 수명도 길다. • 내압이 낮으며, 고가이다. • 저주파, 시상수 회로 등에 사용한다.
폴리스티롤 콘덴서	리드선 한쪽 방향 세운다 옆으로	폴리스티롤 필름을 전극 사이에 끼우고, 말아 감은 것	• 1[pF]~0.01[μF] • 50~500[V] • 유전체손이 적고, 고주파 특성이 좋다. • 열과 신나 등에 약하다. • 고주파 회로, 발진회로 등에 사용한다.
세라믹 콘덴서	원판형 사각형 칩형 프린트 기판	티탄산바륨 등의 원판을 은전극 사이에 끼운 것을 도포한 것	• 0.5~500[pF](온도 보상용) • 100[pF]~0.47[μF](고유전율로 바이패스용) • 25[V]~5[kV] • 온도 보상용과 고유전율의 두 가지가 있다. • 고주파 회로에 사용되며, 가격이 저렴하다.
마일러 콘덴서	마일러 콘덴서 금속화된 플라스틱 적층 필름 콘덴서	마일러 필름을 전극 사이에 끼워 말아 감은 마일러 콘덴서와 유전체로 한 금속화 플라스틱 적층 필름 콘덴서가 있다.	• 1,000[pF]~1[μF] • 50~500[V] • 고주파 특성이 나쁘기 때문에 저주파 회로에 사용한다. • 금속화 플라스틱 적층 필름 콘덴서는 내 펄스 특성이 뛰어나고, 자기 회복력이 있다.
마이카 콘덴서	칩 마이카 실버 마이카	마이카(운모)를 알루미늄 판으로 에워싸고, 베크라이트 등의 수지로 몰딩한 것	• 1[pF]~0.01[μF] • 50~1,000[V] • 내압, 내열에 뛰어나다. • 용량변화가 없고 안정적이다. • 고주파 회로에 사용된다. 가격이 비싸다.

■ 고정 콘덴서

고정 콘덴서란 정전용량의 값이 일정한 것을 말한다. 표 2-5에 각종 고정 콘덴서의 품명, 특징 등을 나타냈다.

■ 가변 콘덴서

가변 콘덴서는 일반적으로 바리콘(varicon : variable condenser의 줄임말)이라고도 불리며, 로터(rotor, 회전자)와 스테이터(stator, 고정자)의 대향면적을 변화시켜 정전용량을 연속적으로 변화시키는 것과 트리머(trimmer)라고 불리는 동조회로의 보정과 트래킹 조정 등에 사용되는 반 고정 바리콘이 있다. 표 2-6에 각종 가변 콘덴서의 명칭, 외관, 특징 등을 나타냈다.

표 2-6 각종 가변 콘덴서의 명칭, 외관, 특징

구분	명칭, 외관, 특징 등		
바리콘	에어 바리콘 유전체에 공기를 이용한 것으로, 라디오 등의 동조회로와 발진회로 등에 사용한다.	타이트 바리콘 고내압으로 튼튼하게 만들어져 있다. 송신기 등에 사용한다.	폴리 바리콘 유전율이 높은 폴리에틸렌스티롤을 유전체로 한다. 고주파용에는 부적합하다.
트리머 콘덴서	세라믹형 300[pF] 정도까지	마이카형 150[pF] 정도까지	소형 필름형 50[pF] 정도까지

p형과 n형의 소개 … 다이오드 1(구조·동작)

■ 다이오드의 구조

다이오드는 그림 2-1(a)와 같이 p형 반도체와 n형 반도체를 하나의 반도체 안에서 결합한 구조로, 2개의 전극을 가진 소자를 말한다. p형 반도체 측에 붙은 전극은 애노드(A), n형 반도체 측에 붙은 전극을 캐소드(K)라고 한다. 그림 2-1(b)는 그림기호이다.

■ 다이오드의 외관과 본체의 표시

그림 2-2와 같이 전극은 다이오드 마크와 캐소드 측에 띠가 둘러진 것으로 알 수 있다.

■ 다이오드의 전압을 가하는 방법과 동작

① **역방향 전압** : 그림 2-3(a)와 같이 애노드(p형 반도체 측)에 (-)전압, 캐소드(n형 반도체 측)에 (+)전압을 가하는 것을 역방향 전압이라고 한다. 이때 p형 반도체의 정공은 전원의 (-)전극으로, n형 반도체의 전자는 (+)전극으로 끌려간다. 애노드와 캐소드 사이에는 전자가 이동할 수 없기 때문에 전류는 흐르지 않는다. 또한, p형과 n형의 접합면 부근에서는 캐리어(정공과 전자)가 존재하지 않는 공핍층이라는 부분이 생기고 이것이 넓어진다.

② **순방향 전압** : 그림 2-3(b)와 같이 다이오드의 애노드에 (+)전압, 캐소드에 (-)전압을 가하는 것을 순방향 전압이라고 한다. 이때 p형 반도체의 정공은 접합면을 통과하여 (-)전극으로 끌려간다. n형 반도체의 전자도 접합면을 통과하여 (+)전극으로 끌려간다. 따라서 애노드와 캐소드 사이에 전류가 흐르게 된다.

이와 같이 다이오드는 전압을 가하는 방법에 따라 전류가 흐르기도 하고 전류가 흐르지 않기도 한다.

그림 2-1 다이오드 구조와 그림기호

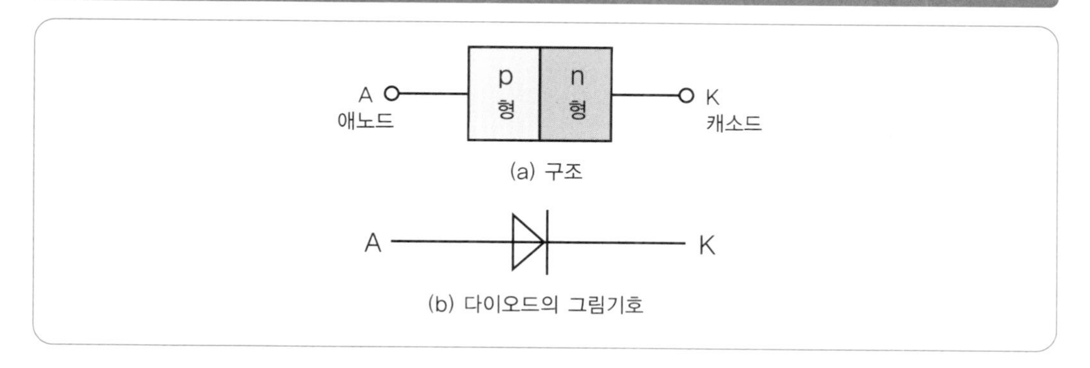

(a) 구조

(b) 다이오드의 그림기호

그림 2-2 다이오드의 외관과 본체의 표시

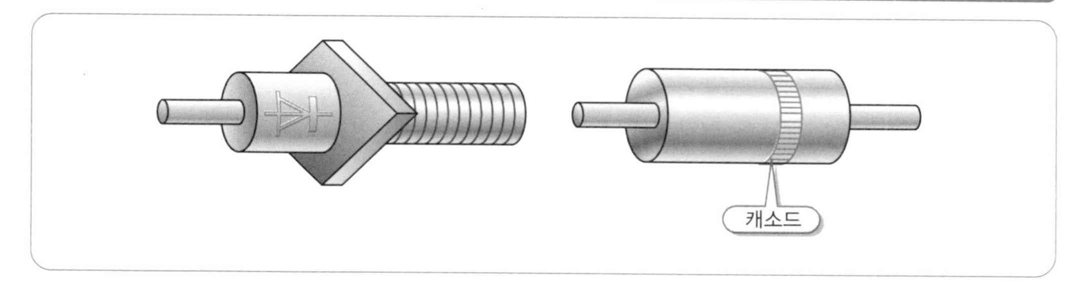

그림 2-3 다이오드에 전압을 가했을 때

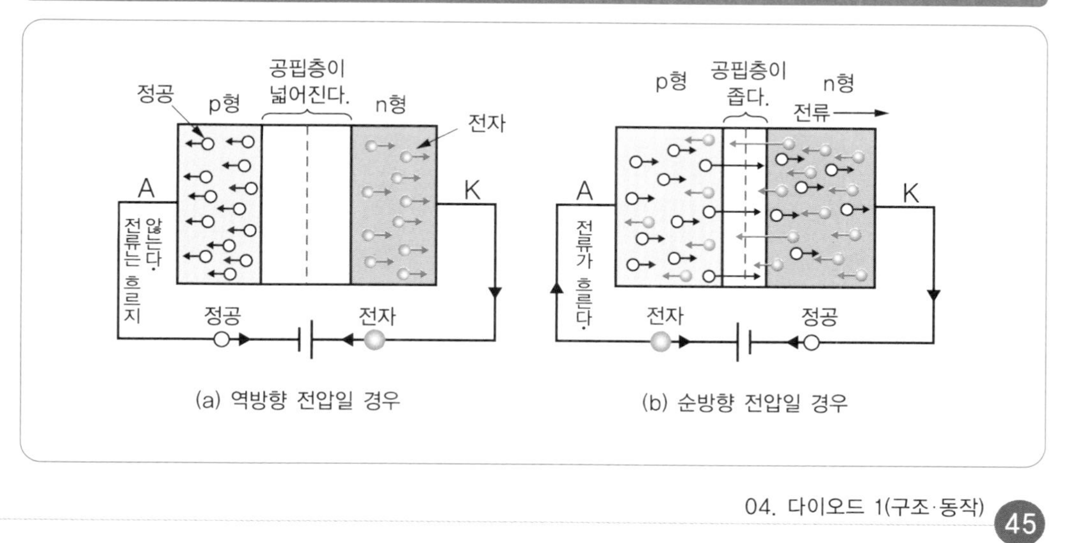

(a) 역방향 전압일 경우

(b) 순방향 전압일 경우

일방통행 ··· 다이오드 2(특성·사용법·용도)

■ 특성

다이오드는 순방향으로 전압을 가하면 전류가 흐르고, 역방향으로 전압을 가하면 전류가 흐르지 않기 때문에 그림 2-4와 같은 특성을 갖게 된다. 이 그림에서 순방향으로 전압을 가할 경우 0~0.5[V]까지는 거의 전류가 흐르지 않으나, 0.5[V] 이상에서는 전류가 흐르게 되므로, 이 전압 값 이상을 사용해야 할 필요가 있다. 또한, 역방향 전압에서는 순방향 전압의 몇 십 배 이상의 전압을 가해도 거의 전류가 흐르지 않는다는 것을 알 수 있다.

■ 사용방법

다이오드는 정격 이상의 역방향 전압을 가하게 되면 고장이 날 가능성이 있다. 그래서 메이커에서는 품명과 형상에 따라 사용할 수 있는 최대 정격(전류·전압·온도 등)을 표시하고 있다. 그러므로 각 항목별로 수치를 넘지 않게 사용해야 한다.

■ 용도

교류는 (+), (−)로 전류가 흐른다. (+)나 (−) 어느 한쪽의 전류만 흐르도록 하는 것을 '정류'라고 한다. 일반적으로 다이오드라고 불리는 것이 이런 작용을 하는 것으로, 정류용 다이오드라고 한다. 정류용 다이오드는 교류를 직류로 변환하는 직류 전원회로의 정류회로에 사용된다. 예를 들어 그림 2-5와 같이 장난감 등에 사용하는 가정용 AC 어댑터가 있다. AC 어댑터는 콘센트에서 입력되는 100[V]의 교류전압이 가해지면 20[V] 전후의 직류전압을 출력하여 장난감을 동작시킨다.

그림 2-4 다이오드의 특성 예

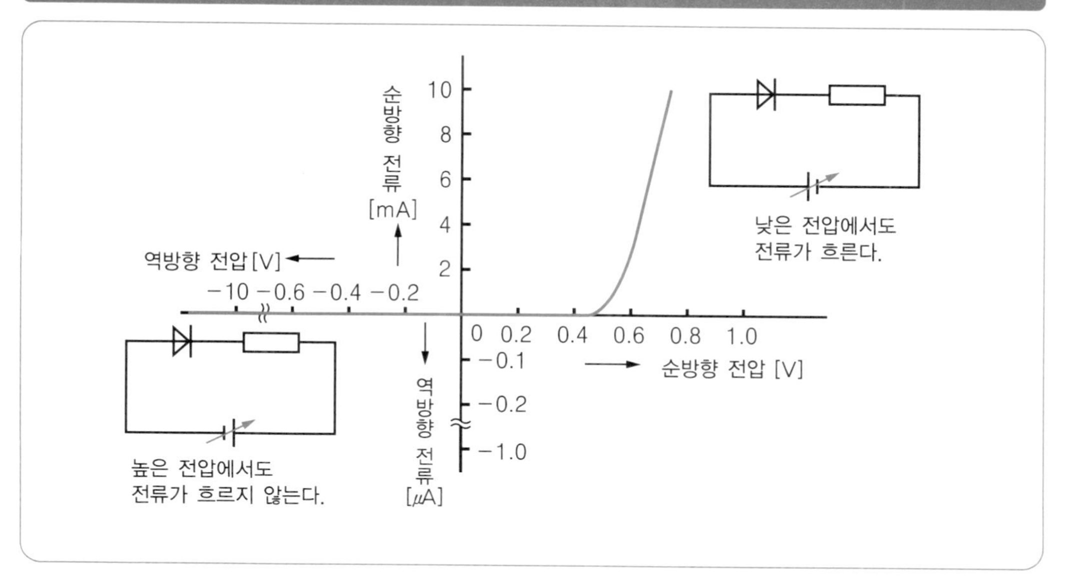

그림 2-5 다이오드의 용도

06 특수한 성질을 이용 … 정전압 다이오드와 가변용량 다이오드

■ 정전압 다이오드(제너 다이오드, zener diode)

정전압 다이오드는 제너 다이오드라고도 하며, 역방향 전압을 크게 하면 전류가 급격히 증가하는 제너 현상을 이용하여 역방향으로 전류를 흘려보내 사용한다. 다시 말해 제너 현상을 일으키는 범위에서는 그림 2-6과 같이 다이오드를 흐르는 전류가 큰 폭으로 변화해도 다이오드 양끝의 전압이 일정하게 유지된다. 예를 들어 그림 2-7과 같이 RD 5A인 경우는 전류가 5~45[mA]까지 변화해도 다이오드 양끝의 전압은 거의 5[V]이다.

일반적으로 제너다이오드는 전압변동이 극히 작아야 하는 안정화 전원회로 등에 사용된다.

■ 가변용량 다이오드(variable capacitance diode, varicap)

가변용량 다이오드는 배리캡(varicap)이라고도 하며, pn 접합의 접합면 부근에 발생하는 공핍층을 이용한다. 즉, 공핍층은 그림 2-8과 같이 양전하와 음전하에 의해 일종의 정전용량을 가지는 콘덴서 같은 상태가 되어 있다. 따라서 그림 2-9와 같이 역방향 전압을 크게 하면 공핍층의 폭이 넓어지고 정전용량은 작아지게 된다.

가변용량 다이오드는 무선 마이크나 텔레비전 수신기의 전자동조 튜브 등에 사용되고 있다.

그림 2-6 정(定)전압 다이오드의 동작

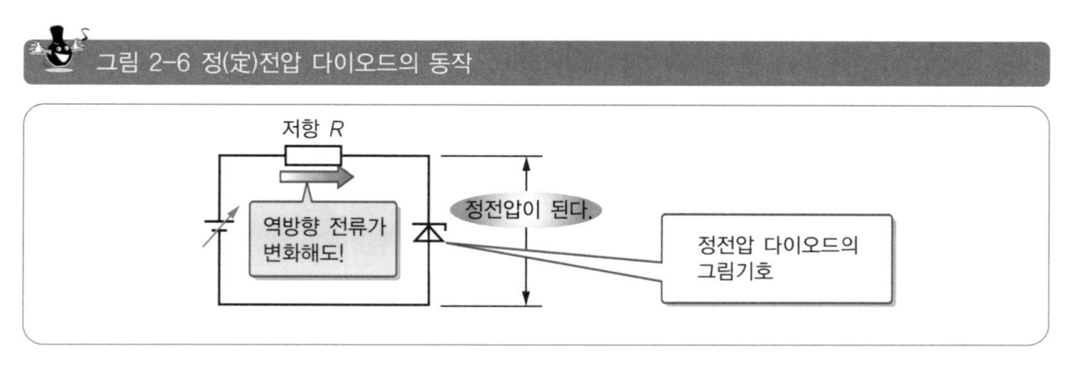

그림 2-7 정전압 다이오드의 특성

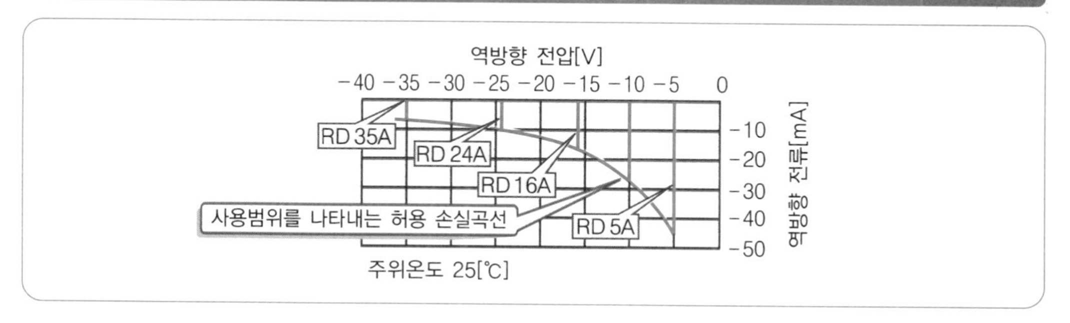

그림 2-8 가변용량 다이오드의 구조

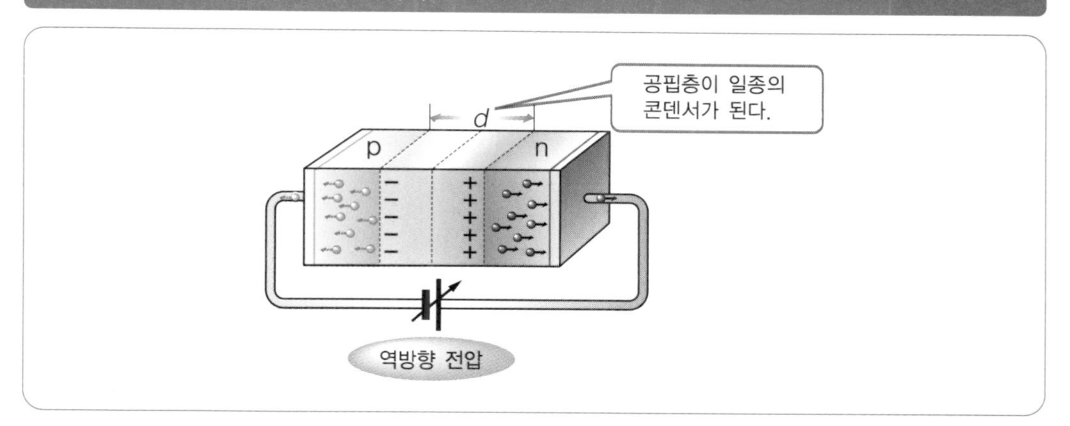

그림 2-9 가변용량 다이오드의 특성

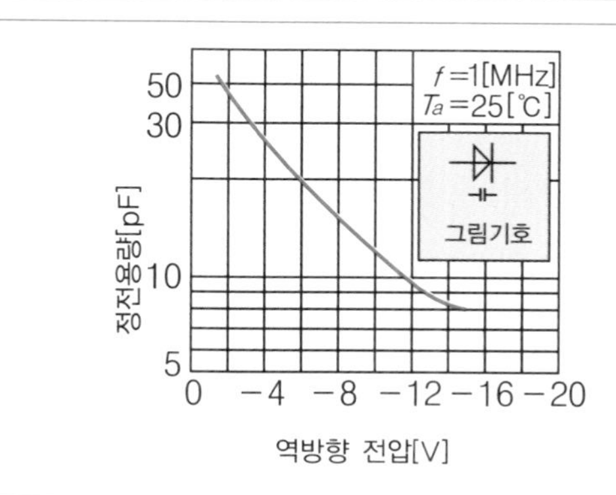

역방향 전압이 커지면

① 공핍층의 폭 d가 넓어진다.

② 정전용량 $C = \frac{\varepsilon A}{d}$

여기서, ε : 유전율

A : 전극의 면적

③ 정전용량이 작아진다.

빛이 반짝이다 … 발광 다이오드

발광 다이오드는 LED(Lighting Emitting Diode)라고도 하며, 순방향으로 전류를 흘리면 발광하는 성질이 있는 pn접합 다이오드이다.

그림 2-10과 같이 발광 다이오드에 순방향 전압을 가하면 전자와 정공이 이동하고 접합면 부근에서 서로 충돌했을 때 발생하는 에너지에 상당하는 파장의 빛이 방출된다. 반도체의 재료로는 주로 갈륨(Ga) 화합물이며, 갈륨비소(GaAs), 갈륨인(GaP), 갈륨알루미늄비소(GaAlAs) 등을 사용하여 적색, 녹색, 황색 등의 빛을 발한다.

발광 다이오드는 약간의 전력으로도 선명한 빛을 얻을 수 있고, 빠른 속도로 점멸하기 때문에 그림 2-11과 같은 표시용 램프 이외에 전송로로서 광섬유를 이용하는 광통신의 발광소자로도 사용되고 있다. 그림 2-12는 그림기호이다. 일반 표시용 소자는 10[mA] 정도의 전류로 발광하는 것이 많고, 순방향으로 가하는 전압은 0.5[V] 이상인 것부터 2~3[V] 정도인 것이 있다.

■ 7세그먼트 LED 표시기

LED 8개를 하나의 패키지로 만든 7세그먼트 LED 표시기가 있다. 그림 2-13과 같이 7세그먼트 LED 표시기는 가늘고 긴 발광면을 가진 a~g까지의 7개 LED 세그먼트를 「日」자 형태로 배치하고, 각 세그먼트의 점등을 조합하여 0~9의 숫자를 나타내도록 한 것이다.

덧붙여 나머지 한 개의 LED는 소수점의 도트를 표시한다. 또한, 그림 2-14와 같이 7세그먼트 LED 표시기에는 애노드 측을 공통으로 연결한 공통 애노드(common anode)형과 캐소드 측을 공통으로 한 공통 캐소드(common cathode)형 두 가지가 있다.

그림 2-10 발광 다이오드(LED)

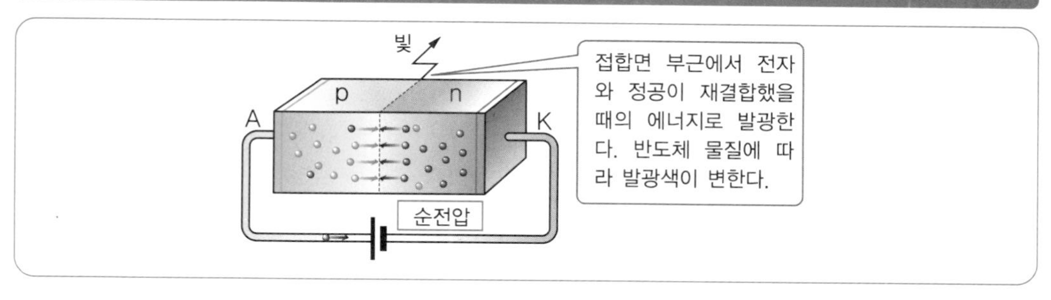

그림 2-11 표시용 램프의 구조

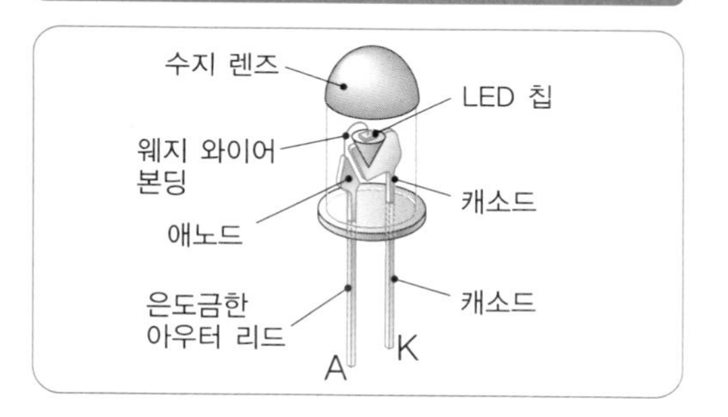

그림 2-12 그림 기호

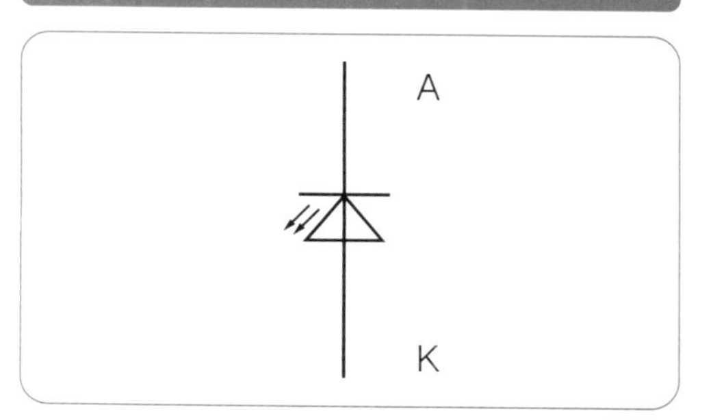

그림 2-13 7세그먼트의 LED 표시기

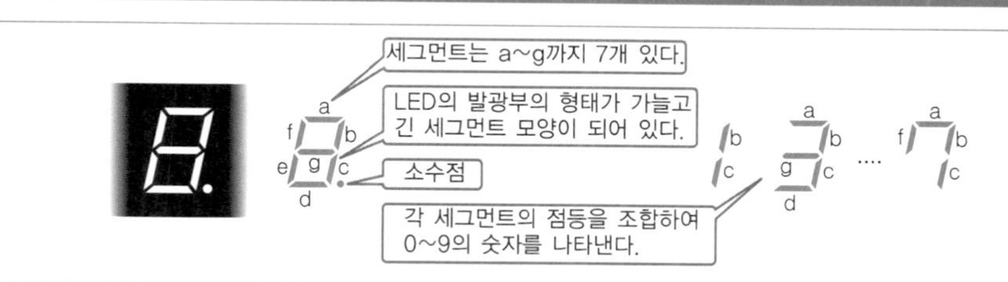

그림 2-14 7세그먼트의 LED 표시기의 종류

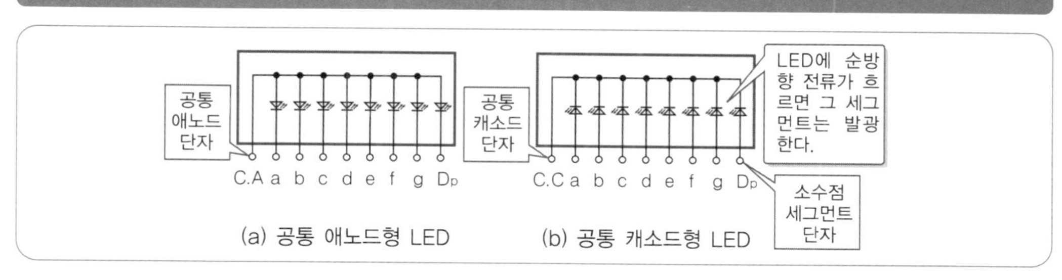

(a) 공통 애노드형 LED (b) 공통 캐소드형 LED

08 언제나 활약한다 … 트랜지스터 1(구조·명칭)

■ 구조

트랜지스터는 구조적으로 크게 나누면 npn형과 pnp형 2종류가 있다. npn형은 그림 2-15(a)와 같이 양쪽을 n형 반도체로 하고, 중앙부를 p형 반도체로 한 것이다. pnp형은 그림 2-15(b)와 같이 양쪽을 p형 반도체로 하고, 중앙부를 n형 반도체로 한 것이다.

그림 2-15(a), (b)에서 중간에 들어간 p형 또는 n형 반도체 부분은 두께 수 [μm] 정도로 매우 얇은데, 이 부분을 베이스(base : B)라고 한다. 베이스를 가운데 끼운 2개의 반도체 중 한쪽을 이미터(emitter : E), 다른 한쪽을 컬렉터(collector : C)라고 한다. 즉, 이미터와 컬렉터는 npn형의 경우를 예로 들면 모두 n형이지만, 이미터는 컬렉터보다 불순물 농도가 수백 배나 많고 접합면적 또한 작은 구조로 다르게 되어 있다.

그림 2-15(c), (d)는 npn형 및 pnp형 트랜지스터의 그림기호이다. 이미터에는 전류가 흐르는 방향을 화살표로 나타내는데, npn형일 때는 바깥쪽에, pnp형일 때는 안쪽에 붙인다.

■ 명칭

트랜지스터는 다리가 3개이지만 금속 케이스가 그 중 하나에 해당하는 역할을 하는 것도 있고, 용도에 따라 그림 2-16과 같이 여러 가지 형태가 존재한다. 또한, 그림 2-17과 같이 각각의 트랜지스터의 명칭이 EIAJ ED-4001에 따라 규정되어 있으므로, 그 명칭에서 대강의 용도와 구조를 알 수 있다.

그림 2-15 트랜지스터의 구조와 그림기호

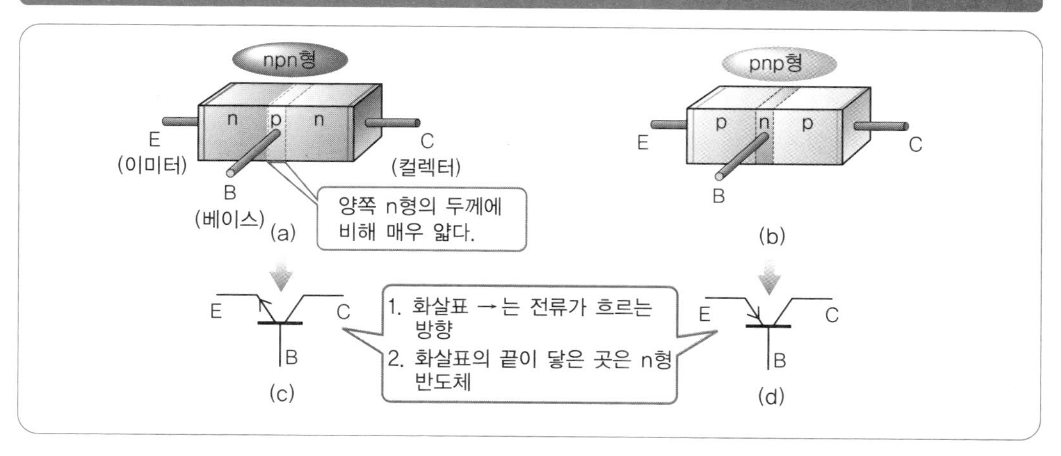

그림 2-16 트랜지스터의 외관

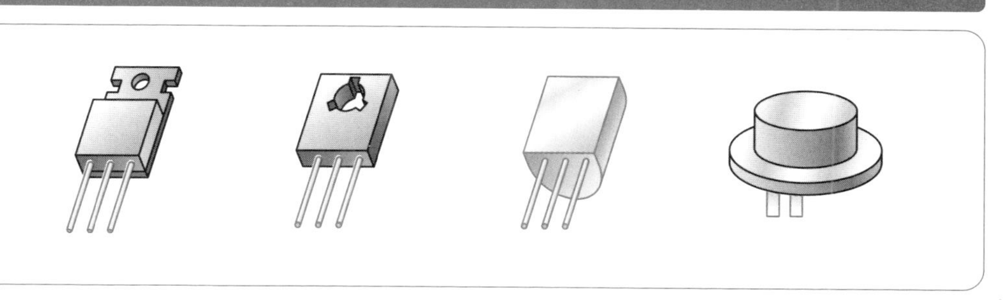

그림 2-17 트랜지스터의 명칭을 붙이는 방법

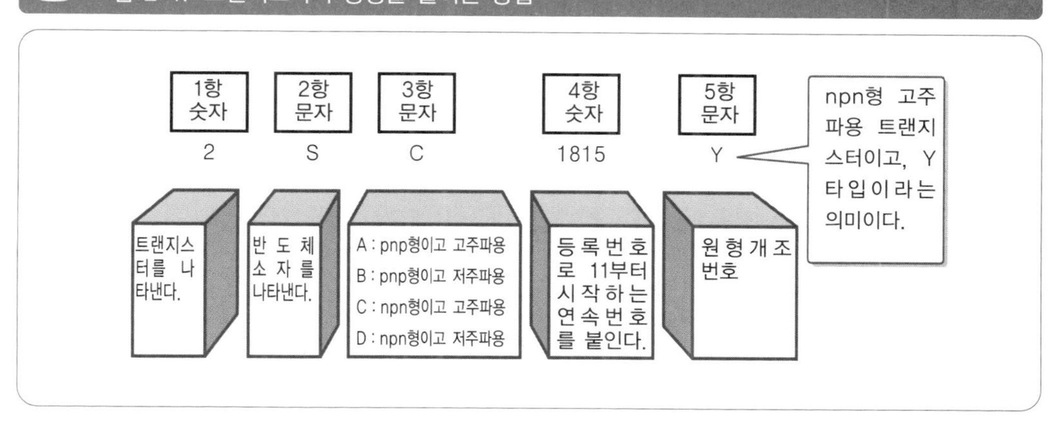

소전류를 대전류로 변환 … 트랜지스터 2(동작·사용법)

■ 동작

트랜지스터를 동작시키기 위해서는 그림 2-18과 같이 B, E 사이에는 순방향 전압을, C, E 사이에는 역방향 전압을 가한다. 동작에 대해서는 그림 2-18(a)의 경우를 그림 2-19에서 설명한다.

① **베이스에 전류를 흘릴 때** : 그림 2-19와 같이 B, E 사이에 순방향 전압이 가해지기 때문에 이미터에서 베이스로 전자가 이동한다. C, E 사이에는 역방향 전압이 가해져 있기 때문에 이미터에서 베이스로 이동하는 전자가 컬렉터의 높은 전압에 끌려가 베이스를 빠져나가 컬렉터로 들어온다. 이렇게 이미터의 전자는 베이스에 가해진 (+)전압의 힘을 빌려 다량의 전자를 컬렉터에 보낼 수 있다. 다시 말해, 큰 컬렉터 전류를 흐르게 할 수 있다.

② **베이스에 전류를 흘리지 않을 때** : B, E 사이에는 전압이 가해지지 않은 상태로, C, E 사이에 역방향 전압이 가해지기 때문에 컬렉터의 전자는 전원의 (+)전압으로 끌려간다. 그 때문에 C와 E 사이에는 공핍층이 발생하여, 이미터에서 컬렉터로 흐르는 전자의 이동이 없어지고, 컬렉터 전류는 흐르지 않는다.

이렇게 트랜지스터에는 약간의 베이스 전류로 큰 컬렉터 전류를 얻을 수 있는 증폭작용이 있다. 또한, 베이스 전류에 따라 컬렉터 전류가 흐르거나 흐르지 않기도 하므로, 스위치와 같은 작용(스위칭 작용)이 있다.

■ 사용법

다이오드와 마찬가지로 트랜지스터를 사용하는 방법에도 전압·전류·전력 등에 있어서 넘어서는 안 되는 최대 정격이 있기 때문에 주의하여 사용할 필요가 있다.

그림 2-18 트랜지스터에 전압을 가하는 방법

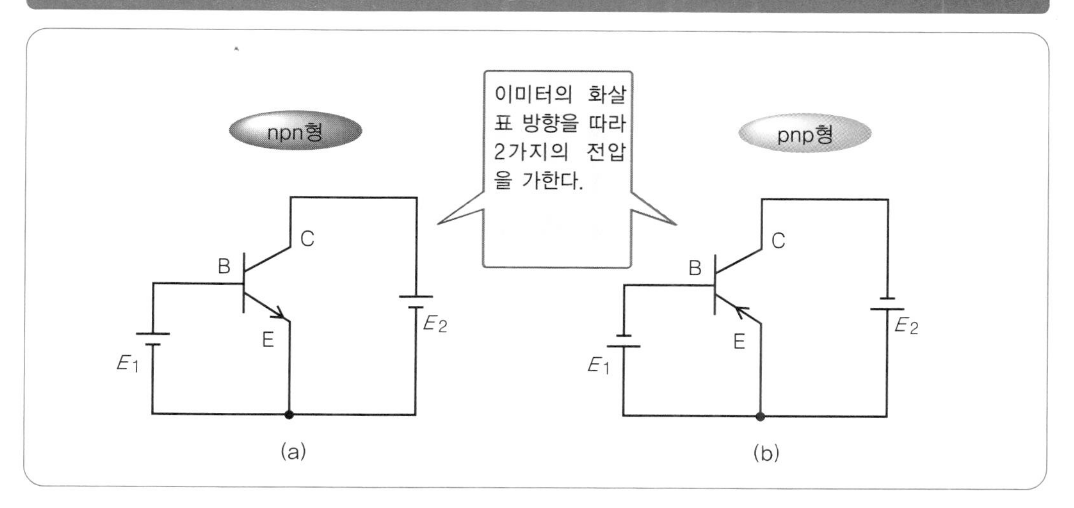

그림 2-19 동작(B, E 사이에 순방향, C, E 사이에 역방향 전압을 가했을 경우)

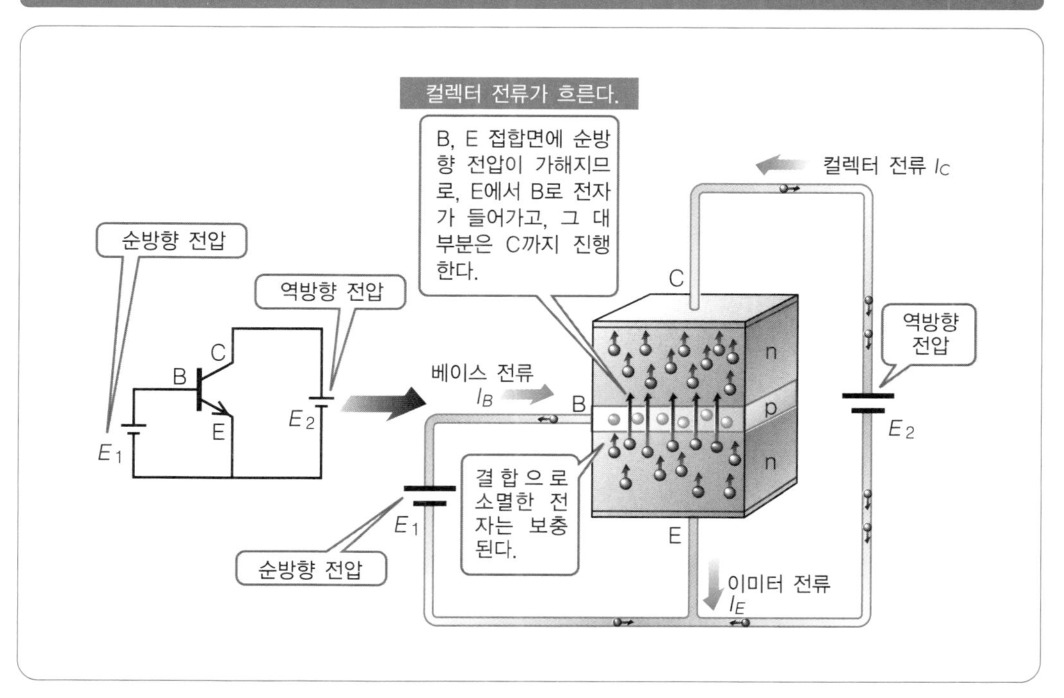

IC의 인기인 … 전계효과 트랜지스터(FET) 1(특징·구조)

■ FET란?

전계효과 트랜지스터(Field-Effect Transistor ; FET)는 간단히 FET라고도 한다. 그림 2-20과 같이 트랜지스터는 컬렉터 전류 I_C를 베이스 전류 I_B에 의해 제어(전류제어)했지만 FET는 드레인 전류 I_D를 게이트 전압 V_{GS}에 의해 제어(전압제어)한다.

FET는 입력 임피던스가 매우 높고, 잡음이 작은 소자이다. 그리고 저주파·고주파 증폭회로 등의 오디오 앰프, 계측용 증폭기, 전자 스위치(대전력 스위칭용 파워 MOS FET포함) 등에, 또한 C-MOS IC 같이 집적회로화하여 폭 넓게 사용되고 있다.

■ 구조

FET는 구조에서 그림 2-21, 그림 2-22와 같이 접합형 FET와 MOS형 FET가 있다. 각각 트랜지스터와 마찬가지로 드레인 D, 소스 S, 게이트 G라는 3개의 전극이 있다.

① **접합형 FET** : 그림 2-21과 같이 소스와 드레인의 2개의 전극을 가지는 n형 반도체 가운데에 게이트 전극을 가지는 p형 반도체를 형성하여 만들어진다. 소스와 드레인 사이에 전압을 가하면 전류가 흐르는데, 그 통로를 채널이라고 한다. 전류의 통로가 p형이면 p형 채널이라고 한다.

② **MOS FET** : 그림 2-22와 같이 금속(Metal), 산화막(Oxide), 반도체(Semiconductor)의 3층 구조로 게이트를 구성하고 있으므로 MOS형이라고 한다. 또한, MOS형에는 특성의 차이로부터 인핸스먼트(enhancement)형과 디플레이션(depletion)형이 있다.

그림 2-20 트랜지스터와 FET

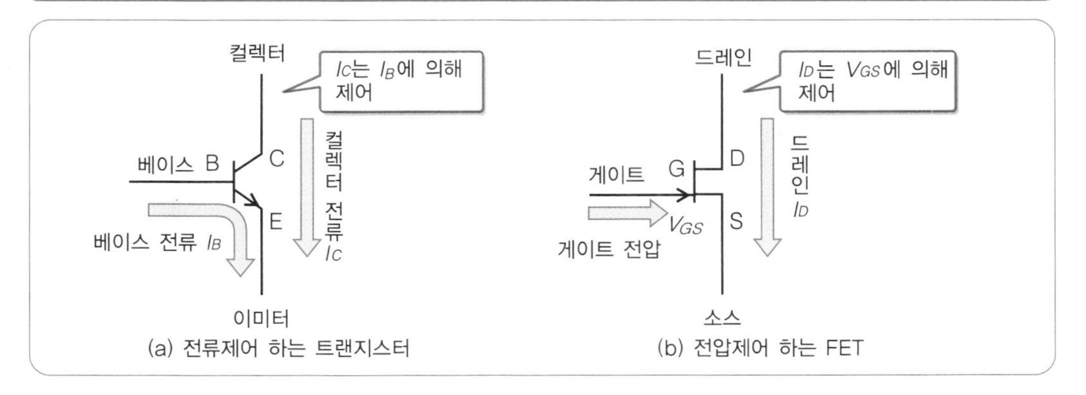

(a) 전류제어 하는 트랜지스터　　(b) 전압제어 하는 FET

그림 2-21 접합형 FET의 그림 기호

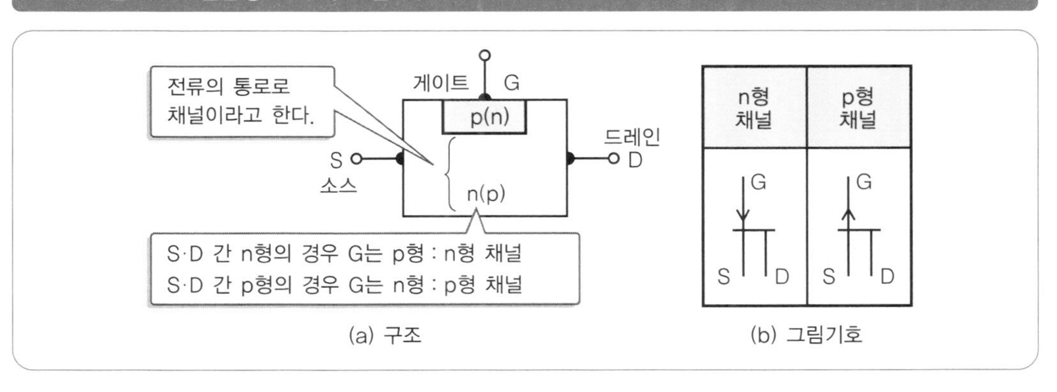

(a) 구조　　(b) 그림기호

그림 2-22 MOS FET의 구조와 그림기호

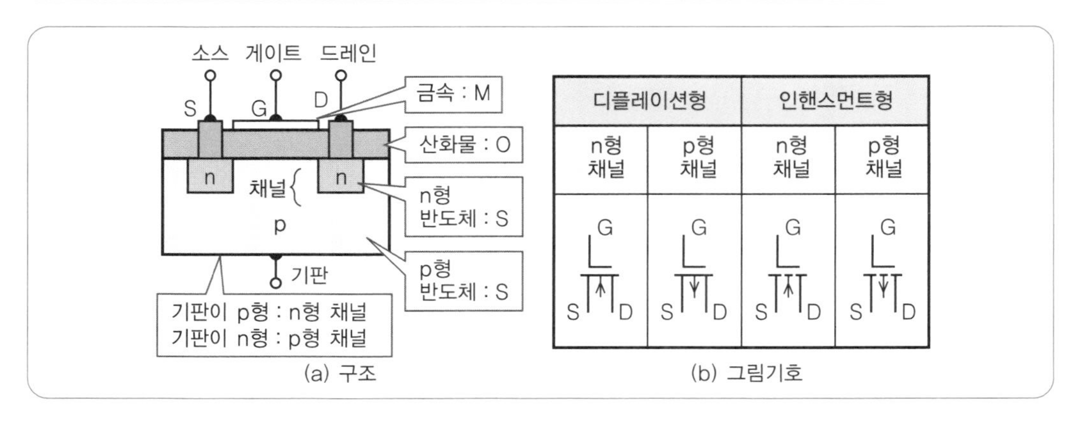

(a) 구조　　(b) 그림기호

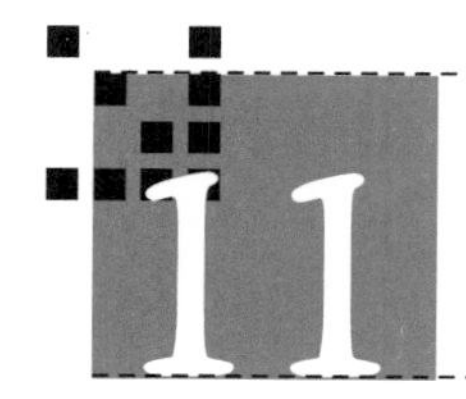

전압제어 … 전계효과 트랜지스터(FET) 2(동작·사용법)

■ 동작

① **접합형 FET** : 그림 2-23에서 드레인 전류 I_D는 게이트와 소스 사이의 전압 V_{GS}에 의해 변화시킬 수 있다. 이 그림처럼 V_{GS}를 크게 하면 채널의 폭이 좁아지고 드레인 전류 I_D가 흐르기 어려워진다. 이렇게 I_D를 V_{GS}에 의해 제어할 수 있다.

② MOS FET : 그림 2-24에서 게이트와 소스 간 전압 V_{GS}가 0[V]이면 드레인 전류는 흐르지 않는다. V_{GS}를 가하면 게이트 전극·산화막·절연층 아래에 p형 반도체의 소수 캐리어인 전자가 모이고, n형 채널이 형성되어 I_D가 흐른다. 이렇게 MOS FET도 I_D를 V_{GS}에 의해 제어할 수 있다.

■ 사용법

FET에 있어서도 트랜지스터와 마찬가지로 표 2-7과 같은(MOS FET 2SK 1958의 경우) 지켜야만 하는 최대 정격이 있다. 이 FET는 헤드폰 스테레오, 비디오 카메라 등에 사용된다.

- 드레인 D, 소스 S 간의 전압 : V_{DSS}
  게이트를 쇼트한 상태에서의 D, S 간의 최대 전압
- 게이트 G, 소스 S 간의 전압 : V_{GSS}
  드레인을 쇼트한 상태에서의 G, S 간의 최대 전압
- 드레인 전류 : I_D
  드레인에 흘려보낼 수 있는 최대 전류
- 전손실 : P_T

주위온도(T_a) 25[℃]에서 FET의 동작에 동반하여 발생하는 열량의 허용 최댓값으로, I_D와 V_{DSS}의 곱으로 나타낸다.

그림 2-23 접합형 FET의 동작(n형 채널의 경우)

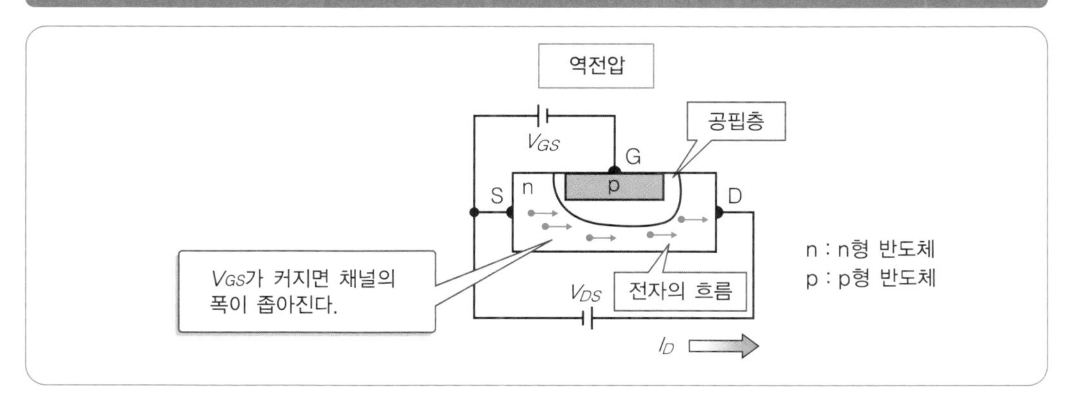

그림 2-24 MOS FET의 동작(인핸스먼트형, n형 채널의 경우)

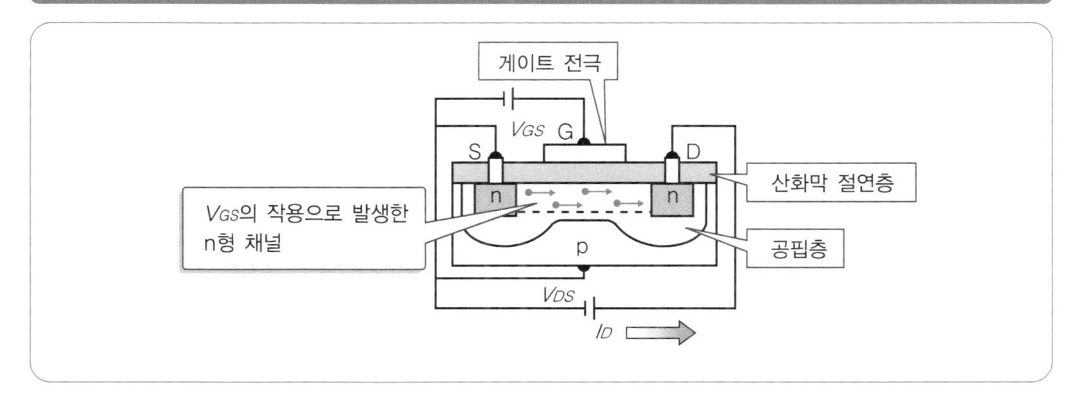

표 2-7 MOS FET 2SK 1958의 절대 최대 정격(Ta=25[℃])

항목	약호	조건	정격	단위
드레인, 소스 간 전압	V_{DSS}	$V_{GS}=0$	16	V
게이트, 소스 간 전압	V_{GSS}	$V_{DS}=0$	±7.0	V
드레인 전류(직류)	$I_{D(DC)}$		±0.1	A
드레인 전류(펄스)	$I_{D(pulse)}$	PW≦10[ms], Duty Cycle≦50[%]	±0.2	A
전손실	P_T		150	mW
채널 온도	T_{ch}		150	℃
보존온도	T_{stx}		−55∼+150	℃

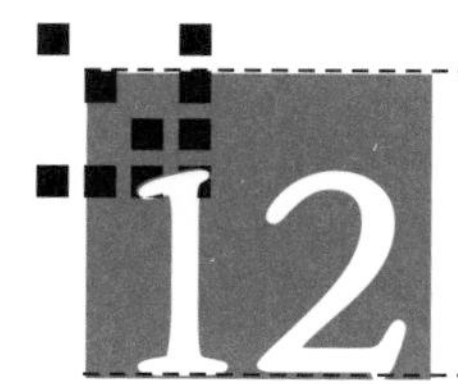

12 무접점 스위치의 대표격 … 사이리스터

■ 구조와 그림기호

사이리스터(thyristor)는 p형 반도체와 n형 반도체를 4층 이상 접합한 것으로, 전극 단자수가 2, 3, 4단자인 것이 있다. 사이리스터에서 3단자인 것은 실리콘 제어 정류소자(Silicon Controlled Rectifier;SCR)라고도 한다.

그림 2-25는 SCR의 구조 예와 그림기호로 애노드(A), 캐소드(K), 게이트(G)의 3개의 전극이 있다.

■ 동작과 용도

① **직류회로의 경우** : 그림 2-26에서 사이리스터는 게이트 단자에 펄스 전압(스위치 S_1을 닫은 순간의 전압)을 가했을 때 애노드, 캐소드 사이가 도통상태가 되어, 애노드 전류가 계속 흐른다. 리셋(애노드 전류를 멈춘다)할 때는 게이트 회로에 관계없이 스위치 S_2를 열거나, 애노드에 가하는 전압을 작게 하지 않으면 전류는 계속 흐른다.

② **교류회로의 경우** : 교류의 경우는 반주기마다 전압이 0[V] 이하로 되기 때문에 그때마다 도통은 리셋된다. 그림 2-27(a)는 SCR을 이용한 조광회로로, 램프의 밝기를 볼륨(V_R)에 의해 자유자재로 조절할 수 있다. 그림 2-27(b)는 게이트에 주는 펄스에 의해 램프에 흐르는 전류를 제어하는 모습을 나타낸 것이다. 어느 점에서부터 도통시킬지 펄스의 위상을 바꿔 수행할 수 있으므로 위상제어라고 한다.

사이리스터는 20~5,000[V], 0.2~3,000[A]와 트랜지스터에 비해 고내압, 대전류의 소자가 만들어지고 있다. 그리고 무접점 스위치와 정류소자 외에 전동기의 속도제어, 전기로의 온도제어 등에 사용되고 있다.

그림 2-25 사이리스터의 구조와 그림기호

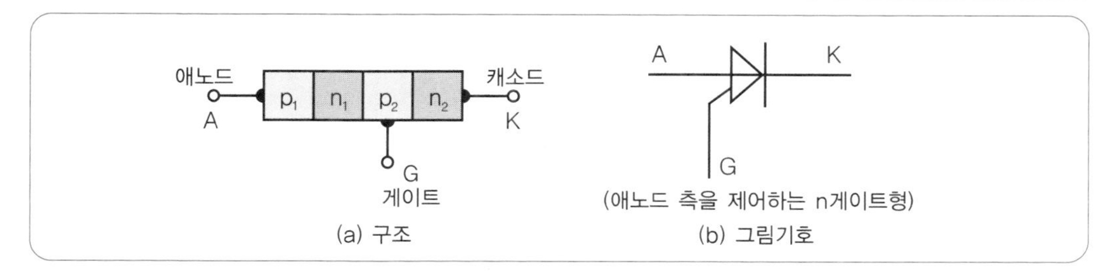

(a) 구조 (b) 그림기호

그림 2-26 직류 사이리스터 회로

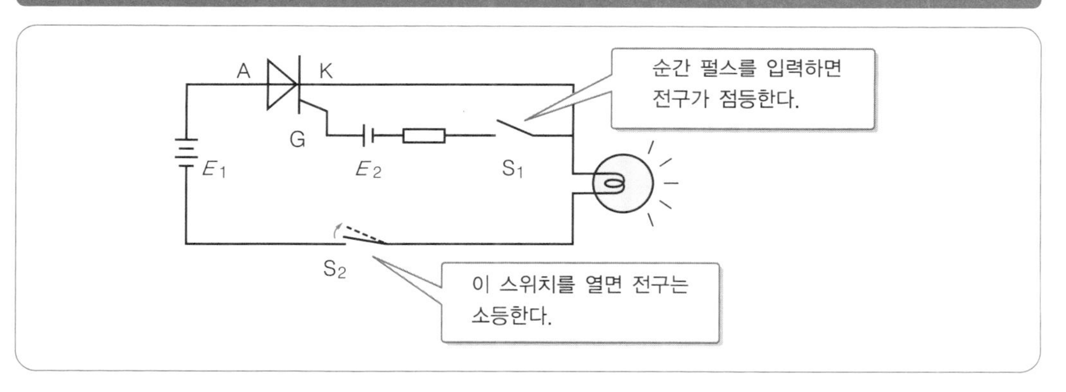

그림 2-27 교류 사이리스터 회로(조광회로와 동작)

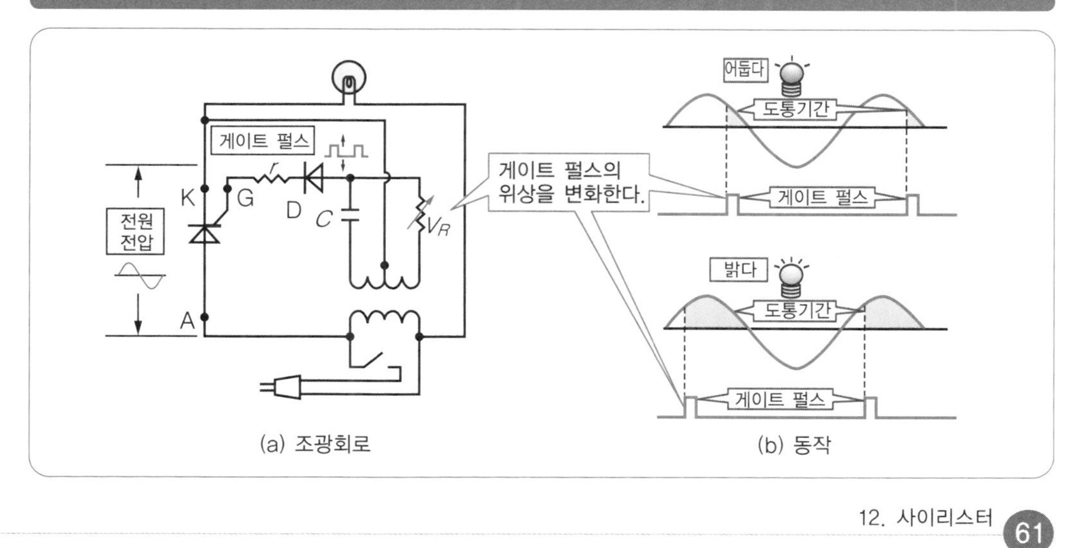

(a) 조광회로 (b) 동작

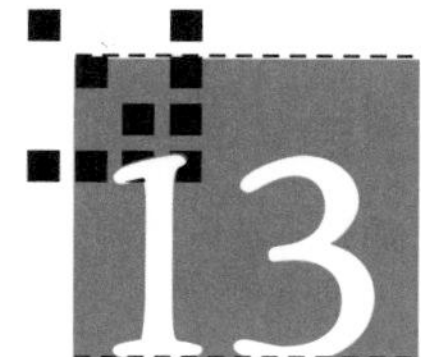

13 온도계로 유명! … 서미스터와 열전대

■ 서미스터(thermistor)

서미스터란 온도의 변화에 의해 저항값이 변화하는 반도체이다. 서미스터는 일반적으로 망간, 니켈, 철, 티탄 등의 산화물 몇 가지를 조합하여 약 1,500[℃]의 온도에서 소결하여 만들어진다. 그림 2-28에 서미스터의 외관과 그림기호를 나타냈다.

서미스터는 표 2-8과 같은 종류가 있다.

① PTC 서미스터 : 양의 온도계수를 가진다. 즉, 온도가 상승하면 저항값이 커진다.
② NTC 서미스터 : 음의 온도계수를 가진다. 즉, 온도가 상승하면 저항값이 작아진다.
③ CTR 서미스터 : 음의 온도특성과 함께 스위칭 특성을 함께 갖는다.

서미스터는 온도변화에 대해 저항값의 변화가 크다는 점과 고감도라는 점 때문에 전자회로의 온도보상, 온도계 · 화재 경보기 등의 온도 센서에 사용된다.

■ 열전대

열전대란 그림 2-29와 같이 2종류의 다른 금속 A, B를 조합한 것으로, 연결점에 온도차를 주면 기전력(특히 열기전력이라고 한다)이 발생한다. 이 현상을 제베크 효과(Seebeck effect)라고 한다. 여기서, 그림과 같이 다른 금속 C를 접속하여 이 양끝의 연결점의 온도가 같으면 회로의 열기전력은 바뀌지 않는다. 이것을 제3금속 삽입의 법칙이라고 한다.

열전대는 노(爐)의 온도 자동제어와 원격측정에도 많이 사용된다.

그림 2-28 서미스터의 외관과 그림기호

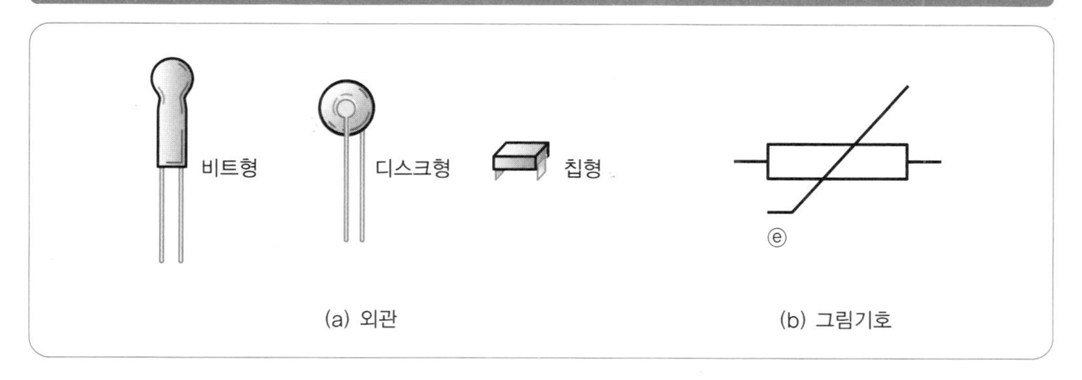

(a) 외관 (b) 그림기호

표 2-8 서미스터의 종류와 특성

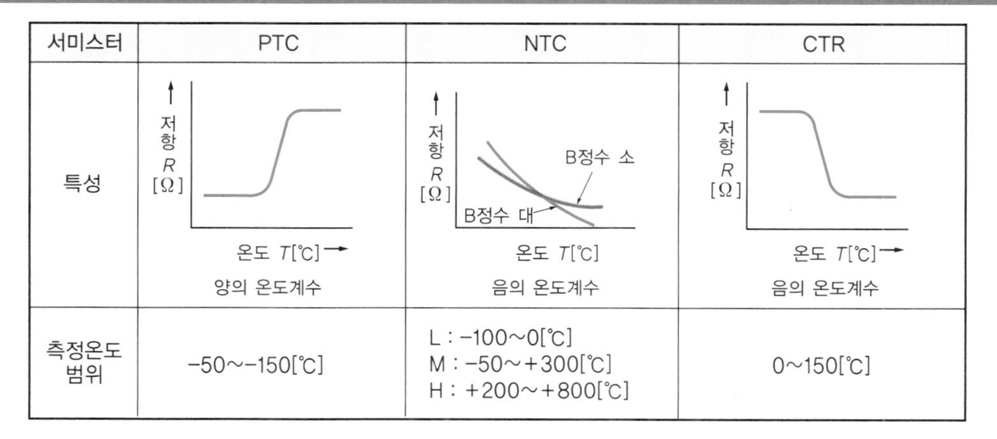

서미스터	PTC	NTC	CTR
특성	양의 온도계수	음의 온도계수	음의 온도계수
측정온도 범위	-50~-150[℃]	L : -100~0[℃] M : -50~+300[℃] H : +200~+800[℃]	0~150[℃]

그림 2-29 열전대

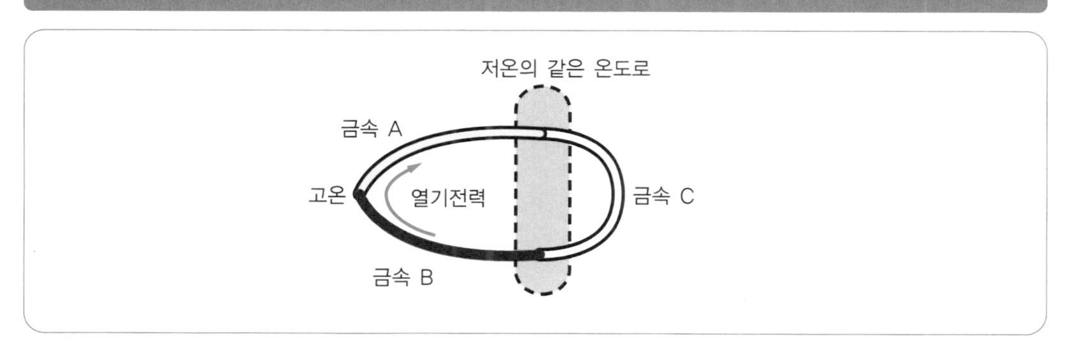

14 가속화되는 집적화 … IC

IC(Integrated Circuit)란 집적회로를 말하며, 하나의 칩(실리콘 단결정 기판) 속에 트랜지스터와 다이오드, 저항, 콘덴서 등의 소자를 내장한 것이다.

IC는 작고 가벼우며, 땜납 불량이 없고 신뢰성도 높으며, 소비전력도 작다는 특징이 있다.

각종 IC는 다음과 같이 분류할 수 있다.

■ 소자의 수에 의한 분류

자주 LSI라고 하는데, 이것은 하나의 칩 상에 트랜지스터 등의 소자의 수가 1,000~100,000개 있는 것을 말한다. 표 2-9에 소자의 수에 의한 분류를 나타냈다.

■ 기능에 의한 분류

전자회로를 기능으로 크게 나누면 디지털 회로와 아날로그 회로가 있는 것처럼, IC에도 디지털 시계나 컴퓨터 회로에 사용되는 디지털 IC와 각종 증폭기 등에 사용되는 아날로그 IC가 있다. 특히 디지털 IC에서는 논리회로, 컴퓨터의 CPU, 프로그래머블 IC 등이 유명하다. 또한 아날로그 IC에서는 OP 앰프(Operational amplifier), 3단자 레귤레이터라는 전원용 IC, 오디오 파워 앰프용 IC, 모터 제어용 IC가 있다. 표 2-10에 기능에 의한 분류를 나타냈다.

■ 구조에 의한 분류

구조상 IC에는 유리나 세라믹 등의 절연기판 상에 저항이나 콘덴서 등을 만든 막 IC, 막 IC 기판 상에 반도체 IC 등을 내정한 혼성 IC(하이브리드 IC)가 있다. 또한, 반도체 IC(모놀리식 IC)에는 바이폴러 IC와 MOS IC가 있다. 그림 2-30에 바이폴러 IC의 구성 예를 나타냈다.

표 2-9 소자 수에 의한 IC의 분류

집적회로의 명칭	소자의 수(집적도)	용도
LSI(Large Scale IC : 대규모 집적회로)	10^3～10^5개 정도	전자 계산기 등
VLSI(Very Large Scale IC : 초대규모 집적회로)	10^5～10^7개 정도	대용량 메모리 등
ULSI(Ultra Large Scale IC : 극초대규모 집적회로)	10^7개 이상	컴퓨터의 처리장치 등

표 2-10 디지털 IC, 아날로그 IC의 종류·특징·용도

명칭	종류	특징	용도
디지털 IC	논리회로, 기억회로 등	논리회로와 기억회로를 구성한다.	디지털 시계, 컴퓨터, 전자 계산기, OA 기기, 가전제품, 계측기, 전자 교환기 등
아날로그 IC	저주파·고주파·영상증폭회로, 타이머, A-D·D-A 변환기 등	일반적으로 입력과 출력에 비례관계가 있다.	텔레비전 수신기, VTR, 계측기, 자동차 등

그림 2-30 바이폴러 IC의 구성 예

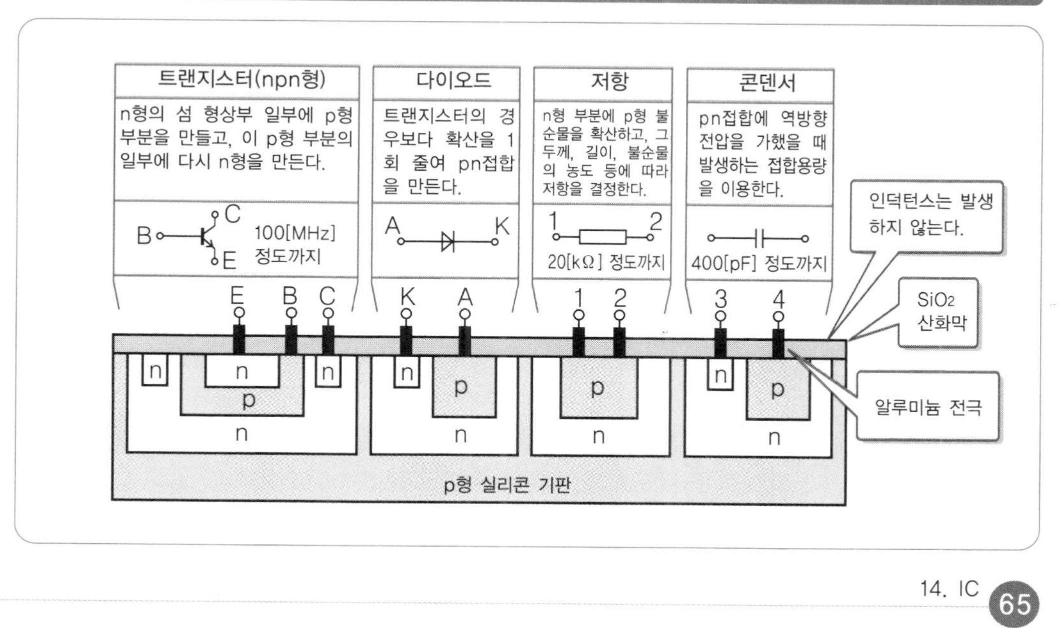

15 이상적인 IC 증폭기 … OP 앰프

OP 앰프란 Operational Amplifier(연산 증폭기)의 약칭으로, 십 수 개의 트랜지스터와 FET로 구성되는 IC화된 증폭기이다. 그림 2-31은 OP 앰프의 그림기호이다. 반전입력과 비반전 입력 2개의 입력단자와 1개의 출력단자를 가지며, 반전입력은 (−), 비반전 입력은 (+)로 구별하고 있다. 또한, 이 증폭기는 양전압과 음전압을 공급하는 2개의 직류전원이 필요하다.

그림 2-32는 OP 앰프의 등가회로이다. 입력 임피던스 Z_i를 무한대, 출력 임피던스 Z_o를 0, 증폭도 A_V를 무한대로 가정한 것이지만, 거의 이것에 맞는 이상적인 특성을 가지고 있다.

그림 2-33은 반전·비반전 증폭회로의 2종류의 기본 증폭회로와 차동 증폭회로의 입·출력 관계를 나타낸 것이다. 입력전압 V_1을 반전입력(−단자)에 가하는 반전 증폭회로에서는 출력전압 V_o이 V_1과 역상이 된다. 입력전압 V_2를 비반전 입력(+단자)에 가하는 비반전 증폭회로에서는 출력전압 V_o가 V_2와 동상이 된다. 또한, 입력전압 V_1과 V_2를 동시에 가해 이들의 차의 전압을 증폭하는 회로를 차동 증폭회로라고 하며, 오차검출 등에 이용되고 있다. 덧붙여, OP 앰프는 전압 증폭도가 매우 크기 때문에 그림의 R_2에 의해 출력의 일부를 입력 쪽으로 되돌리는 부귀환을 걸어 사용한다.

이상과 같이 OP 앰프는 증폭도 A_V와 입력 임피던스 Z_i가 크고, 출력 임피던스 Z_o가 작으며 주파수 특성도 광대역으로, 직류에서 고주파수까지 증폭할 수 있다. 게다가 입력전압을 가산·감산하거나 미분 · 적분할 수가 있다.

따라서 OP 앰프는 증폭기로서 매우 고성능인 특징을 가지므로, 고정밀도의 측정기 등에 내장하는 각종 증폭회로와 연산회로 등 매우 광범위하게 사용되고 있다.

그림 2-31 OP 앰프의 그림기호

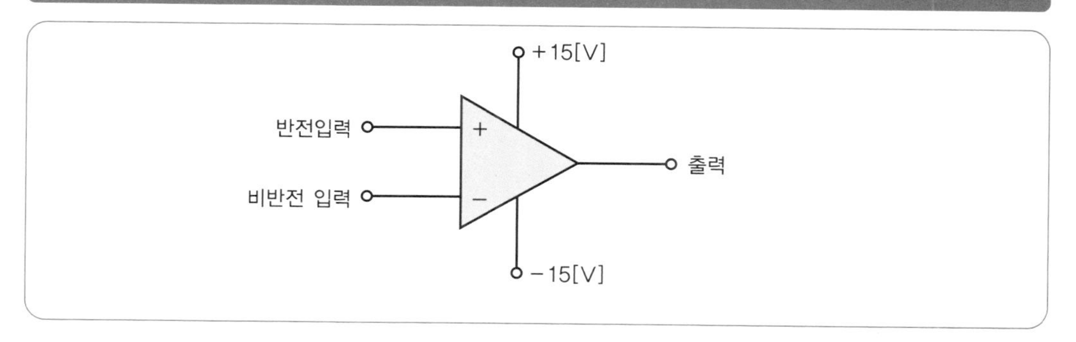

그림 2-32 등가회로

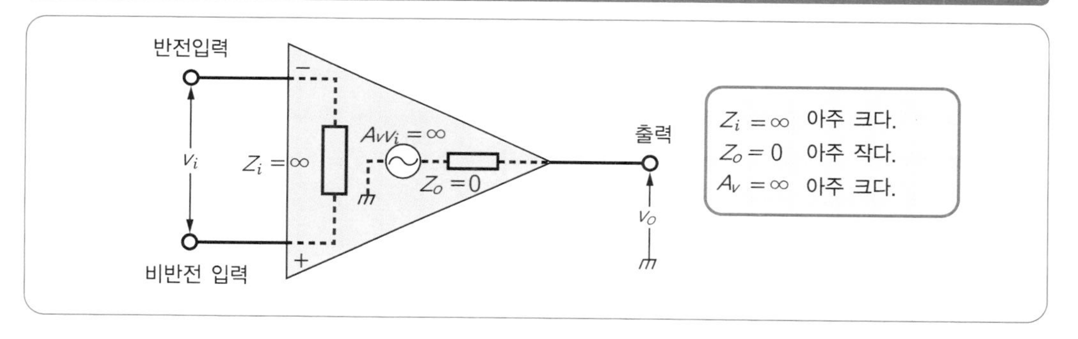

그림 2-33 기본 증폭회로 등과 입·출력의 관계

회로명	입력		출력
	V_1	V_2	V_o
반전 증폭회로		없음	입력 V_1과 역상
비반전 증폭회로	없음		입력 V_2와 동상
차동 증폭회로			입력 V_1, V_2의 차를 증폭

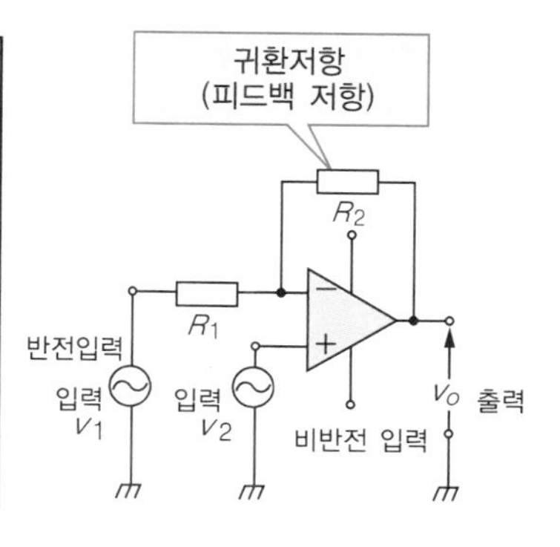

16 LSI의 대표격 … PIC

PIC(피크)는 페리페럴 인터페이스 컨트롤러(Peripheral Interface Controller)로, 마이크로 컨트롤러라고도 하며 LSI의 일종이다. 이 PIC는 외부에 회로동작의 타이밍을 맞춰주는 클록 발진소자를 장착하는 것만으로, 주변기기를 제어하는 데 편리한 기능을 내장하고 있다.

PIC에 따라 내용은 다르지만 프로그램 메모리, 데이터 메모리, 플래시 데이터 메모리, A/D 컨버터, 아날로그 컨버터, 캡쳐 콘퍼레이터, 시리얼 포트, 패러럴 포트, 타이머 등을 내장하고 있다. 더구나 PIC의 명령 수는 35개나 되는 것도 있다. 그 때문에 전자공작을 비롯해 에어컨이나 냉장고 등의 가전제품에 사용되거나 그 용도가 다양한 방면에 사용된다.

그림 2-34는 PIC 16F84의 핀 배열이다. 또한, 그림 2-35는 그 내부의 구성이다. PIC는 3계열의 패밀리로 구성되어 있다.

① **베이스 라인 시리즈** : 12bit 폭의 명령으로, 입·출력 핀과 타이머 기능만을 가지고 있다.
② **미들 레인지 시리즈** : 14bit 폭의 명령으로, 종류가 다양하고 가장 많이 사용되고 있다. 아날로그를 디지털로 변환하는 A/D 변환기와 통신에 사용하는 시리얼 포트를 내장한 것이 있다.
③ **하이엔드 시리즈** : 16bit 폭의 명령으로, 가장 고기능인 시리즈이다.

이러한 분류는 PIC의 명령 비트 길이로 수행되고 있고, 프로그램이 기억하는 메모리 용량과 다양한 기능, 입·출력 포트의 수에 따라 시리즈화되고 있다. PIC 16F84는 몇 번이라도 프로그램을 다시 기록할 수 있다는 점과 손쉽게 다룰 수 있다는 점에서 전자공작 등에 제일 자주 사용되고 있다.

그림 2-34 PIC 16F84의 핀 배열

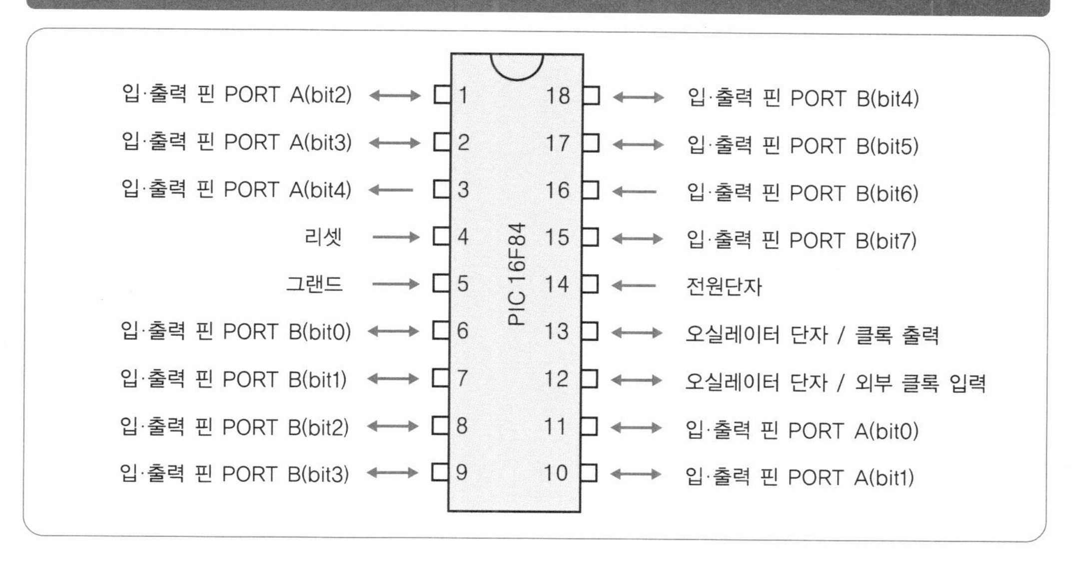

그림 2-35 PIC의 내부구조

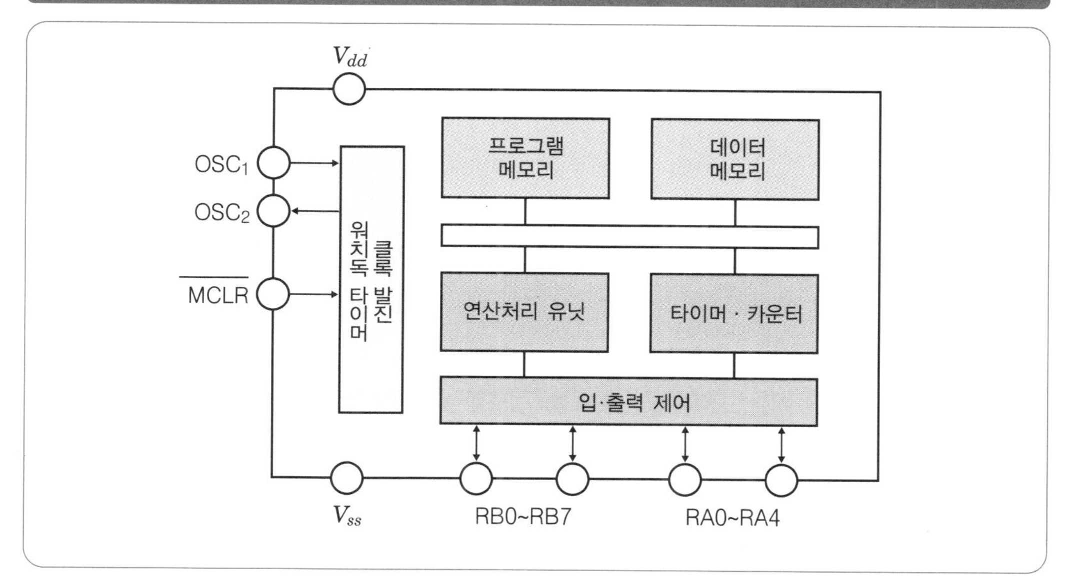

17 반도체 메모리 … RAM과 ROM

문자와 소리 등을 기억시키는 것으로는 자기 테이프와 자기 디스크가 있으며, 반도체 메모리로서 RAM과 ROM의 메모리용 IC가 있다.

■ RAM(Random Access Memory : 램)

RAM은 테이프 리코더처럼 기억을 시키거나 지울 수 있다. 예를 들면 컴퓨터의 메모리에는 데이터를 기록하거나 읽어 낼 수 있다. 그러나 전원을 끊게 되면 기억하고 있던 데이터가 모두 사라진다는 결점이 있다.

RAM에는 DRAM(다이내믹 램)과 SRAM(스태틱 램)이 있는데 컴퓨터 등의 기억장치로는 DRAM이 주로 사용되고 있다.

그림 2-36은 DRAM의 구조와 등가회로이다. 기록할 때는 FET ①을 On상태로 유지하고, 이 사이에 비트선으로부터 '1' 이나 '0' 의 정보에 대응하는 low나 high 전압을 가해 콘덴서 ②에 전하를 축적하거나 축적하지 않은 상태를 만든다. 읽어 낼 때는 다시 ①을 On으로 하고, ②에 전하가 있는지 없는지를 비트선을 통해 읽어오는 것이다.

■ ROM(Read Only Memory : 롬)

ROM은 음악용 CD처럼 한번 기억시키면 내용이 사라지지 않는 것이다. 다시 말해, 전원을 끊어도 기억내용이 유지되기 때문에 읽기 전용으로 사용되고 있다. 예를 들어 컴퓨터의 BIOS(바이오스) 등에 사용되어 컴퓨터를 부팅할 때 기기를 체크하거나 CPU의 동작을 확인한다. 또한, Windows와 Mac OS 등을 읽어오는 프로그램 등 매번 동일한 동작을 하는 것에 사용된다. 단, ROM 중에는 자외선이나 전기적인 조작에 의해 데이터를 소거할 수 있어 재기록이 가능한 ROM도 있다.

표 2-11에 RAM, ROM의 종류, 특징, 용도를 나타냈다.

그림 2-36 DRAM의 구조와 등가회로

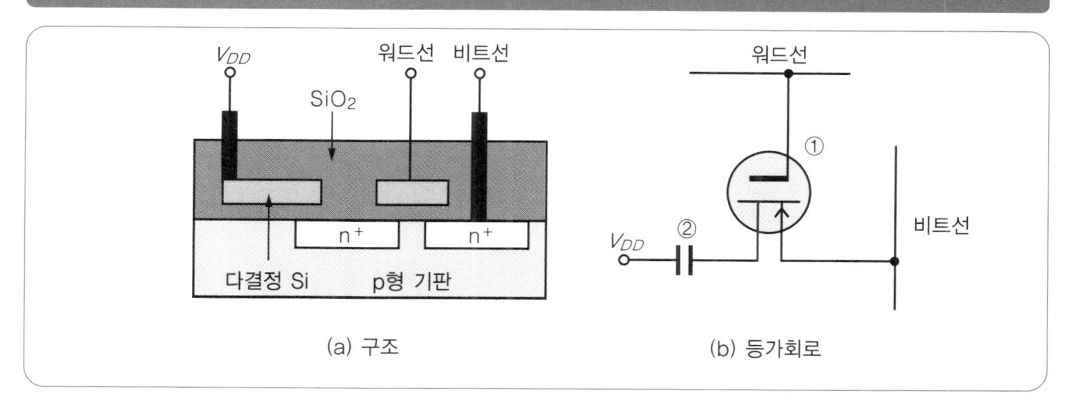

(a) 구조 (b) 등가회로

표 2-11 메모리용 IC의 종류, 특징, 용도

구분	종류	특징	용도
RAM	다이내믹 램 (DRAM)	전하의 유무로 '0'과 '1'을 기억하는 방식으로, 전하가 시간과 함께 감소하기 때문에, 일정시간마다 다시 기록해야 한다. 이것을 리플래시라고 한다. 소비전력이 적고, 기억용량이 크다.	컴퓨터 등의 대용량 메모리
	스태틱 램 (SRAM)	플립플롭에 의해 '0'과 '1'을 기억하는 방식으로, 리플래시를 필요로 하지 않는다. 소비전력이 크고, 집적도가 올라가지 않지만 고속성이 있다.	소용량 메모리
ROM	마스크 롬 (MROM)	제조단계에서 기록내용을 고정한 것으로, 나중에 변경할 수 없다.	전자사전 등
	EP ROM (erasable P ROM)	ROM 라이터로 기록하고, 자외선을 쪼이면 내용을 지울 수 있어 몇 번이라도 기록할 수 있다.	소프트웨어 개발
	EEP ROM (electrically erasable P ROM)	전기적으로 데이터를 지우고, 반복해서 기록할 수 있다.	IC카드·카메라·전화

18 무엇이든 캐치한다! … 센서

센서란 온도, 압력, 빛, 초음파, 자기 등의 물리적인 변화량을 전류와 전압 등의 전기적인 변화량으로 변환하는 소자이다. 예를 들어 텔레비전을 볼 때 리모컨을 조작하는데, 리모컨은 적외선 발광 다이오드로 신호를 보내고, 텔레비전은 내장되어 있는 적외선 수광 센서에서 신호를 검출한다. 표 2-12에 센서의 종류, 용도, 외관도를 나타냈다.

■ 온도 센서

다음과 같은 소자가 있다.

① **금속(백금) 측온체** : 내부는 백금을 유리와 세라믹의 절연물에 감고 있다. 온도에 의해 저항값이 변화하는데, 백금은 온도 1[℃] 당 0.4[Ω]의 변화가 있다.

② **서미스터** : 망간, 니켈, 코발트 등을 소결하여 만든다. 자주 이용되고 있는 서미스터는 온도가 상승함에 따라 저항값이 내려간다(p.62 참조).

③ **열전대** : 2종류의 금속의 한쪽을 연결하여 다른 쪽과의 사이에 온도차를 주면 열기전력이 발생한다(p.62 참조).

■ 자기 센서

홀 소자(Hall element)라고 불리는 반도체에 전류를 흘려보내고 자기에 가까이 하면 그 자속밀도에 비례하는 기전력이 발생한다.

■ 압력 센서

반도체 등을 이용하는데, 압력을 가하면 저항률 ρ가 변화하여 저항값이 변화한다.

■ 광 센서

다음과 같은 소자가 있다.

① **포토다이오드** : 포토다이오드에 역전압을 가하고, 이 pn접합면에 빛을 쪼이면 광량에 비례하는 전류가 흐른다.

② **CdS** : 황화카드뮴을 주성분으로 한 소자로, 조사광 에너지에 따라서 저항값이 변한다.

■ 초음파 센서

20[kHz] 이상의 음파에 반응하여 압전재료를 압축 또는 신장하여 전압을 발생한다.

표 2-12 센서의 종류와 외관도

센서	종류와 용도	외관도	센서	종류와 용도	외관도
온도 센서	금속 측온체 (저항 온도계)		압력 센서	반도체 센서 (변형률 게이지, 혈압계)	
	서미스터 (전자 체온계)		광 센서	포토다이오드(조도계, 광전식 회전계)	
	열전대 (열전 온도계)			CdS셀 (조도계, 광전식 회전계)	
자기 센서	홀 소자 (가우스미터)		초음파 센서	공중용 (초음파 탐상기)	

가까이 있는 전원 … 전지의 종류와 일차 전지

전지(電池)란 물질이 화학적인 변화를 일으킬 때 발생하는 에너지와 빛, 열 등의 물리적 에너지를 전기적 에너지로 변환하는 것이다.

■ 전지의 종류

① **화학전지** : 일차 전지와 이차 전지가 있으며, 일반적으로 전지라고 한다.

② **물리전지** : 태양전지가 대표적으로, 그 외에 원자력 등이 있다.

③ **연료전지** : 우주선이나 차세대 자동차의 동력원으로 개발이 진행되고 있다.

따라서 전지의 모양을 나타내는 방법으로 단1, 단2, 단3, 단4, 단5 등의 표기가 있는데, 이것은 전지의 높이(단1이 제일 높음)를 나타낸다.

■ 일차 전지(primary cell)

일차 전지는 한번 전기를 다 사용하게 되면 두 번 다시 사용할 수 없게 되는 것으로, 대표적인 것으로 망간 건전지와 알칼리 건전지가 있다.

① **망간 건전지** : 감극제로 흑연과 이산화망간의 분말이 사용되고, 전력은 1.5[V]이며 일반적으로 폭넓게 사용되고 있다.

② **알칼리 건전지** : 가성 알칼리 수용액을 전해액으로 하고, 이산화망간과 아연아말감을 전극으로 한 것이다. 알칼리 건전지는 망간 건전지에 비해 다음과 같은 특징이 있다.

- 대전류 기기에서의 시동 파워와 고출력을 지속하고, 망간 건전지의 약 7배로 오래 간다.
- 방재용 건전지 등으로서, 장시간 보존해 두어도 고출력을 유지(1년에 90[%] 이상)한다.
- 진동과 낙하의 충격이 가해져도 전압 저하가 거의 없어 안정된 사용이 가능하다.

덧붙여, 알칼리 건전지는 망간 건전지보다도 기전력이 조금 높기 때문에 혼합해 사용하

표 2-13 일차 전지의 외관 · 용도

면 전위차가 발생하여 전지의 소모가 빨라진다. 그러므로 가능하면 섞어서 사용하지 않아야 한다. 표 2-13에 일차 전지의 종류, 외관, 용도를 나타냈다.

종류	외관	용도	
알칼리 건전지		• 헤드폰 • 비디오 무비 • 무선전화 • 면도기	• 스테레오 • 트랜시버 • 액정 TV 핸드카피
망간 건전지		• 라디오 카세트 • 스테레오 • 트랜시버 • 라디오 • 시계	• 헤드폰 • 무선 전화기 • TV • 회중시계
산화은 전지		• 소형 라디오 • 장난감	• 전자 계산기
코인형 이산화망간 리튬 전지		• 카드 라디오 • 전자계산기 • 비디오 • 카메라	• 전자수첩 • 시계 • 장난감
메모리 백업용 코인형 리튬 전지		• 비디오 무비 • 장난감	• 휴대전화 • 전화기
염화티오닐 리튬 전지		• BS 튜너 • 금전 등록기	• 컴퓨터 • POS 시스템

20 태양의 은혜! … 이차 전지와 태양전지

■ 이차 전지

이차 전지는 기전력이 저하되더라도 충전하면 기전력이 회복되어 다시 전지로서 사용할 수 있는 것이다. 대표적인 것으로 니켈 카드뮴 축전지, 납축전지, 리튬 전지 등이 있다.

① **니켈 카드뮴 축전지** : 간단히 니카드 축전지라고도 한다. 이 전지는 공칭전압 1.2[V]이고 300회 이상의 충전과 방전이 가능하다. 또한, 대전류 방전이 가능해 면도기, 휴대용 VTR, 카메라, 장난감, 전동공구 등의 전원으로 사용된다.

② **납축전지** : 내부저항이 적고 순간적으로 대전류를 흘려보낼 수 있기 때문에 특히 오토바이나 자동차의 셀 모터(cell motor)를 회전시키는 등 엔진의 스타터 전원으로도 사용된다.

표 2-14에 이차 전지의 종류, 구성물질, 기전력, 용도 등을 나타냈다.

■ 태양전지

태양전지는 태양의 빛 에너지를 직접 전기 에너지로 변환하는 것으로, 전기를 저장할 수는 없다. 그림 2-37과 같이, 이 전지는 실리콘을 재료로 한 p형 반도체와 n형 반도체로 구성되어 있다. 수광면을 통해 태양빛을 받아 그 빛 에너지로 p형 부분에 (+), n형 부분에 (−)의 기전력을 발생한다.

이 기전력과 출력은 작기 때문에 여러 개를 직·병렬로 접속하여 필요한 전압과 전류를 얻고 있다. 예를 들어 직경 100[mm]짜리 44매로 직사광선에서 약 27[V], 46[W]의 출력을 얻을 수 있다.

태양전지는 전자 계산기, 무인등대, 무인 중계소, 인공위성 등의 전원으로 사용되고 있다.

표 2-14 주요 이차 전지의 종류와 용도 등

이차 전지	양극	음극	전해액	세퍼레이터	공칭전압[V]	주된 용도
납축전지	PbO_2	Pb	H_2SO_4(수용액)	폴리에틸렌 부직포, 유리 매트 등	2	자동차
소형 밀폐형 납축전지	PbO_2	Pb	H_2SO_4(수용액)	유리 매트	2	AV 기기, 통신기기, UPS
니카드 축전지	NiOOH	Cd	KOH	폴리아미드 부직포	1.2	AV 기기, 사무기기, 전동공구
니켈 수소 축전지	NiOOH	MH(금속 수소화물)	KOH	폴리프로필렌 부직포	1.2	통신기기, AV 기기
리튬 이온 이차 전지	$LiCoO_2$	C_xL_i	유기 전해액	폴리에틸렌 미다공막	4	통신기, AV 기기, 사무기기

그림 2-37 태양전지의 구조와 발전원리

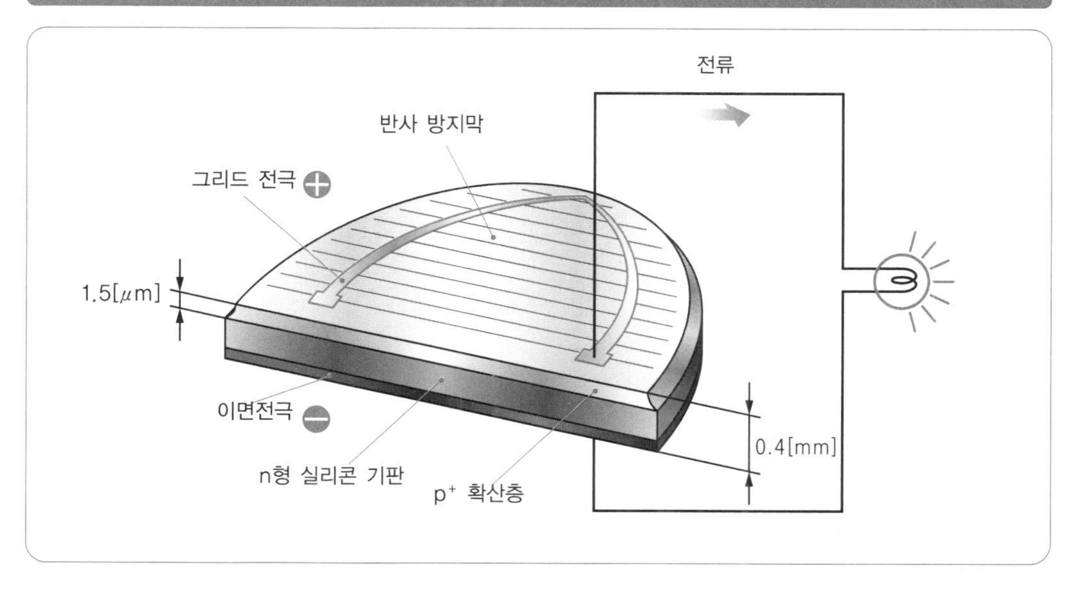

21 조명의 왕! … 전구와 형광등

■ 전구

그림 2-38은 백열전구의 구조이다. 빛을 발하는 것은 필라멘트라고 불리며, 고온에 견디는 텅스텐을 사용하는데, 약 2,000[℃]가 되면 발광한다. 텅스텐은 열에 의해 증발하여 연소되기 때문에 전구 안에 아르곤이나 질소 가스를 넣고 이중 코일로 만든다. 고온에 견디기 위해 소다석회 유리와 납유리를 갈아 유리구를 만들고, 유리구의 안쪽 표면에 산화질리코늄이나 백색 실리카(이산화규소) 등을 칠하여 필라멘트에서 나오는 빛을 확산시키고 부드러운 빛이 발광되도록 한다.

그림 2-39는 할로겐 전구의 구조이다. 할로겐 전구는 석영 유리관으로 밸브를 만들고, 염소나 요오드 등의 할로겐화물을 봉입하여 텅스텐의 증발에 의한 흑화를 막는다. 이 때문에 보통 전구보다 발광효율이 10[%] 높으며 수명도 약 2배가 길다. 할로겐 전구는 자동차의 헤드라이트, 점포 조명 등에 사용되고 있다.

■ 형광등

형광등은 형광 램프, 글로 램프, 안정기의 세 가지 부품으로 구성되어 있다. 형광 램프의 내측 글라스에는 형광물질이 도포되고, 관내에는 소량의 수은 증기와 아르곤 가스가 들어 있다.

그림 2-40은 형광등의 등가회로로, 글로 램프는 점등 스위치 S_1에 상당하고, 다음과 같이 동작한다.

① 전원을 넣으면 스위치 S_1이 닫히면서 전원으로부터 필라멘트 F를 통과하는 회로가 만들어져 전류가 흐르게 되고, F에서 열전자가 방출된다.

② S_1이 열려 전원으로부터 전류가 끊어지는 순간에 안정기의 리액턴스를 위해서 고전압이 발생한다.

③ 양 전극 간에 고전압이 가해지고 방전을 개시하여 점등한다. 소등하려면 S_2를 연다.

또한, 최근에는 전원 주파수를 수십[kHz]의 고주파로 변환하여 점등시키는 인버터식도 있다. 이것은 기존의 형광등보다 발광효율을 개선해 조광하기가 쉬우며, 안정기의 손실도 적다.

그림 2-38 백열전구의 구조

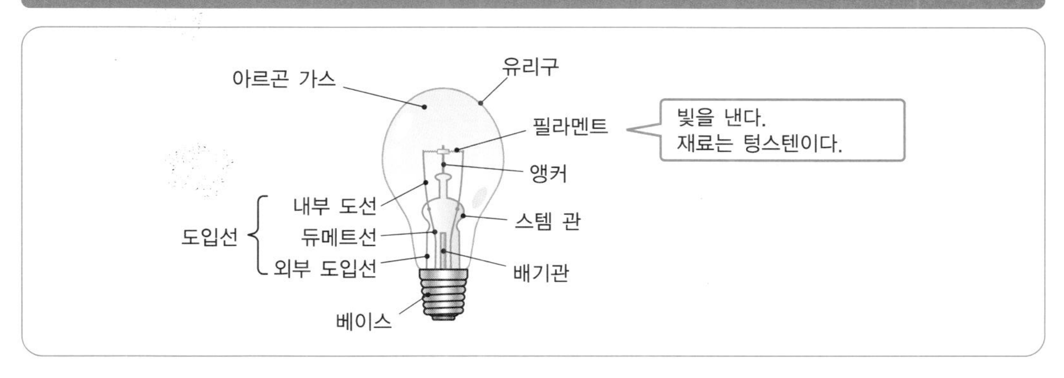

그림 2-39 할로겐 전구의 구조

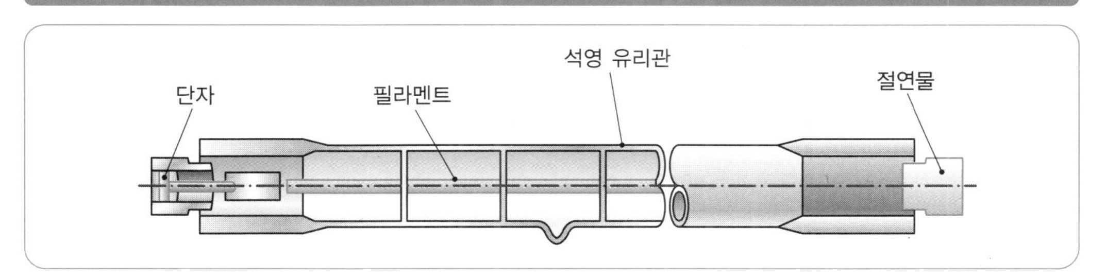

그림 2-40 형광등 등가회로

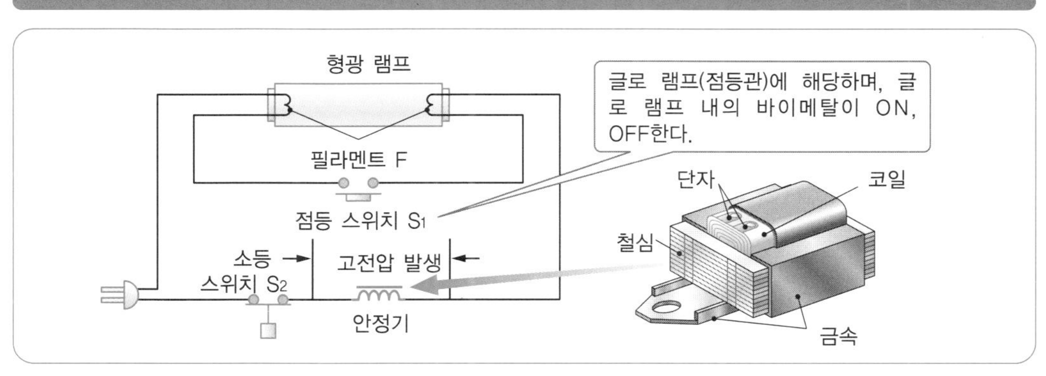

22 소리의 주역! … 마이크로폰과 스피커

■ 마이크로폰

마이크로폰은 소리의 진동(음파라고 함)을 전기신호로 변환하는 것이다. 마이크로폰에는 다음과 같은 종류가 있다.

① **다이내믹 마이크로폰** : 그림 2-41은 다이내믹 마이크로폰의 구조이다. 음파를 받으면 진동하는 진동판에는 보이스 코일이 고정되어 있다. 또한, 보이스 코일은 영구자석의 자계 속에 있다. 따라서 진동판이 진동하면 보이스 코일도 진동하고, 전자유도 작용에 의해 보이스 코일에 기전력이 발생하여 출력을 얻을 수 있다. 이 마이크로폰은 취급이 간단하고 특성도 좋아 일반적으로 널리 사용되고 있다.

② **콘덴서 마이크로폰** : 그림 2-42에 원리도를 나타냈다. 콘덴서 마이크로폰은 진동판과 고정전극 사이에 콘덴서를 형성하고 있다. 진동판이 진동하면 전극간의 간격이 변하기 때문에 정전용량이 변화한다. 따라서 콘덴서에 축적되어 있는 전하도 변화하며, 변화한 충·방전 전류가 흘러 출력된다. 이 마이크로폰은 높은 직류전원을 필요로 하는 결점이 있지만 주파수 특성이 좋고 소리의 명확성도 좋다.

■ 스피커

스피커는 마이크로폰과 반대 동작을 하는데, 전기신호를 음파로 변환하여 공간에 방사하는 것이다. 스피커에는 여러 가지 다양한 종류가 있지만 대표적인 것으로는 콘형 다이내믹 스피커가 있다.

그림 2-43은 콘형 다이내믹 스피커의 구조이다. 콘지(紙)라고 불리는 진동판에는 보이스 코일이 직접 연결되어 있다. 영구자석의 자계 속에 있는 보이스 코일에 전류가 흐르면 보이스 코일은 전자력에 의해 흡인이나 반발을 일으켜 진동한다. 따라서 보이스 코일에 전기신호가 흐르면 콘지는 전기신호에 따른 진동이 전달되고 음파가 발생한다. 또한, 헤드폰도 동일한 원리로 동작한다.

그림 2-41 다이내믹 마이크로폰의 구조

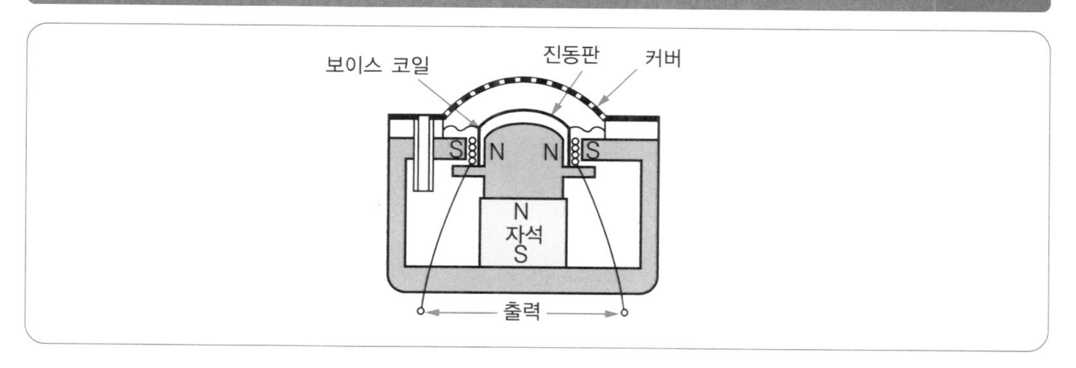

그림 2-42 콘덴서 마이크로폰의 원리

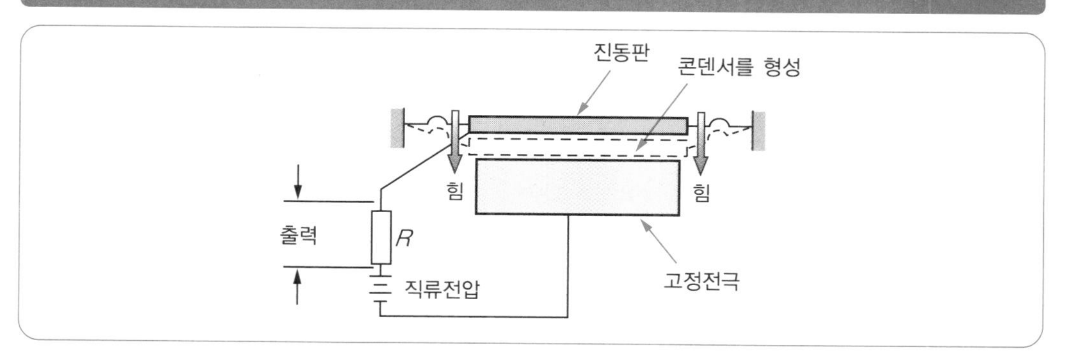

그림 2-43 콘형 다이내믹 스피커의 구조

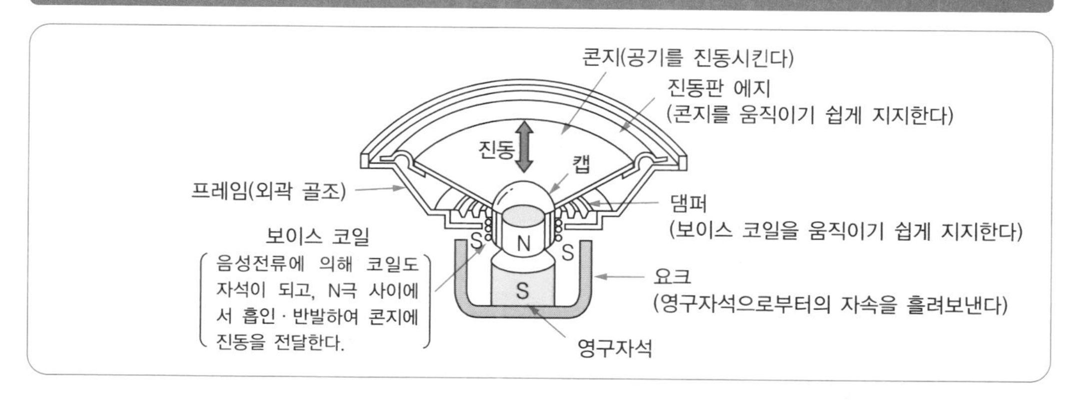

23 푸른 하늘을 향해! … 안테나

안테나는 공중선이라고도 하며, 전파의 직접적인 출입구이다. 안테나는 텔레비전의 영상과 음성, 라디오·스테레오의 음성 등이 포함되어 있는 전파를 송·수신한다. 또한, 전파는 1초에 30만[km]의 속도로 공간으로 전달된다. 안테나는 사용목적, 주파수, 전력 등에 따라 많은 종류가 있다.

■ 1/4 파장 수직 접지 안테나

그림 2-44(a)와 같이 길이가 전파에 대해 1/4 파장(λ/4)의 도선을 대지(접지라고도 한다)에 수직으로 세운 것이다. 같은 그림에서 안테나가 대지에 접하는 부분이 안테나 전류가 최대가 되는데, 접지저항을 작게 하지 않으면 효율이 나빠지기 때문에 접지(어스라고 한다)한다. 이 안테나는 그림 2-44(b)와 같이 안테나를 중심으로 어느 방향으로도 같은 전파를 방사하기 때문에 무지향성 안테나라고 한다. 따라서 육로를 이동하는 차, 버스, 택시, 전철이나 경찰, 소방 등의 통신에 사용하는 안테나는 수평면 무지향성인 수직 안테나를 사용한다.

■ 수평 반파장 다이폴(dipole) 안테나

그림 2-45(a)와 같이 1/4 파장의 도선을 2줄 배선한 것으로, 전체로는 1/2 파장이 된다. 그림 2-45(b)와 같이 중앙의 급전부에서 전파의 방사가 최대가 되기 때문에 지향성은 수평면에서 8자가 되고, 직각방향의 전파를 가장 잘 송·수신할 수 있다.

■ 야기(Yagi) 안테나

그림 2-46(a)와 같이 반파장 안테나를 방사기로 하고, 후방에 1/2 파장보다 조금 긴 반사기(도선), 전방에 방사기보다 조금 짧은 도파기(도선)를 약 1/4 파장의 간격으로 장착한 것이다. 그리고 안테나선(급전선)은 방사기에 연결한다. 지향성은 그림 2-46(b)와 같이 되고, 도파기의 방향으로 집중해 이 방향으로 송·수신한다. 이 안테나는 텔레비전 수신용으로 널리 사용되며, 이 경우에는 전파가 오는 방향으로 도파기 쪽을 향한다.

그림 2-44 1/4 파장 수직 접지 안테나

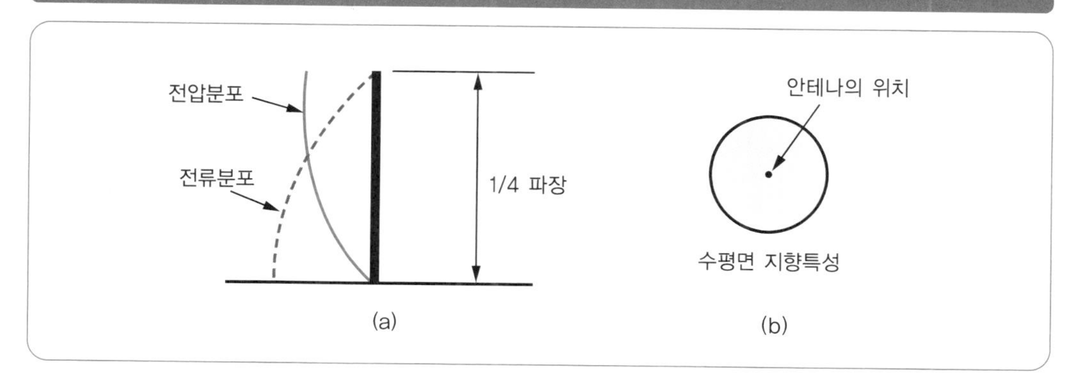

그림 2-45 수평 반파장 다이폴 안테나

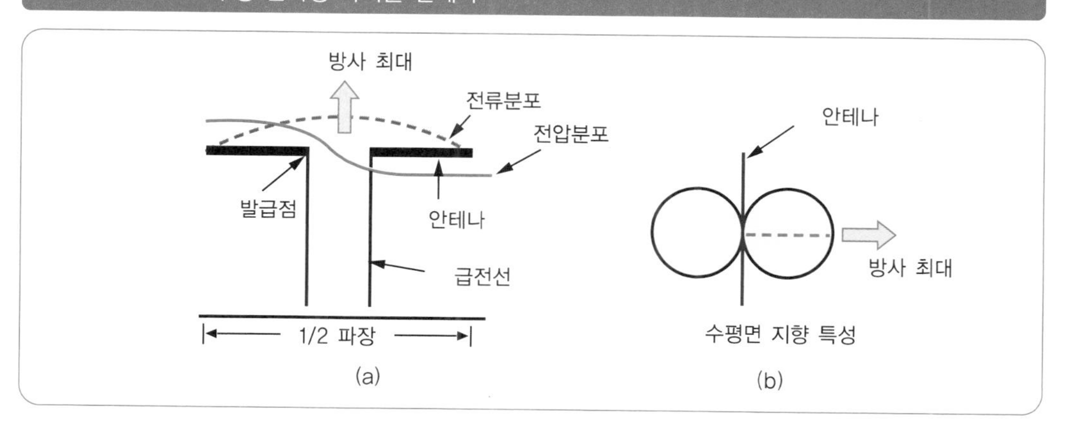

그림 2-46 야기(Yagi) 안테나

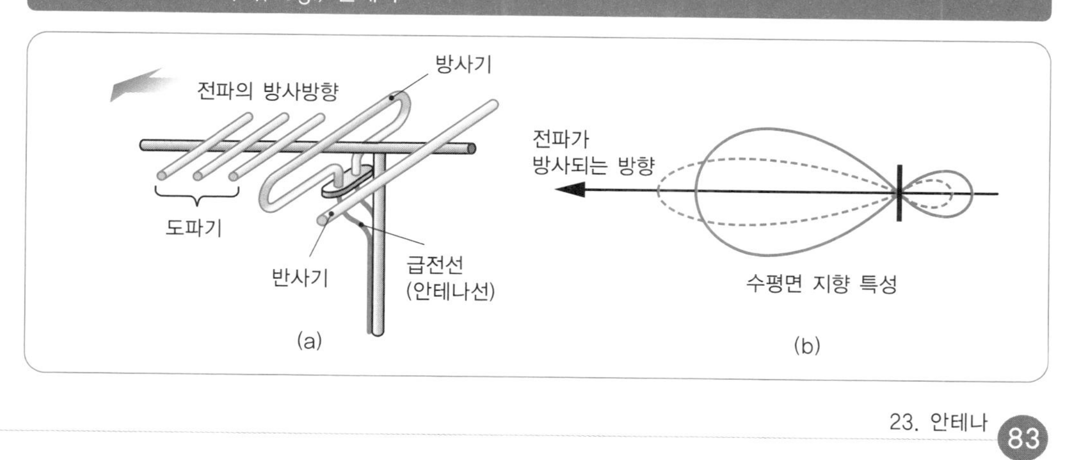

쉬어가기

제3장
아날로그 회로

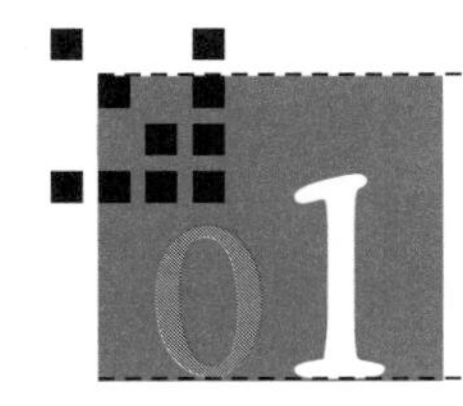

신호를 크게 한다 ! … 증폭회로

작은 전기신호의 진폭을 크게 하여 큰 전기신호를 얻는 것을 증폭이라 한다(그림 3-1).

증폭회로(앰프)는 트랜지스터에 직류전원을 가하지 않으면 동작하지 않는다. 직류만이 흐르는 회로를 바이어스 회로라고 하며, 가해지는 전압을 바이어스 전압, 전류를 바이어스 전류라고 한다.

바이어스는 npn형 트랜지스터와 pnp형 트랜지스터에서는 구조가 반대로 되어 있으므로, 전원도 역으로 접속한다(전압을 가하는 방법은 p.55를 참조).

바이어스 회로에는 그림 3-2와 같이 고정 바이어스 회로와 전류귀환 바이어스 회로 등이 있다.

고정 바이어스 회로의 증폭동작은 다음과 같다. 그림 3-3과 같이 입력전압 v_i를 가하면 입력전류 i_b가 B-E 사이에 흐르고, 바이어스 전류 I_B에 이 입력전류 i_b가 편승하여, i_B가 된다. 컬렉터 전류 i_c는 증폭되어 부하 R_c로 흐른다. R_c의 양끝에는 $i_c \cdot R_c$의 전압강하가 발생하여 콘덴서 C에 의해 직류가 커트되고, 교류만 출력전압 $v_o(R_c i_c)$으로 하여 추출된다. 또한, 증폭회로는 동작하는 주파수에 의해서도 회로명을 붙인다.

① **저주파 증폭회로** : 스테레오 앰프 등 음성 주파수용의 것이다.
② **고주파 증폭회로** : 수신기 등의 전파를 다루는 것이다.
③ **초고주파 증폭회로** : 위성방송의 전파, 전자 레인지의 전파 등이다.
④ **영상 증폭회로** : 텔레비전이나 VTR의 영상대역에 한정된 앰프이다.
⑤ **직류 증폭기** : DC 앰프라고도 하며, 직류로부터 증폭할 수 있는 회로이다.

그림 3-1 증폭의 원리

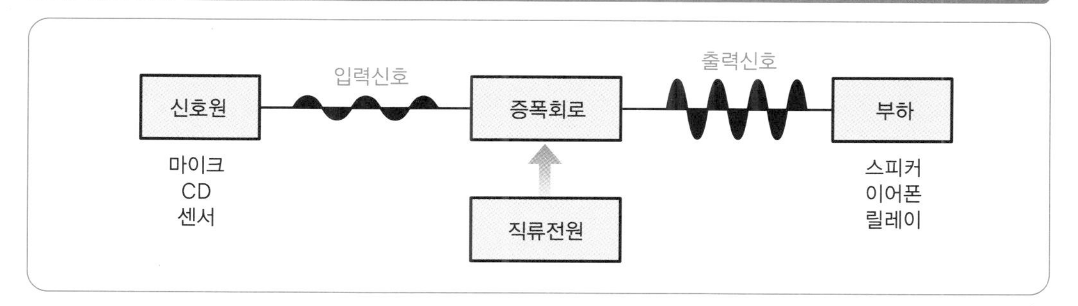

그림 3-2 바이어스 회로의 예

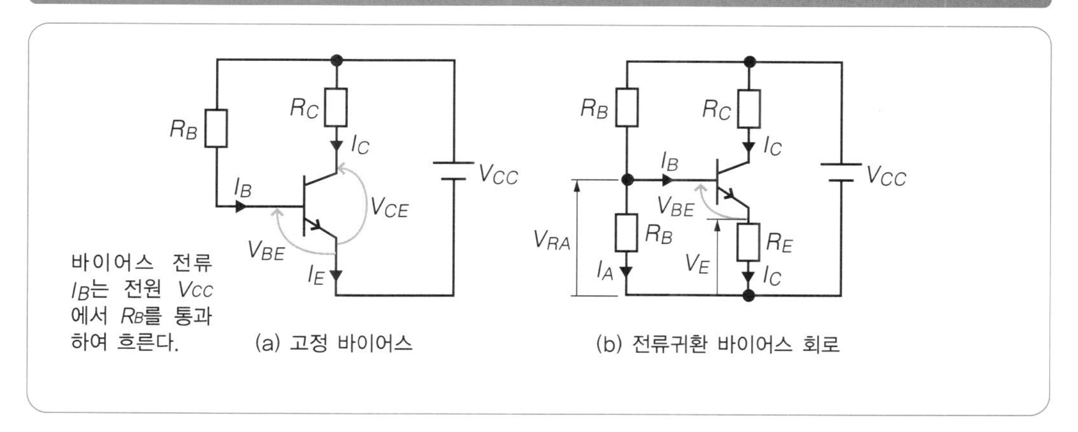

(a) 고정 바이어스

(b) 전류귀환 바이어스 회로

그림 3-3 고정 바이어스 회로의 증폭동작

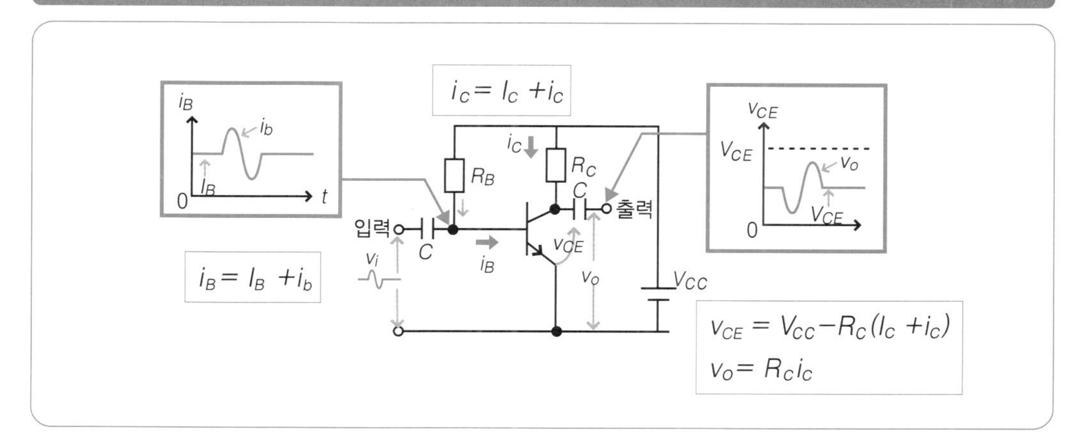

동작점의 차이 … 증폭의 종류

증폭의 종류는 그림 3-4와 같이 트랜지스터의 동작점에 따라 A급, B급, C급이 있다.

A급 증폭은 그림 (a)와 같이 트랜지스터의 특성곡선의 중앙에 동작점 P를 갖기 때문에 입력으로 가한 신호가 그대로 파형으로 증폭되어 출력으로 된다. A급 증폭회로는 저주파 증폭회로를 비롯해 고주파 증폭회로에도 이용되고 있다. 특징은 ① 입력신호의 유·무에 관계없이 항상 출력전류로서 컬렉터 전류 I_C가 흐르고 있으므로, 전원효율이 나쁘고, ② 출력파형이 왜곡되지 않는 점 등이다.

B급 증폭은 같은 그림 (b)와 같이 컬렉터 전류가 0이 되는 부분에 동작점 P를 가진다. B급 증폭회로는 주로 저주파의 전력 증폭회로에 이용되고 있다. 특징은 입력신호가 양의 반주기(반 사이클)일 때만 컬렉터 전류 I_C가 흐르기 때문에 왜곡은 크지만 A급 증폭보다 전원효율이 좋다는 이점이 있다.

C급 증폭은 B-E 간의 전압이 음, 즉 $-V_{BE}$인 부분에 동작점 P를 갖는다. C급 증폭회로는 주로 송신기나 수신기 등의 고주파 증폭회로에 이용된다. 특징은 ① 입력신호가 양의 반주기일 때 그 일부 사이 밖에 컬렉터 전류 I_C가 흐르지 않기 때문에 전원효율이 가장 좋고 ② 왜곡은 가장 크지만 큰 출력을 얻을 수 있다는 점 등이다.

또한, 증폭회로의 분류는 트랜지스터의 접지방식에 따라 다음과 같이 나눌 수 있다.

① **이미터 접지** : 이미터를 접지하여 입·출력의 위상은 반전하지만, 전압 증폭도와 전류 증폭도가 크고, 일반적으로 가장 많이 사용되고 있다.

② **컬렉터 접지** : 이미터 폴로어(emitter follower)라고도 하며, 컬렉터를 접지하여 전압 증폭도는 작지만(<1), 입력저항이 크고 출력저항이 작기 때문에 임피던스 변환에 널리 사용된다.

③ **베이스 접지** : 베이스를 접지하여 전류 증폭도는 작지만(≒1), 고주파에서의 특성이 좋기 때문에 고주파 증폭회로에 사용된다.

그림 3-4 증폭 특성곡선과 증폭의 종류

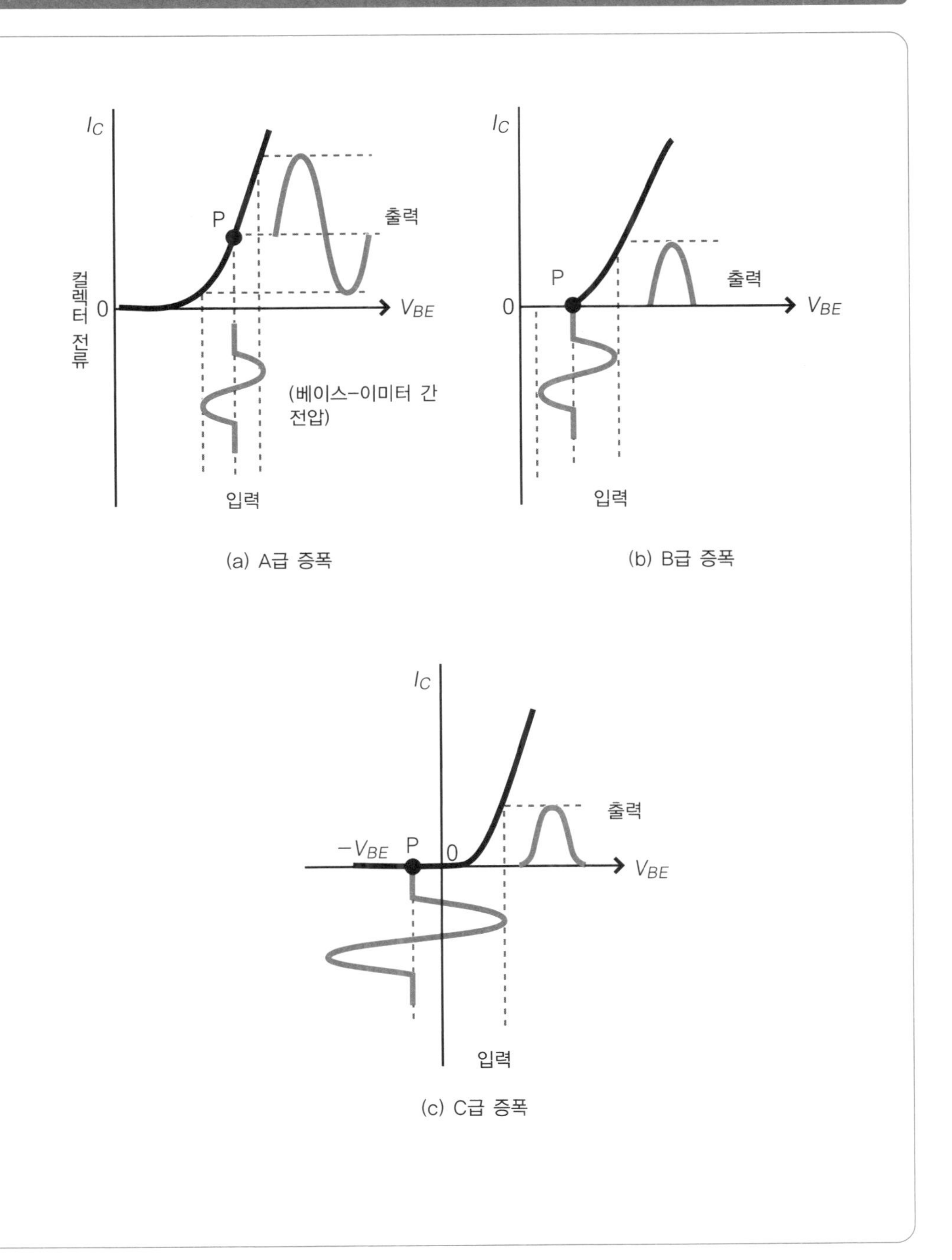

하이 파워 … B급 푸시풀 전력 증폭회로

B급 푸시풀(push-pull) 전력 증폭회로는 텔레비전, 라디오, 스테레오 등의 스피커를 울려 소리를 내기 위한 앰프에 주로 사용되고 있다. B급의 증폭은 입력신호가 없을 때는 컬렉터 전류 I_C는 흐르지 않으므로 전력의 낭비가 없다.

B급 푸시풀 전력 증폭회로는 출력 변압기를 사용한 것과 사용하지 않은 것으로 나누어진다.

출력에 변압기를 사용하는 B급 푸시풀 전력 증폭회로는 그림 3-5와 같이 출력 쪽의 변압기에 센터 탭(중간단자)이 붙은 것을 사용하고, 센터 탭을 어스(기준점)로 한다. 입력신호가 1차 측 변압기에 가해지고, 2차 측 센터 탭을 기준으로 하여 서로 위상이 180° 다른 전압이 트랜지스터에 가해진다. 그리고 입력신호가 양의 반 사이클일 때는 Tr_1이 동작하고, 음의 반 사이클일 때는 Tr_2가 동작한다. 따라서 출력에는 입력신호의 전 주기에 걸쳐 증폭된 신호를 얻을 수 있다.

변압기를 사용하지 않는 B급 푸시풀 전력 증폭회로는 그림 3-6과 같이 OTL(Output Transformerless) 회로라고 한다. 변압기를 사용하지 않기 때문에 주파수 특성이 좋고 왜곡이 적다는 특징이 있다.

이 전력 증폭회로는 트랜지스터의 특성이 같은 것(complement)으로 npn형 트랜지스터와 pnp형 트랜지스터를 상하 대칭형으로 사용하고, 입력신호의 반 사이클마다 트랜지스터를 작동시켜 출력을 합성한다. 출력이 기준점에 대해서 1점인 것으로 SEPP(Single Ended Push Pull) 회로라고 한다. 현재는 이 SEPP 회로가 주류이다.

그림 3-5 B급 푸시풀 전력 증폭회로의 동작

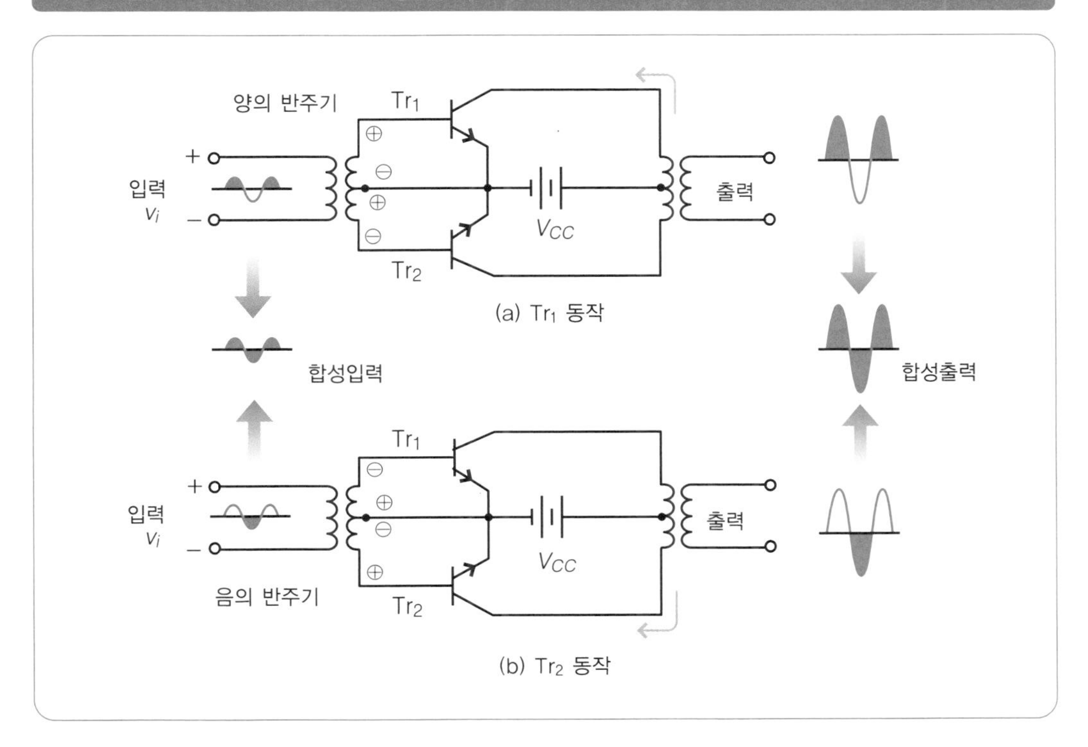

그림 3-6 컴플리멘터리 SEPP의 기본회로

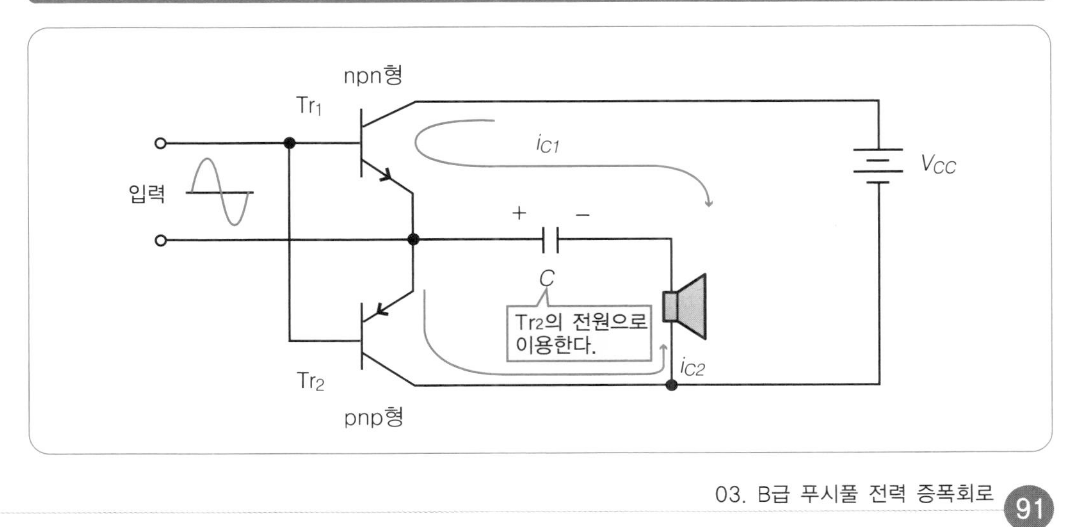

회로의 안정화 … 부귀환 증폭회로(NFB)

증폭회로의 출력신호 일부를 입력으로 되돌리는 것을 귀환(피드백)이라고 한다. 그림 3-7과 같이 입력신호와 동상(위상이 같음)일 때를 정귀환이라고 하며, 역상(위상이 역, 또는 180° 위상이 반대로 인 것)일 때 부귀환이라고 한다. 부귀환은 NFB(네거티브 피드백)라고 하며, 주로 앰프의 특성개선에 사용되고 있다.

부귀환 증폭회로에는 그림 3-8과 같이 직렬귀환(전류귀환)인 것과 병렬귀환(전압귀환)인 것이 있다. 직렬 귀환회로는 이미터 저항(R_E)이 부귀환용 저항이 되고, 입력과 출력의 임피던스가 높다는 특징이 있다. 한편 병렬귀환은 컬렉터-베이스 간(C-B)의 R_F가 귀환용 저항이 되며, 입력과 출력의 임피던스가 낮다는 특징이 있다. 또한, 부귀환 증폭회로는 귀환회로가 저항 등의 소자라면, 그림 3-9와 같이 주파수 특성을 개선할 수 있다.

특징으로는

① 전원전압의 변동, 온도의 변동에 대해 안정된 이득을 얻을 수 있다.

② 증폭회로 내부의 잡음과 왜곡을 감소할 수 있다.

③ 이득은 저하되지만, 대역폭을 넓힐 수 있다.

④ 입·출력 임피던스를 쉽게 바꿀 수 있다.

등의 특징을 들 수 있다.

그림 3-7 귀환회로의 원리

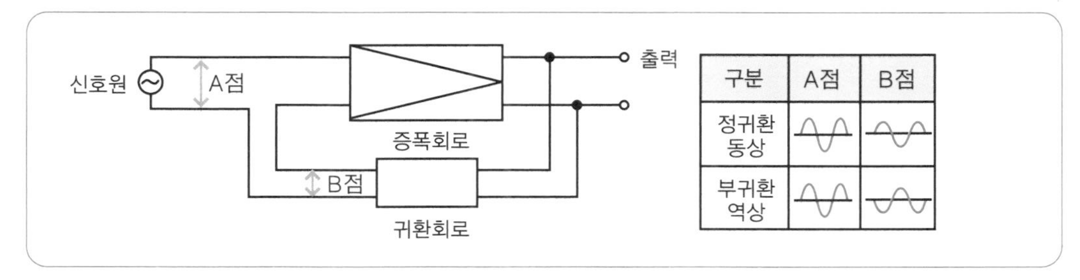

그림 3-8 귀환회로의 종류

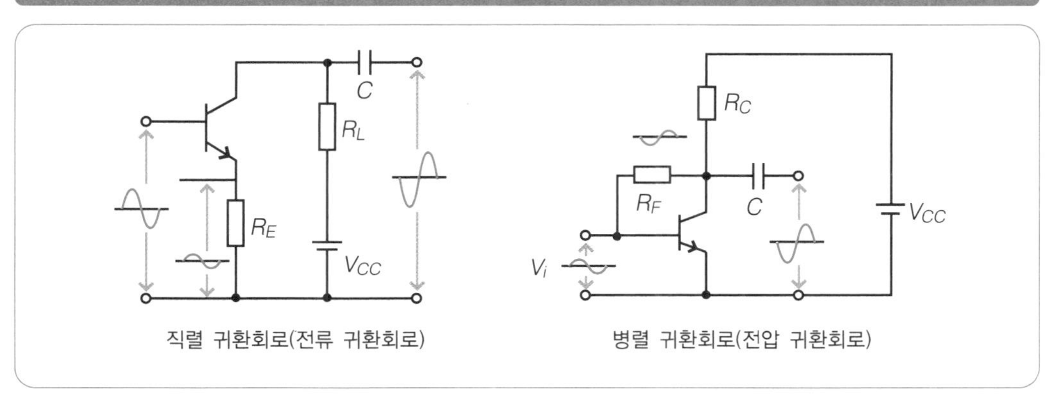

그림 3-9 NFB에 의한 특성개선

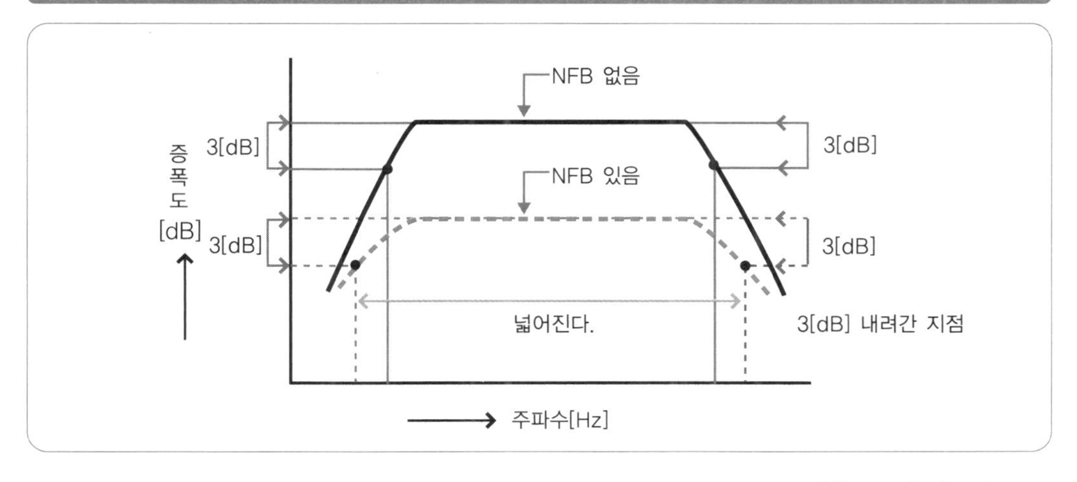

05 동조한다 … 공진회로

코일과 콘덴서를 접속한 회로를 공진회로라고 한다. 라디오와 텔레비전 방송, 아마추어 무선 등을 수신할 때 희망하는 방송국이나 무선국에 주파수를 맞추는 것을 동조라고 한다. 일반적으로 콘덴서의 값을 바꿔 어떤 특정 주파수가 되면 코일과 콘덴서에 큰 전류가 흐르는데 이것을 공진현상이라고 한다.

공진회로는 그림 3-10과 같이 코일 L과 콘덴서 C를 직렬로 접속한 LC 직렬 공진회로와 그림 3-11과 같은 LC를 병렬로 한 LC 병렬 공진회로가 있다. LC 직렬 공진회로에서는 특정 주파수일 때 회로에 흐르는 전류와 L과 C의 전압이 최대가 된다. 이 주파수를 공진 주파수라고 한다.

직렬 공진회로의 경우는 전원 측에서 볼 때 부하는 코일의 저항분 뿐이기 때문에 쇼트와 같은 의미가 되어 버린다. 또한, 전파로부터 받은 신호전류는 약하기 때문에 저항분으로 에너지가 소비되고 만다. 병렬 공진회로에서는 코일에 흐르는 전류와 콘덴서에 흐르는 전류가 같아질 때가 병렬 공진상태이다.

병렬공진은 전파에서 본 부하가 커지기 때문에 쇼트하지 않고 에너지의 소비도 저항분 뿐이다. 병렬공진에서는 LC 병렬회로 이외의 저항분이 변화해도 에너지 소비는 거의 변하지 않는다.

직렬 공진회로와 병렬 공진회로의 특징을 정리하면 표 3-1과 같다.

그림 3-10 *LC* 직렬공진

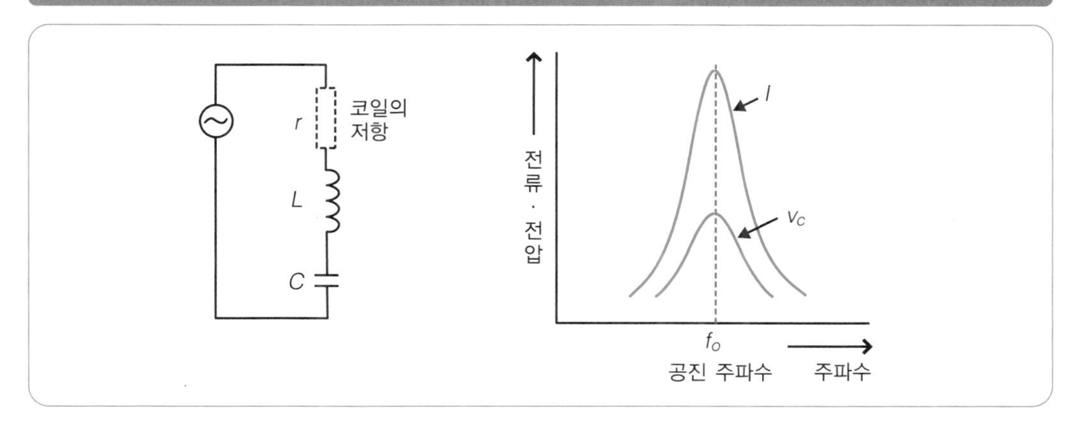

그림 3-11 *LC* 병렬공진

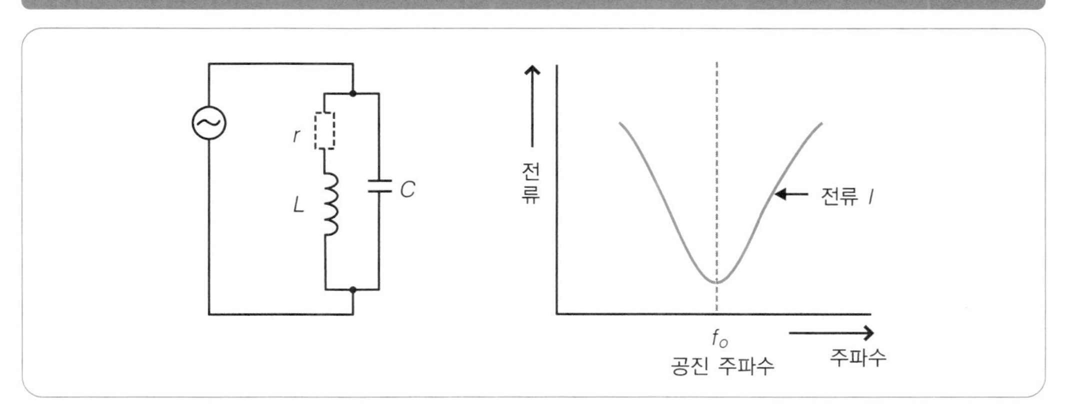

표 3-1 공진회로의 특징

구분	직렬 공진회로	병렬 공진회로
공진 주파수[Hz]	$\frac{1}{2\pi\sqrt{LC}}$	$\frac{1}{2\pi\sqrt{LC}}$
전원에서 흘러나가는 전류	최대	최소
전원에서 본 부하	코일의 저항 *r*만	전원과 동상인 큰 임피던스
*LC*에 흐르는 전류	전원에서 흐르는 전류	*LC*에 흐르는 전류는 같고 역위상으로, 전원에서 흐르는 전류보다 크고 비공진 시보다도 크다.
*LC*의 단자전압	*L*, *C* 각각의 양단 전압이 같고 역위상으로, 일반적으로 전원전압보다도 크다.	전원전압

06 파의 제조 … 발진회로

전기적인 진동을 일정 진폭 그대로 장시간 지속시키는 것을 발진이라고 한다. 발진회로는 증폭기와 귀환회로로 구성되며, 증폭회로 일부의 출력신호(정귀환 신호)를 귀환회로에서 입력으로 되돌리는 것으로 일정 진폭의 전기진동을 만든다. 이것이 발진회로이다.

변압기 결합 증폭회로의 발진원리는 그림 3-12와 같이 입력단자에 정현파 교류를 가하는 것이다. 입력된 신호는 트랜지스터의 베이스(B)에 가해져 컬렉터 전류가 흐른다. 컬렉터의 전압은 반전된 파형이 된다. 변압기의 1차 측에 반전된 신호가 가해지고, 변압기의 감긴 방향이 역이면 2차 측에는 더욱 반전된 파형이 출력되며, 입력단자와 출력단자는 동상이 된다. 동상인 출력파형을 입력 측으로 계속 돌려보내면 입력이 유지되고 출력도 계속된다. 하지만, 입력에 출력을 귀환시키는 것만으로 발진하지는 않는다. 발진하는 것은 그림 3-13과 같은 2가지 조건이 성립했을 때이다.

① 증폭회로의 증폭도를 A, 귀환회로의 귀환율을 β라고 했을 때 $A\beta>1$이어야 한다. 이것이 이득의 조건이다.

② 증폭회로의 입력 V_i와 귀환회로의 출력 V_f가 동상이어야 한다. 이것이 위상 조건이 된다.

발진의 조건이 성립하면 그림 3-14와 같이 증폭회로에 잡음 등의 전압이 가해지고, 위상조건에 의해 입력과 출력이 함께 커지면서 출력이 포화하여 $A\beta=1$인 상태로 출력이 안정되고, 일정 주파수를 가지는 정현파 교류가 발진한다. 발진회로에는 CR 발진회로, LC 발진회로, 수정 발진회로 등 다양한 종류가 있다.

그림 3-12 발진회로의 원리도

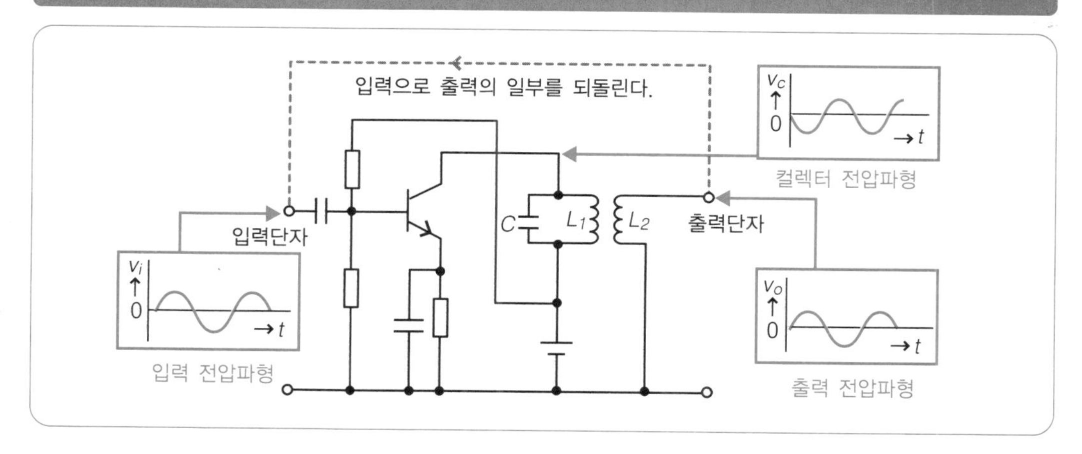

그림 3-13 발진회로의 조건

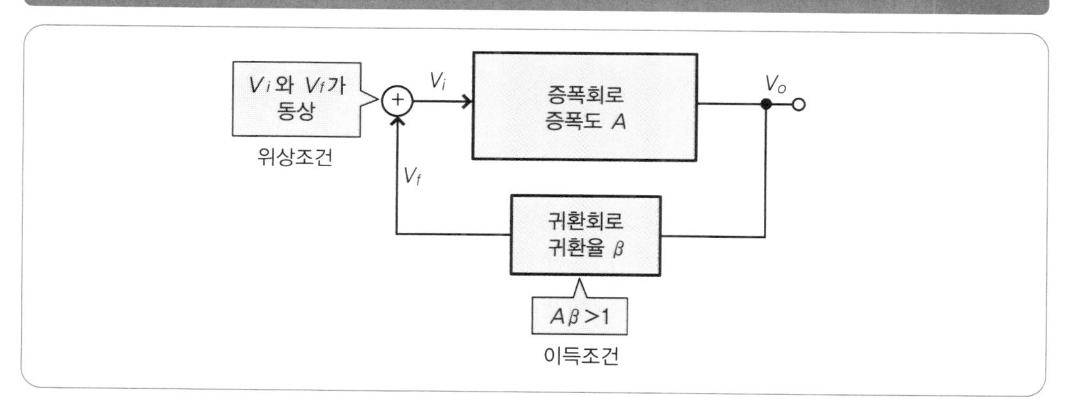

그림 3-14 발진의 성장

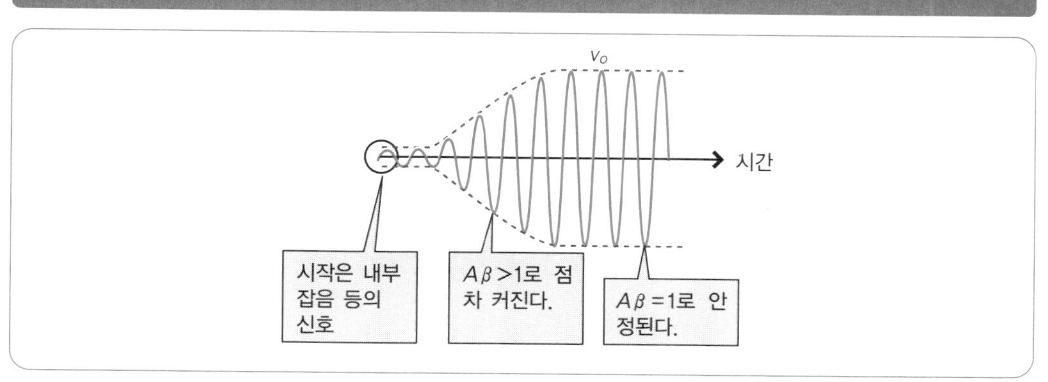

07 크리스털 … 수정 발진회로

수정 진동자는 그림 3-15와 같이 석영 결정의 일종(수정)으로 되어 있고, 그림 3-16과 같이 압전효과(Piezo effect)를 이득으로 하는 소자이다. 전압을 가하면 기계적인 진동을 일으키고, 역으로 물리적인 압력을 가하면 전압을 발생시킨다.

수정 진동자는 정밀도가 높고, 주파수 변동이 적은 고유 진동수를 가지고 있다. 고유 진동수는 수정의 형태와 두께에 의해 결정되는데, 커팅 가공을 하여 온도계수를 조정할 수도 있다.

수정 발진회로는 LC 발진회로와 동일한 작용이 있으며, LC 발진회로로 치환할 수 있다. 시간 등 정확한 기준신호를 만드는 발진회로와 무선기, 컴퓨터 등 주파수의 안정성이 필요한 회로에 사용되고 있다. 그림 3-17과 같이 수정 진동자를 하틀리(Hartley) 발진회로의 코일 L로 치환한 것을 피어스 BE 발진회로라고 해서, 컬렉터의 동조회로가 유도성으로 발진한다. 또한, 그림 3-18과 같이 콜피츠(Colpitts) 발진회로의 코일 L로 치환한 것을 피어스 CB 발진회로라고 하며, 동조회로가 용량성으로 발진한다. 어느 쪽의 회로도 주파수를 일정하게 유지하며, 주파수 변동이 적은 발진회로이다.

그림 3-15 수정 진동자

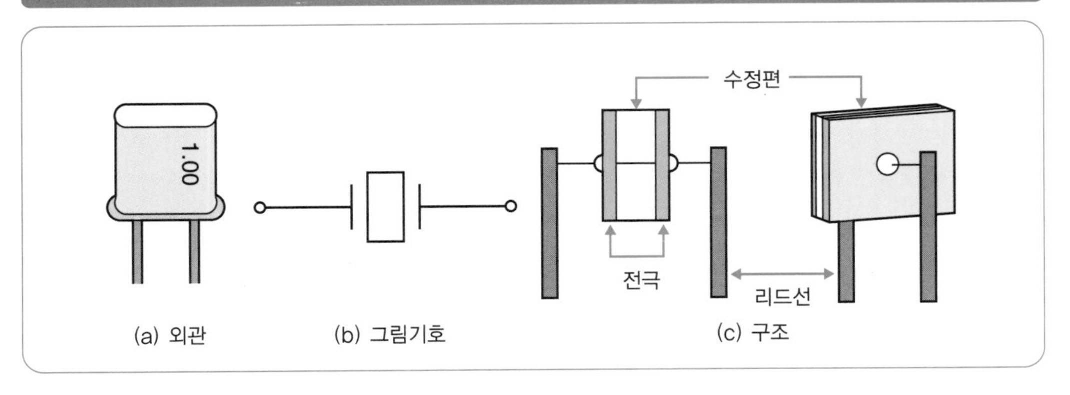

그림 3-16 압전효과(피에조 효과)

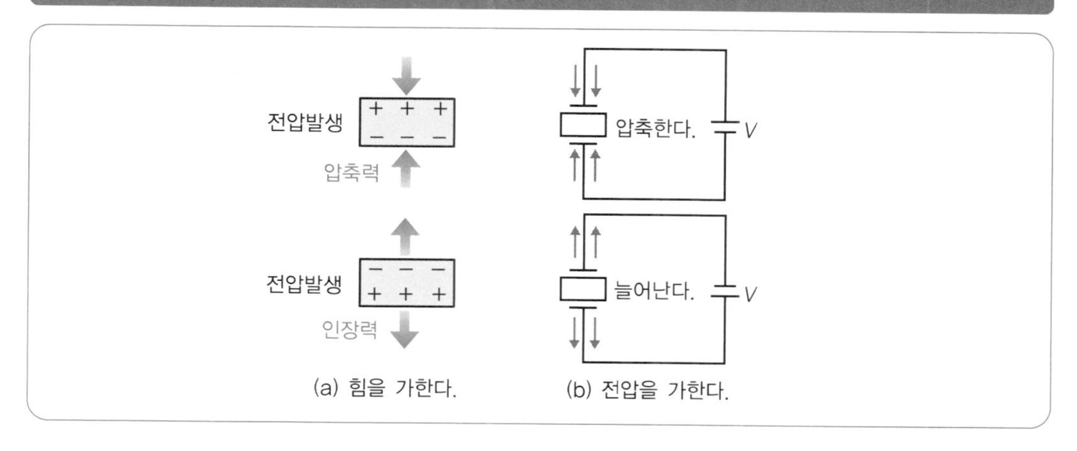

그림 3-17 피어스 *BE* 발진회로(하틀리형)

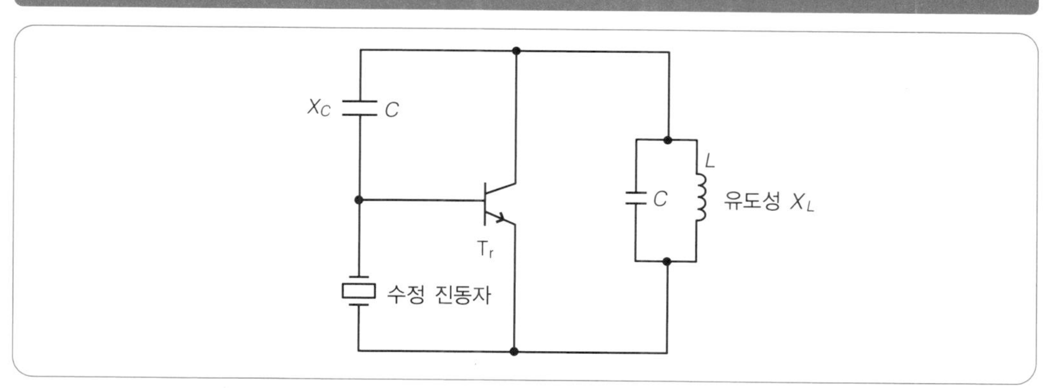

그림 3-18 피어스 *CB* 발진회로(콜피츠 회로)

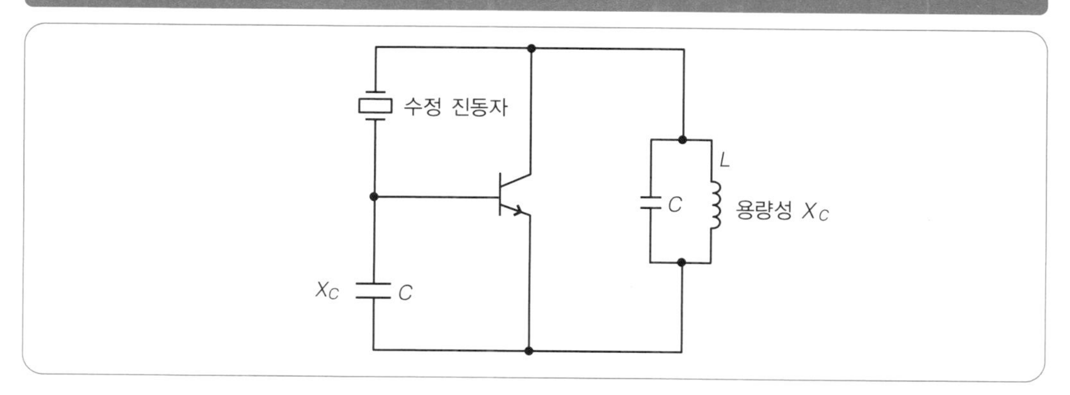

08 전자 시소 … 멀티바이브레이터

멀티바이브레이터란 방형파 펄스를 발생하는 회로를 말한다. 멀티바이브레이터에는 주로 다음과 같은 3가지 종류가 있다.

① **비안정 멀티바이브레이터(무안정 멀티바이브레이터)** : 방형파 펄스를 발생시키는 그림 3-19와 같은 발진기이다.
② **쌍안정 멀티바이브레이터(2안정 멀티바이브레이터)** : 그림 3-20과 같은 회로로, 펄스의 수를 카운트하거나 디지털 정보를 기억한다.
③ **단안정 멀티바이브레이터(1안정 멀티바이브레이터)** : 펄스를 시간적으로 지연시키거나 파형의 정형 등에 사용한다(그림 3-21).

비안정 멀티바이브레이터의 작동원리는 그림 3-22와 같이 ①에서 트랜지스터 Tr_1이 ON, Tr_2가 OFF가 된 순간, Tr_1의 컬렉터 전압이 내려가고, 트랜지스터 Tr_2의 베이스 전압이 급격히 음의 전압으로 내려간다. Tr_1의 베이스 전압은 포화상태가 된다. ①에서 ②로 바뀔 때는 Tr_2의 베이스 전압은 콘덴서 C_1에 저장되어 있던 음의 전하(전기)가 R_1으로 흘러 방전하여 전압이 0을 향해 올라간다.

②에서는 Tr_2의 베이스 전압이 0[V]를 넘으면 Tr_2의 컬렉터 전류가 흘러 R_4에 의해 전압이 내려가고, Tr_2의 컬렉터 전압도 내려간다. 이 변화가 C_2를 흘러 Tr_1의 베이스에 영향을 미치고 Tr_1의 베이스 전압이 내려간다. 그렇게 되면 Tr_1의 컬렉터 전류가 적어지기 때문에 R_3에 의한 전압강하가 적어져서 Tr_1의 컬렉터 전압이 올라간다. 그리고 이 변화가 C_1을 흘러 Tr_2에 전달되고, Tr_2의 컬렉터 전압이 내려간다. 따라서 Tr_1은 OFF가, Tr_2는 ON이 된다. 이와 같이 멀티바이브레이터는 2단 증폭기의 각 단이 영향을 미치면서 ON, OFF를 상호 반복하며 동작한다.

그림 3-19 비안정 멀티바이브레이터

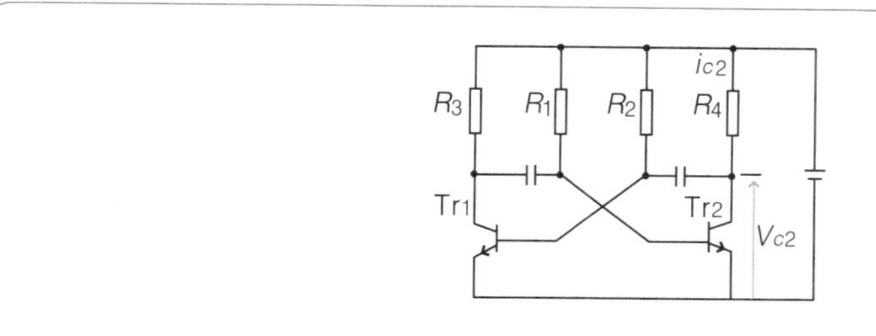

그림 3-20 쌍안정 멀티바이브레이터

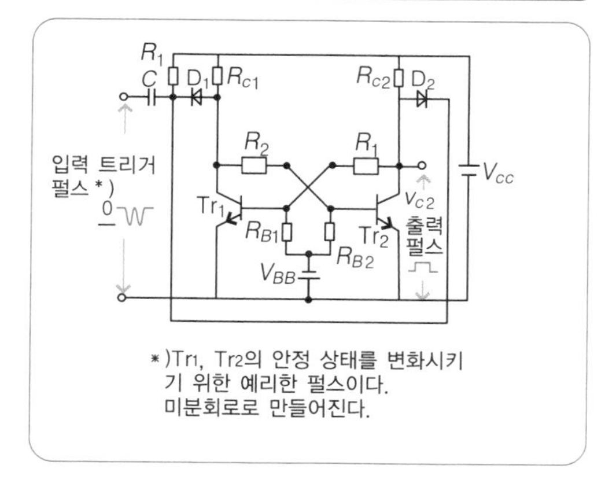

그림 3-21 단안정 멀티바이브레이터

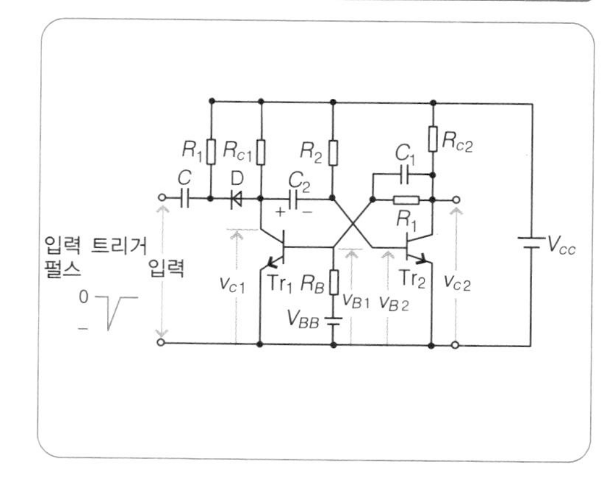

그림 3-22 비안정 멀티바이브레이터 각 부의 파형

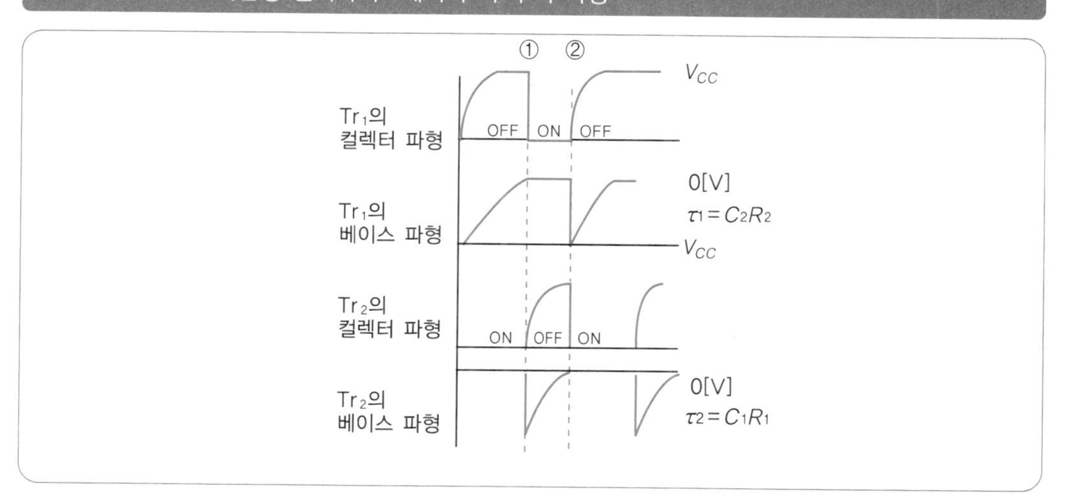

더 멀리 보내기 위하여 … 변조회로

변조란 반송파와 전기신호를 혼합하는 것을 말한다. 변조는 라디오 방송, 텔레비전 방송, 아마추어 무선, 업무용 무선, 휴대전화 등에 사용되고 있다(그림 3-23). 전기신호를 전파를 사용하여 멀리 보내고자 할 경우, 안테나로부터 효율적인 방사를 할 수가 없다. 효율적으로 방사하기 위해서는 수 100[kHz] 이상의 주파수로 하고, 중심 주파수가 대역폭보다 작은 것이 조건이다. 이 때문에 전파로서 발사하기 쉬운 고주파(반송파)의 진폭을 전송하는 음성신호의 크기에 대응하여 변화시키는 변조를 하여 방사한다. 변조의 종류에는 여러 가지가 있다.

① **진폭변조(AM 변조)** : 그림 3-24와 같은 반송파의 진폭을 신호파의 크기로 변조하는 방식으로, 주로 AM 라디오 방송, 텔레비전 방송의 영상부분 등에 사용되고 있다.

② **주파수변조(FM 변조)** : 그림 3-25와 같은 반송파의 주파수를 신호파의 크기로 바꾸는 변조방식으로, 주로 FM 방송, 텔레비전 방송의 음성부분 등에 사용되고 있다.

③ **위상변조(펄스 변조)** : 펄스의 진폭과 펄스의 폭 등을 신호파의 크기로 바꾸는 변조방식으로, 주로 위성통신이나 위성방송에 사용되고 있다.

진폭변조에서 컬렉터 변조회로의 구조는 그림 3-26과 같이 입력에 반송파 f_c를 가한다. 그때 가해진 반송파 f_c는 트랜지스터 Tr에 의해 증폭되어 컬렉터에 출력이 되지만 신호파 f_s의 크기에 맞게 진폭이 변화한다. 이때의 출력파형은 동조회로를 흘러 정부(正負)대칭(상하대칭)의 진폭 변조파형이 출력된다.

그림 3-23 변조의 원리

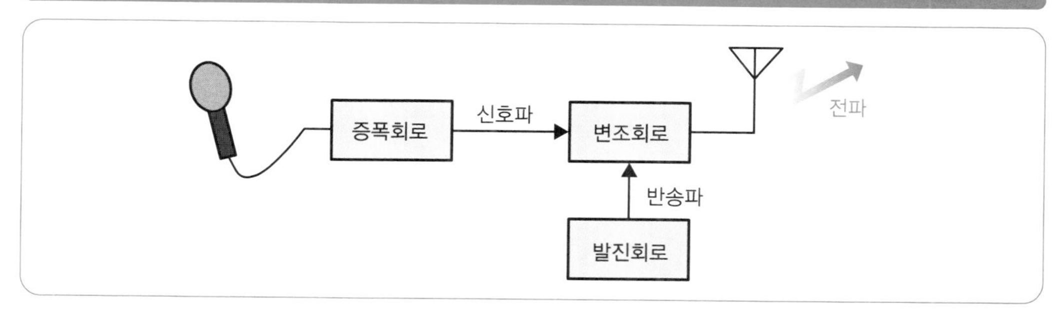

그림 3-24 진폭변조(AM 변조)

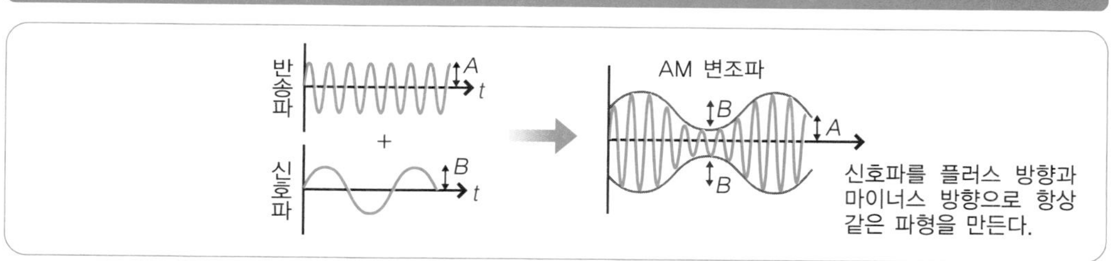

그림 3-25 주파수변조(FM 변조)

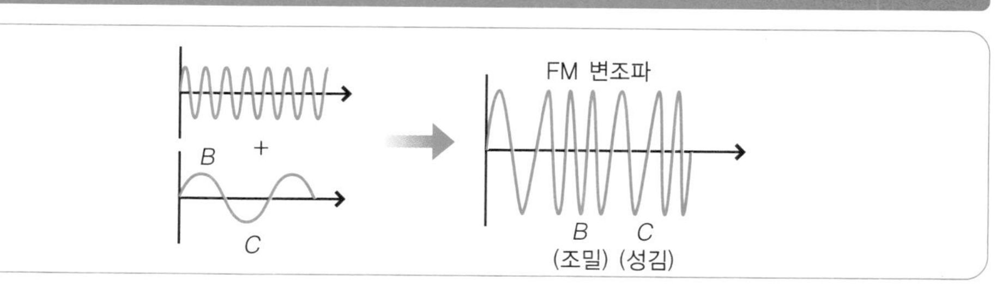

그림 3-26 컬렉터 변조회로

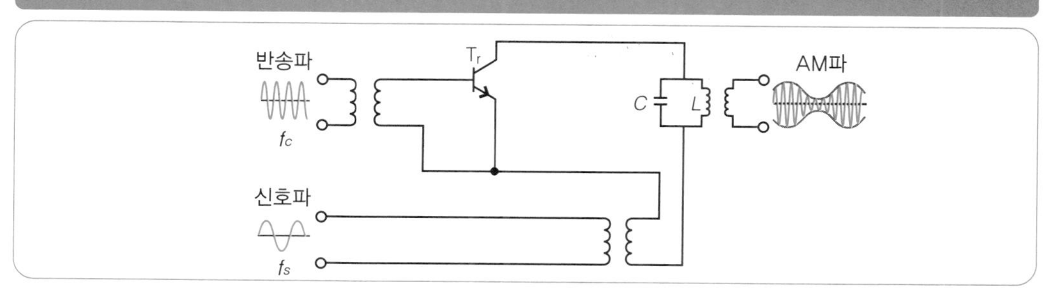

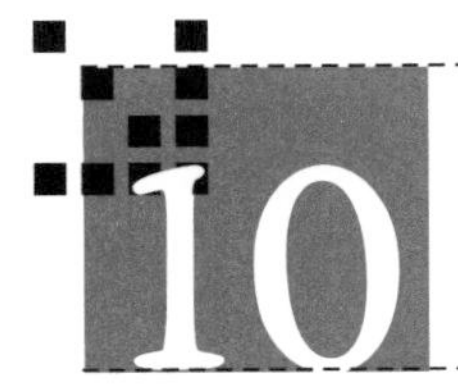

10 원래대로 되돌리기 … 복조회로

라디오 방송, 텔레비전 방송, 아마추어 무선, 업무용 무선, 휴대전화 등의 전파(변조파)에는 반송파와 음성 신호파 등이 혼합되어 있는데, 그것에서 필요한 음성 신호파 성분을 가져오는 역할을 하는 것이 복조 또는 검파라고 한다.

■ AM 변조파의 복조

AM 복조회로가 동작하는 구조는 그림 3-28과 같다. 입력 측에 가한 진폭 변조파는 변성용 변압기를 지나 다이오드 D에 가해지고, 변조파의 순방향 성분이 흘러가서 플러스(+) 측만 출력된다. 변조파의 반송파 성분은 콘덴서 C로 흐르고, 저항 R_L의 양끝에는 그림과 같은 신호파 성분이 검출된다. 그리고 콘덴서 C에 의해 직류분이 없어지고, 신호파만 출력된다.

■ FM 변조파의 복조

FM 변조파의 복조는 주파수의 변화를 진폭의 변화로 변환하고 나서 AM 검파를 함으로써 음성신호로 복조한다.

그림 3-28(b)는 비검파(ratio 검파) 회로라고 불리는 FM 복조회로의 한 예로, FM 라디오 수신기와 텔레비전 수신기의 음성검파 등에 사용되고 있다.

이 그림에서 입력 동조회로 L_1, C_1과 L_2, C_2는 FM파의 중심 주파수에 동조하고 있다. 또한, C_5는 대용량 콘덴서로, C_5와 R_1+R_2의 시상수(時常數)를 크게 잡고 있기 때문에 잡음분과 입력의 진폭이 변화해도 C_5의 양끝의 전압은 변화하지 않고, 진폭 제한기로서 작용한다. 출력전압 V_o(실효값)는 CD 사이에서 추출되고, FM파의 주파수 편이에 응해 정부(正負)로 변화하고 음성신호를 복조하게 된다.

그림 3-27 복조회로(AM의 경우)

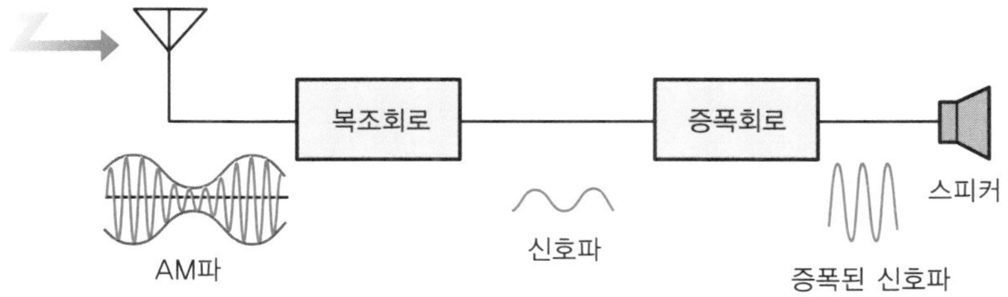

복조회로
증폭회로
AM파
신호파
스피커
증폭된 신호파

그림 3-28 AM 복조회로의 구조와 FM 복조회로의 예

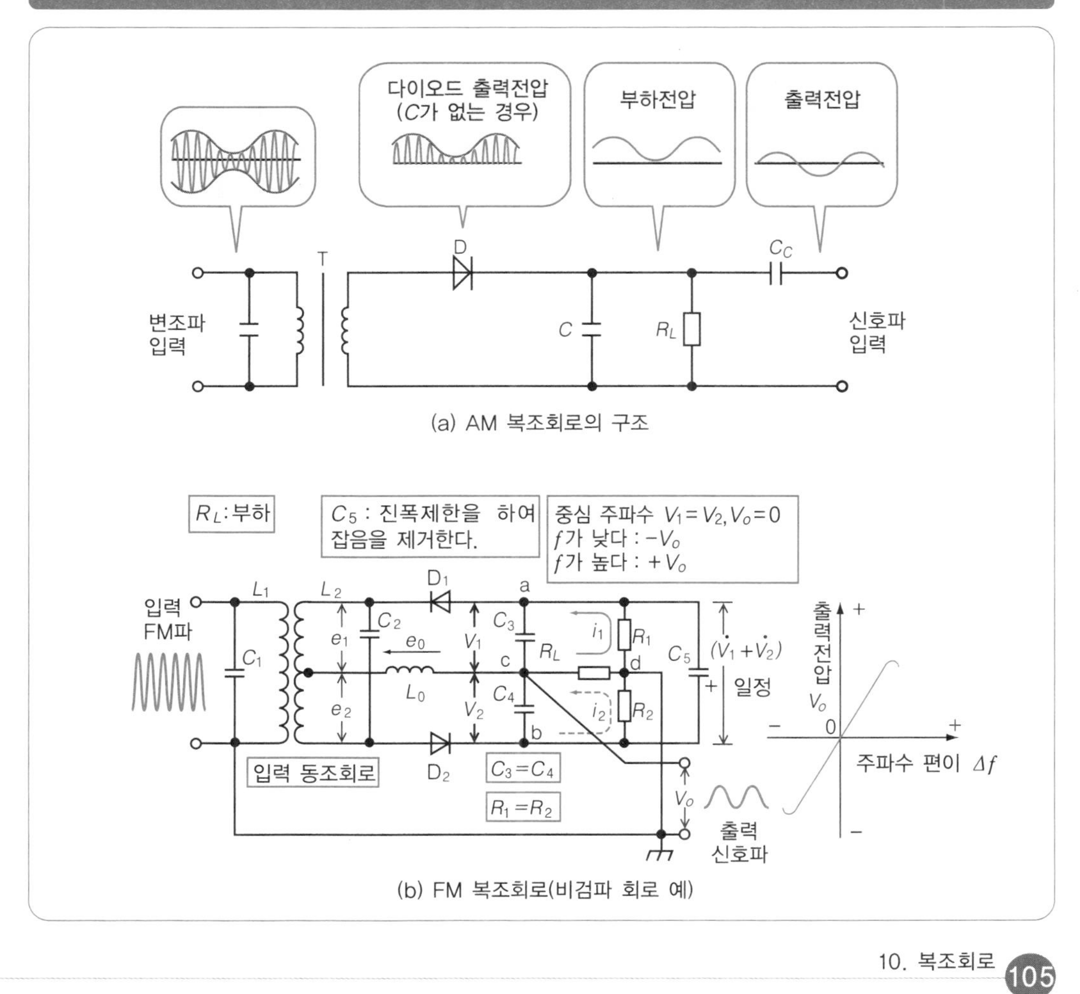

(a) AM 복조회로의 구조

(b) FM 복조회로(비검파 회로 예)

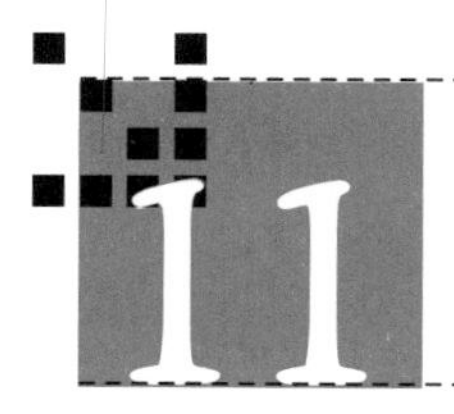

파형을 바꾼다 … 미분·적분 회로

미분회로는 입력파를 미분한 출력파가 얻어지는 회로를 말하며, 콘덴서 C와 저항 R로 만들어진다. 미분회로는 예를 들면 텔레비전의 회로에서 영상을 비추기 위한 신호를 만들기 위해서 사용되고 있다. 그 구조는 그림 3-29와 같다.

콘덴서 C는 충전되어 있지 않은 것으로 하고 미분회로에 방형 펄스를 가하면 펄스가 올라가는 순간 저항 R에 모든 전압이 가해진다. 그리고 순간적으로 콘덴서 C가 충전되고, 저항 R의 양끝의 전압이 갑자기 내려간다. 다음으로 펄스가 내려가는 순간에 콘덴서 C에 충전되어 있는 전하(전기)가 저항 R을 통과하여 순간적으로 방전된다. 그렇기 때문에 그림과 같은 펄스가 출력된다. 여기서, 콘덴서 C가 충·방전하는 시간은 콘덴서 C와 저항 R의 곱으로 시상수(時常數)라고 한다.

적분회로는 입력파를 적분한 출력파를 얻을 수 있는 회로를 말한다.

적분회로의 구조는 미분회로의 C와 R을 바꾸어 그림 3-30과 같이 되어 있다. 입력 측에 방형 펄스를 가하면 펄스가 올라가는 순간에 콘덴서 C는 충전되어 가고, 콘덴서 C의 양끝의 전압은 서서히 올라가게 된다. 그리고 펄스가 내려가는 순간 콘덴서 C에 충전되어 있던 전하(전기)가 저항 R을 흘러가서 방전하고, C의 양끝의 전압은 서서히 내려간다. 그 때문에 그림과 같은 출력 펄스가 출력된다.

미분회로와 적분회로를 만들 경우에 미분회로의 조건은 입력 펄스 폭을 Tw라고 하면 $RC \ll Tw$로 선택한다. 적분회로에서는 $RC \gg Tw$라는 조건을 선택할 필요가 있다.

그림 3-29 미분회로의 구조

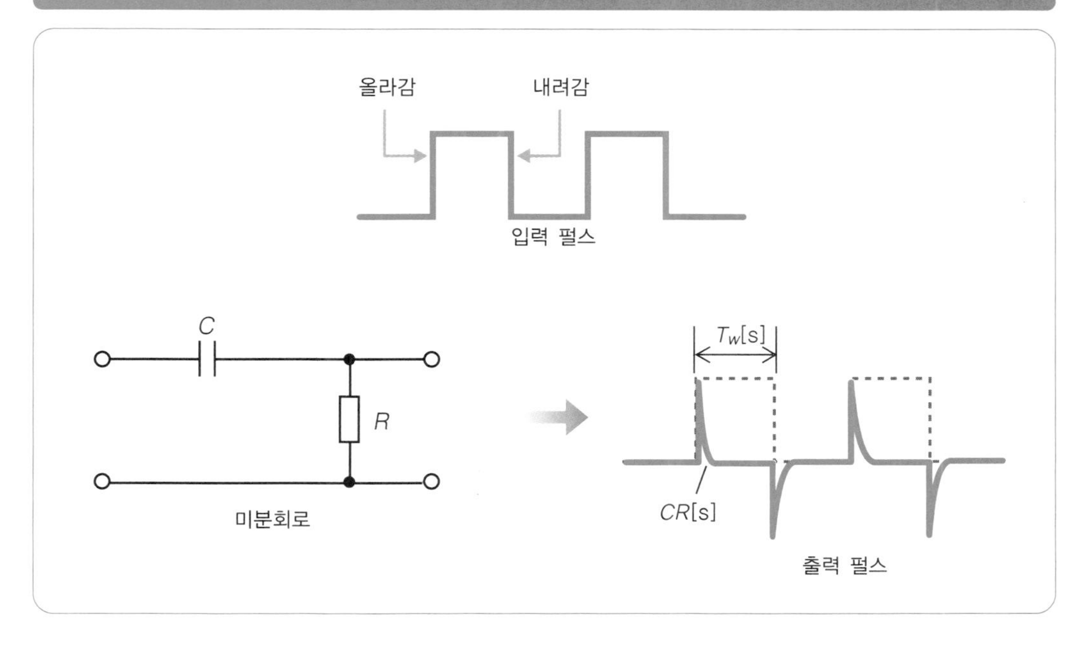

그림 3-30 적분회로의 구조

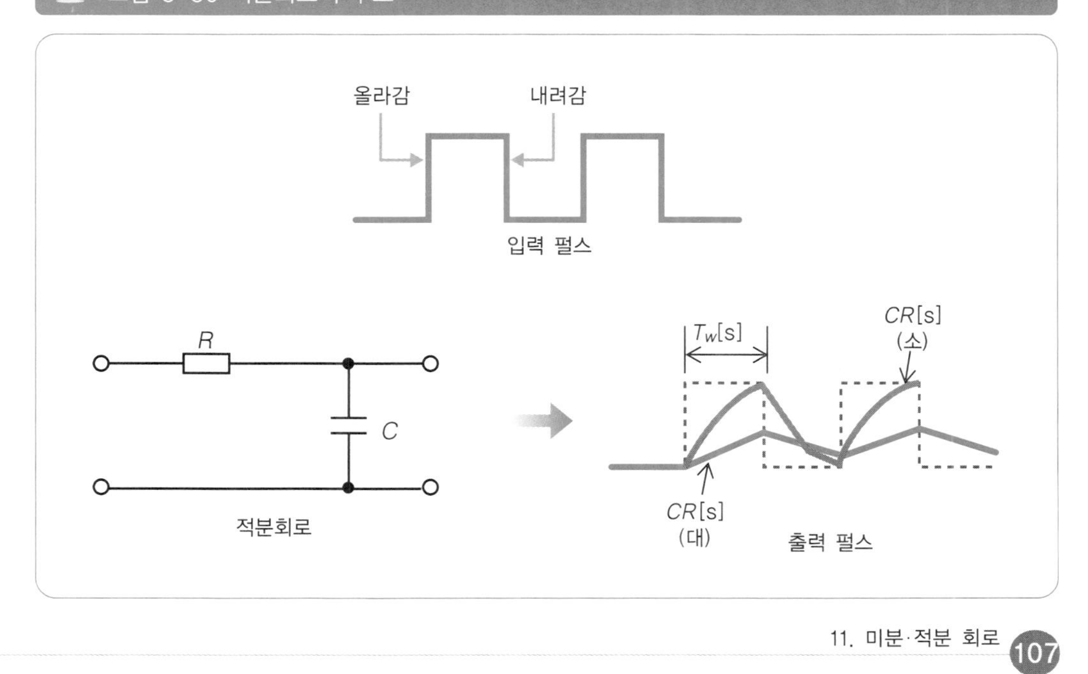

12 직류 만들기 … 정류회로

정류회로는 교류를 직류로 변환하는 회로로, 일반적으로 pn접합 다이오드와 브리지 다이오드가 사용된다.

접합 다이오드에 순방향 전압을 가하면 다이오드의 내부저항이 작아지고, 그때만 전류가 흘러 정류작용을 일으킨다. 역방향 전압을 가했을 때는 다이오드의 내부저항이 커지고, 전류는 흐르지 않는다.

반파 정류회로는 그림 3-31과 같이 하나의 다이오드에 의해 만들어진 양의 반 사이클을 출력하는 회로이다. 이 회로는 간이형 AC 어댑터 등에 사용되고 있다.

전파 정류회로는 그림 3-32와 같이 다이오드 2개 이상을 사용하여, 모든 것을 양의 사이클로 만드는 회로를 말한다. 2개의 다이오드를 사용한 전파 정류기(그림 3-32(a))의 동작은 다음과 같다. 최초의 반 사이클의 전류는 D_1을 흐른다. 다음 반 사이클은 D_2를 흐른다. 다시 말해, +, − 반주기마다 저항의 위쪽으로 +(플러스) 전압이 출력된다. 그림 (b)는 다이오드 4개를 브리지형으로 접속한 정류회로이다. 입력이 양의 반 사이클일 때는 D_4 → R → D_2의 경로로 전류가 흐르고, 음의 반 사이클일 때는 D_3 → R → D_1의 경로로 전류가 흐른다. 따라서 전 주기에 걸쳐 방향이 바뀌지 않는 그림과 같은 출력전압을 얻을 수 있다.

평활회로는 그림 3-33과 같이 콘덴서와 초크 코일을 조합한 회로로, 정류회로를 통과하여 출력된 파형에는 맥류라는 교류성분이 남은 파형이 있기 때문에 완전한 직류로 만드는 회로이다. 콘덴서의 충·방전 작용을 이용한 것이다.

그림 3-31 반파 정류회로

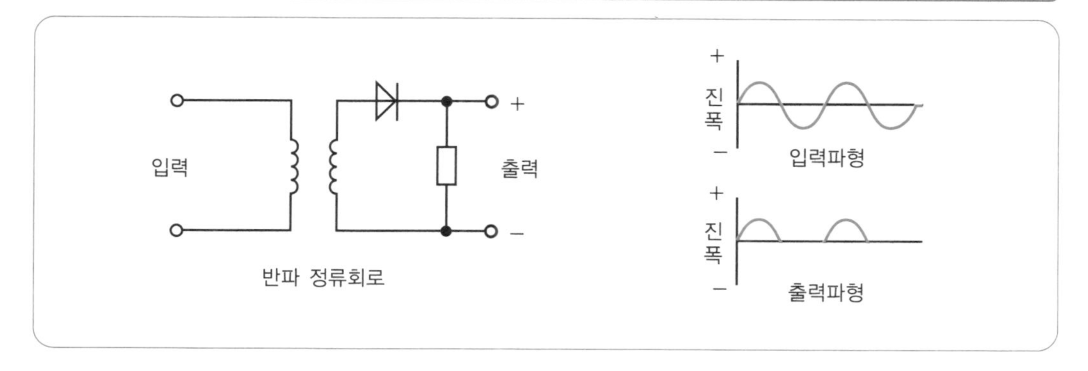

그림 3-32 전파 정류회로

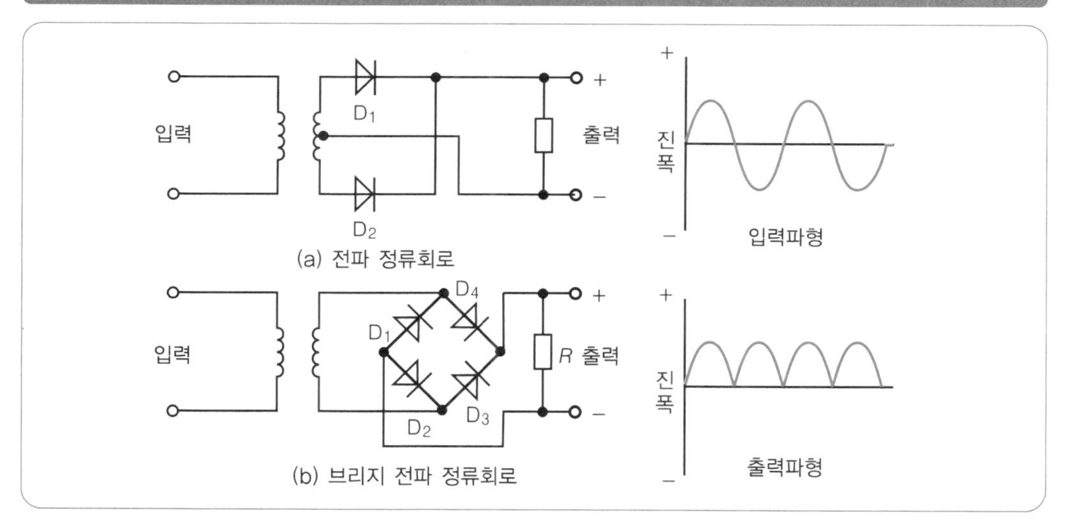

그림 3-33 평활회로

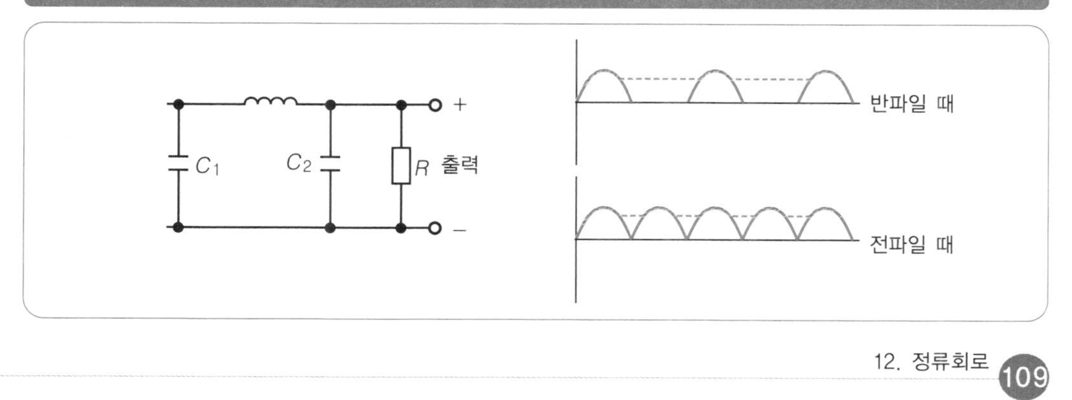

13 통과시키느냐 마느냐 … 필터

필터는 여파기라고도 하며, 어떤 특정 주파수 대역까지의 신호는 통과시키고, 그 주파수보다 높거나 낮은 신호는 통과하기 힘들게 하는 회로이다.

■ CR 필터

그림 3-34와 같이 콘덴서 C와 저항 R을 접속한 것을 CR 필터라고 하며, 로 패스 필터(LPF : 저역 필터)와 하이패스 필터(HPF : 고역 필터)가 있다. 로 패스 필터는 낮은 주파수 대역의 신호만을 출력하는 회로이다. 입력전압을 가하면 출력전압이 내려가기 시작하고, 입력전압의 약 0.71배$\{(1/\sqrt{2})e_i) = -3[\text{dB}]\}$가 된 지점의 주파수를 차단 주파수(컷 오프 주파수)라고 하는데, 콘덴서의 용량 C와 저항 R의 크기로 결정된다. 하이패스 필터는 높은 주파수 대역의 신호만을 출력하는 회로이다. 저항과 콘덴서에서 리액턴스 소자로서는 콘덴서 하나뿐이기 때문에 회로는 간단하지만 감쇠경사가 느슨해지는 결점이 있다.

■ LC 필터

그림 3-35와 같이 코일 L과 콘덴서 C를 접속한 것을 LC 필터라고 하며 CR 필터와 마찬가지로 로 패스 필터와 하이패스 필터가 있다. 리액턴스 소자가 코일과 콘덴서 2개이기 때문에 감쇠하는 경사가 급격히 변하는 특성을 가진다. LC 필터는 주로 음향기기에 사용되고 있다. 스피커 박스에 스피커가 2개 이상 붙어 있는 경우 고음용, 중음용, 저음용 등으로 구분되어 있는데, 예를 들어 고음용 스피커에는 네트워크라는 분파기(LC 필터)를 사용하여 고음 주파수를 가진 신호를 공급하고 있다.

그림 3-34 *CR* 필터

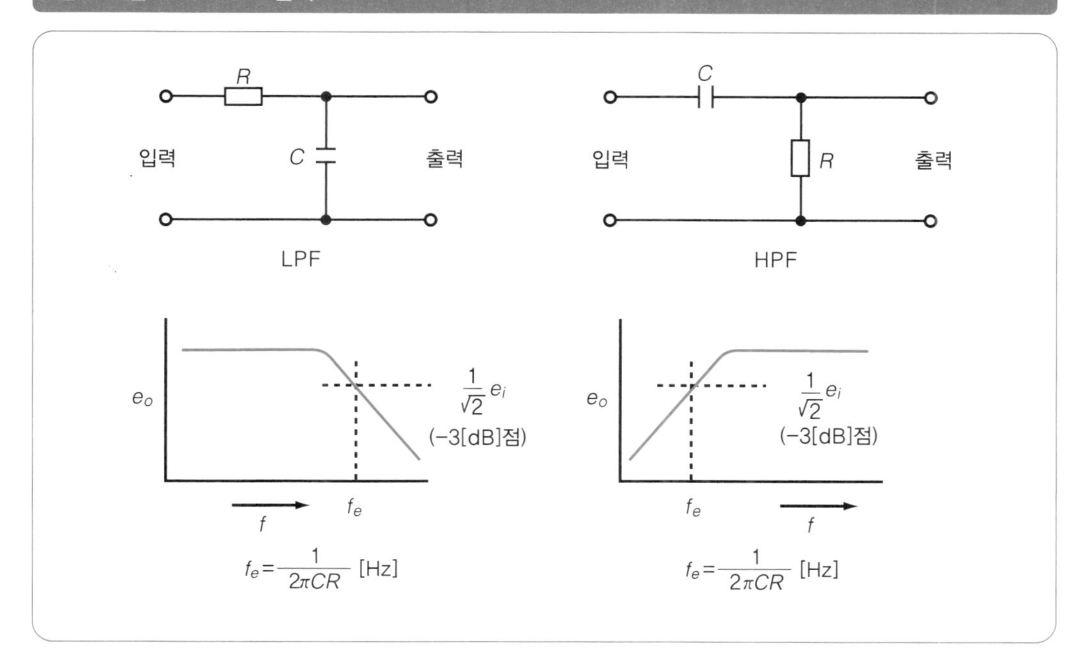

그림 3-35 *LC* 필터

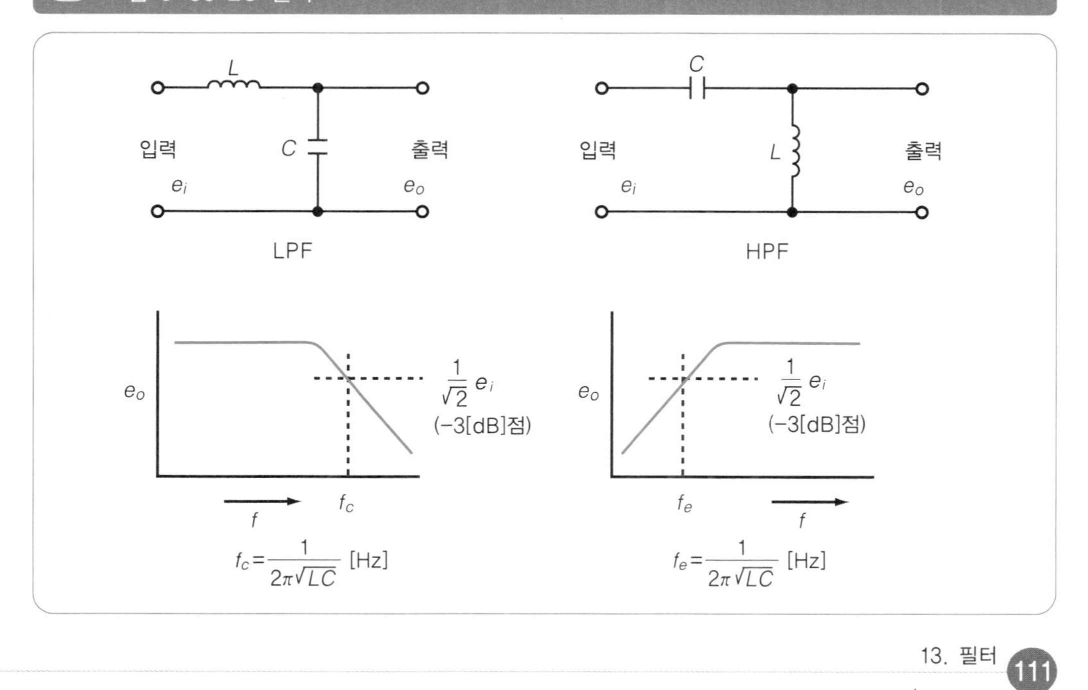

14 디지털화 … A/D 변환회로

A/D 변환회로는 그림 3-36과 같이 아날로그(A)를 디지털(D)로 변환하는 회로이다. 아날로그 신호(예를 들면 음성이나 영상 등)를 디지털화함으로써, 잡음(노이즈)에 강하고, 열화되지 않는 신호로 전송할 수가 있다. 또한, 디지털 신호는 쉽게 보정할 수가 있다. A/D 변환의 기본 동작은 전치 필터를 지난 아날로그 신호의 표본화(標本化), 양자화(量子化), 부호화(符號化)이다.

■ 표본화(샘플링)

연속된 아날로그 신호를 시간간격으로 추출하는 것이다. 표본화는 보통 아날로그 입력신호의 2배의 주파수(나이키스트 주파수라고 한다)로 표본화함으로써, 1개의 반파에 최저 1개의 표본화가 가능하므로 입력신호를 정확히 재현할 수 있다. CD 오디오용 샘플링 주파수는 44.1[kHz]이다. 또한, 디지털 오디오에서는 48[kHz]가 주로 사용되고 있다.

■ 양자화

아날로그 신호의 전압의 최대 진폭(FSR)을 기준으로, 아날로그 신호의 진폭을 특정 비율(비트)로 분할하는 것을 말한다. 특정 비율로서 오디오용 CD에서는 16비트, MD에서는 14비트가 된다. 오디오용 CD에서는 현재 특수한 기술로 20비트화되어 있는 것도 나와 있다.

■ 부호화

양자화된 펄스를 각각 "0", "1"로 수치화하여 디지털 신호로서 나타낸다. 이 방식을 PCM이라고 하며 Pulse Code Modulation의 줄임말이다.

그림 3-36 A/D 변환의 구조

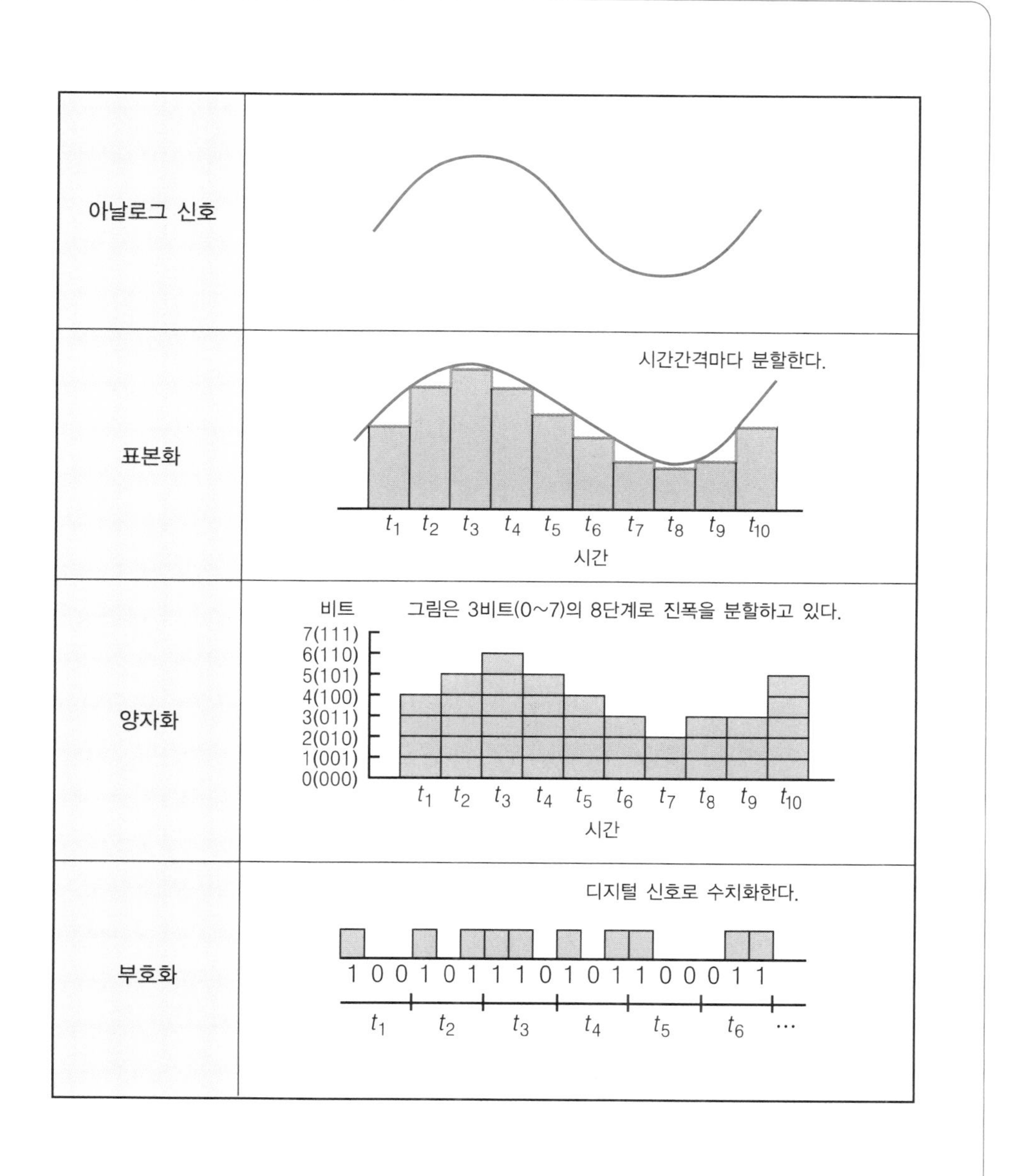

쉬어가기

제4장 디지털 회로

01 디지털의 기본 … 논리회로
02 논리곱 연산 … AND 회로
03 논리합 연산 … OR 회로
04 반전 … NOT 회로
05 자주 사용되는 회로 … NAND 회로
06 다양한 회로들 … 조합 논리회로
07 일시적으로 기억한다 … 플립플롭 회로
08 내장 인터페이스 … IDE
09 확장 인터페이스 … SCSI
10 표준 인터페이스 … RS-232C
11 컴퓨터의 표준 버스 … PCI 버스
12 아날로그화 … D/A 변환회로
13 신호의 변환 … 인코더와 디코더

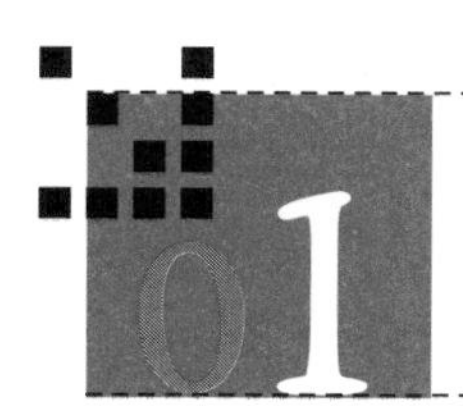

디지털의 기본 … 논리회로

논리회로는 로직 회로라고도 하며, 전자회로의 기본이 되는 회로이다. 모든 디지털 전자회로는 이 논리회로가 기본회로가 되고 있다.

컴퓨터는 정확하고 빠른 처리가 가능하고, 복잡한 연산도 할 수 있다. 컴퓨터의 연산장치는 많은 복잡한 회로로 만들어져 있다. 이 복잡한 회로의 요소가 바로 논리회로이며, 디지털 회로는 이 논리회로의 집합이다.

논리회로 디지털 IC는 74 시리즈가 가장 많이 사용되고 있다. 74 시리즈(표 4-1)는 예전에는 TTL(트랜지스터 트랜지스터 로직) 타입인 것이 사용되었지만, 현재는 C-MOS(씨모스) 타입이 사용되고 있다. C-MOS는 소비전력이 매우 적어 TTL 타입과 같이 전력소모가 많은 것을 대신하게 되었다. 74 시리즈의 회로 중에서도 게이트 IC(전자 스위치), 플립플롭, 시프트 레지스터, 카운터 등 범용성 높은 제품들이 나와 있기 때문에 전자공작과 시작기(試作機) 제작에는 아주 편리하다.

디지털 IC의 핀 번호와 내부 결선도는 그림 4-1과 같이 되어 있다. 핀 번호를 읽는 방법은 위에서 보면 인덱스 마크라는 동그라미 표시와 패인 곳을 왼쪽 아래로 하여 반 시계 방향으로 1부터 시작한다. 전원인 (+), (-)는 보안상 먼 곳에 핀 배열을 하고 있는 경우가 많다.

논리 게이트란 전자 스위치를 말하는 것으로, 디지털 전자회로에는 막대한 수의 전자 스위치가 사용되고 있다. 논리 게이트는 입력이 2개 이상이고, 출력이 하나가 되는 것을 말한다. 논리회로의 기본이 되는 것이 AND 회로, OR 회로, NOT 회로 3가지이다. 기본회로 이외에는 NAND 회로 등이 있다.

표 4-1 74 시리즈의 디지털 IC의 종류

TTL	74xx	스탠다드 타입
	74Hxx	하이 스피드 타입
	74Lxx	로 파워 타입
	74Sxx	쇼트키 타입
	74LSxx	로 파워 쇼트키 타입
	74ASxx	어드밴스트 쇼트키 타입
	74ALSxx	어드밴스트 로 파워 쇼트키 타입
	74Fxx	파스트 타입
C-MOS	74HCxx	하이 스피드 C-MOS 타입

그림 4-1 74HC00의 내부 블록도

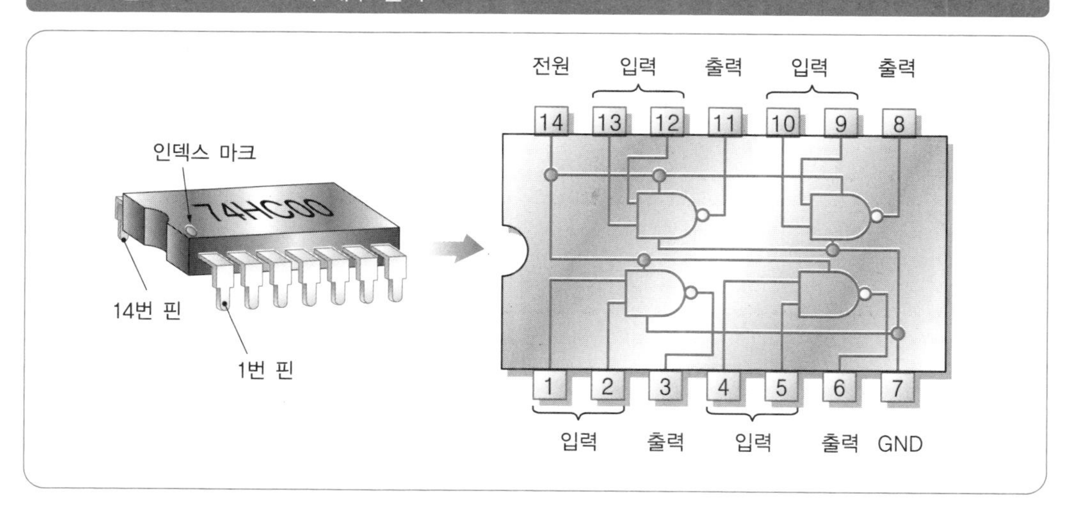

논리곱 연산 … AND 회로

AND 회로는 논리곱 회로라고도 하며, 논리곱 연산을 수행하는 회로를 말한다.

꼬마전구와 스위치, 전지를 사용한 그림 4-2(a)와 같은 AND 회로 실험을 생각해 보자. 스위치를 넣지 않은 상태를 OFF, 스위치를 넣은 때를 ON이라 하자. 또한, 꼬마전구가 점등할 때를 ON으로 하고, 소등할 때는 OFF로 생각하자. 최초로 스위치 A를 ON, 스위치 B를 OFF로 한다. 꼬마전구는 점등하지 않으므로 OFF 상태이다. 다음으로 스위치 A를 OFF, 스위치 B를 ON으로 한다. 꼬마전구는 역시 OFF이다. 계속해서 스위치 A를 ON, 스위치 B를 ON으로 하면 꼬마전구는 점등하여 ON 상태가 된다. 실험결과의 일람표를 논리대수의 표(그림 4-2(d))로 바꾸어 기록해 보자. 여기에서 OFF는 "0"을 말하고, ON은 "1"을 말한다. 입력 A, B와 출력 X의 관계를 정리한 표를 진리값표라고 한다.

이 AND 회로의 관계를 논리식으로 나타내면 $X=A \cdot B$가 된다. 논리식에 대입하면 $0 \cdot 0=0$, $0 \cdot 1=0$, $1 \cdot 0=0$, $1 \cdot 1=1$이 된다. AND의 경우 입력이 모두 "1"일 때 출력이 "1"이 되며, 하나라도 입력에 "0"이 있을 때는 "0"이 된다. 논리기호는 MIL(Military Standard Specification) 규격에서는 그림 4-2(b)와 같이 표기한다(이하, 본서에서는 MIL 기호로 기술한다).

또한 그림 4-3과 같은 일반적인 다이오드를 사용한 AND 회로에서, 예를 들어 입력 A, B의 전압을 5[V]로 하자. 이런 경우 5[V]를 H(High level)라고 하고 0[V]를 L(Low level)이라고 한다. H일 때를 1, L일 때를 0으로 하는 것을 정논리(正論理)라고 한다. 반대로 L일 때를 1, H일 때를 0으로 하는 것을 부논리(負論理)라고 한다. 이 회로는 스위치 A, B를 L로 하면 전압계가 지시하는 전압은 0[V]가 된다. 스위치 A, B 어느 쪽을 L로 해도 0[V]가 된다. 스위치 A, B를 모두 H로 전환했을 때만 전압계 X는 5[V](H)를 가리킨다. 따라서 그림 (b)와 같은 진리값표가 된다.

그림 4-2 스위치를 사용한 AND 회로

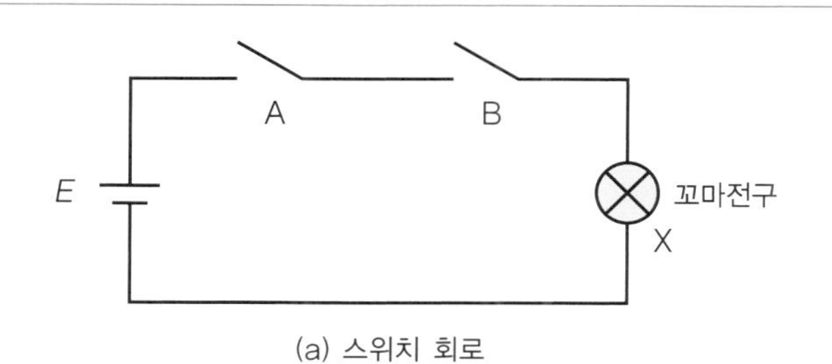

(a) 스위치 회로

A
B
X

(b) 논리기호

$$X = A \cdot B$$

(c) 논리식

입력		출력
A	B	X
0	0	0
0	1	0
1	0	0
1	1	1

(d) 진리값표

그림 4-3 다이오드를 사용한 AND 회로

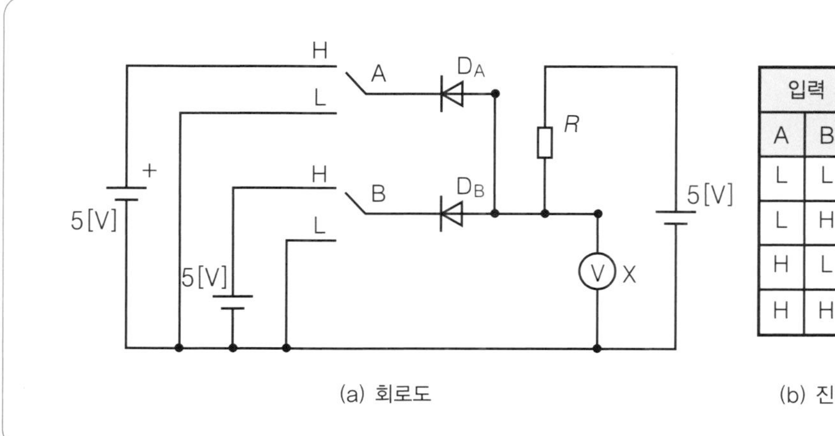

(a) 회로도

입력		출력
A	B	X
L	L	L
L	H	L
H	L	L
H	H	H

(b) 진리값표

03 논리합 연산 … OR 회로

OR 회로는 논리합 회로라고도 하고, 논리합 연산을 수행하는 회로이다.

AND 회로와 같이 그림 4-4(a)의 실험을 하여 생각해 보자. 먼저 스위치 A, 스위치 B를 OFF로 하면 꼬마전구는 점등하지 않기 때문에 OFF가 된다. 다음으로 스위치 A를 OFF, 스위치 B를 ON으로 한다. 이때 꼬마전구는 점등하므로 ON이 된다. 계속해서 스위치 A를 ON, 스위치 B를 OFF로 하면 꼬마전구가 점등하기 때문에 ON이다. 그리고 스위치 A를 ON, 스위치 B를 ON으로 하면 꼬마전구는 역시 ON이 된다. 실험결과를 진리값표로 만들어보자. 이 OR 회로의 관계를 논리식으로 나타내면 $X=A+B$가 되고, $0+0=0$, $0+1=1$, $1+0=1$, $1+1=1$이다. 여기에서 자주 혼동하는 것은 $1+1=2$가 되지 않는다는 점이다. 스위치 두 개를 넣더라도 전압이나 전류가 2배로 되지 않기 때문이다. OR 회로는 입력 중 어느 한쪽이 1일 때는 출력이 1이 되고, 입력이 모두 0일 때만 0이 된다.

또한, 그림 4-5와 같은 일반적인 다이오드를 사용하는 OR 회로에 있어서, 입력전압을 5[V]로 한다. 5[V]를 H로 나타내고, 0[V]를 L로 나타낸다.

이 회로의 동작은 스위치 A, B를 L로 했을 때는 저항에 전류가 흐르지 않기 때문에 전압계 X는 0[V]를 가리키며 L이 된다. 다음으로 스위치 A를 L, 스위치 B를 H로 전환하면 스위치 B에서부터 다이오드를 지나 저항으로 전류가 흐른다. 이때 저항의 양끝에는 단자전압이 나타나며, 전압계 X의 지시는 5[V]를 가리키며 H가 된다. 스위치 A, B를 바꿔 넣어도 같은 상태가 된다. 또한, 스위치 A, B를 모두 H로 넣어도 저항으로 흐르는 전류는 같기 때문에 전압계 X는 5[V]를 나타내고 H가 된다. 따라서 그림 (b)와 같은 진리값표가 된다.

그림 4-4 스위치를 사용한 OR 회로

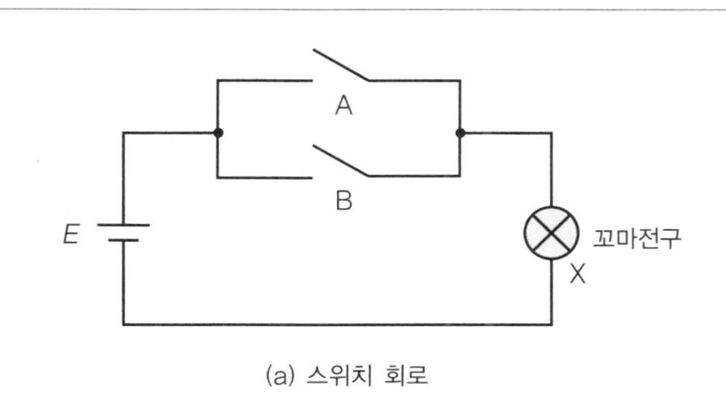

(a) 스위치 회로

(b) 논리기호

$$X = A + B$$

(c) 논리식

입력		출력
A	B	X
0	0	0
0	1	1
1	0	1
1	1	1

(d) 진리값표

그림 4-5 다이오드를 사용한 OR 회로

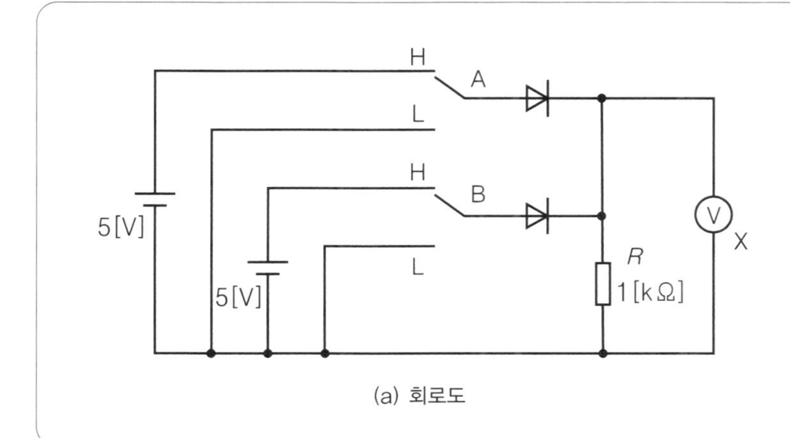

(a) 회로도

입력		출력
A	B	X
L	L	L
L	H	H
H	L	H
H	H	H

(b) 진리값표

반전 … NOT 회로

NOT 회로(부정회로)는 부정을 수행하는 회로로, 인버터라고도 한다. 그림 4-6의 스위치를 사용하는 NOT 회로에서는 전지와 꼬마전구, 그리고 평상시 접점이 닫혀 있는 스위치를 사용한다.

스위치를 누르지 않은 상태에서는 스위치 A는 OFF로 “0”이 되며, 꼬마전구는 점등하여 ON “1”이 된다. 스위치 A를 누르면 스위치는 ON으로 “1”이 되고, 꼬마전구는 소등하여 OFF가 된다. 다시 말해, 입력과 출력이 반대가 되는 것이다.

그림 4-7은 일반적인 트랜지스터를 사용한 NOT 회로이다. 스위치 A를 L로 하면 트랜지스터 Tr이 동작하지 않고, 저항 R_C에는 전류가 흐르지 않아 전압강하가 없으므로, 전압계 X는 5[V]를 가리킨다. 스위치 A를 H로 하면 트랜지스터의 베이스에 전압이 가해지기 때문에 컬렉터 전류가 흐르고, 저항 R_C로 전류가 흘러 전압강하가 발생한다. 그 때문에 전압계 X는 0[V]를 가리키며 L이 된다. 이렇게 NOT 회로에서는 입력에 대해 출력이 반전되어 나타나기 때문에 그림 (b)와 같은 진리값표가 된다.

덧붙여 다이오드를 사용하는 AND 회로, OR 회로와 달리 트랜지스터를 사용한 NOT 회로의 설계는 기준이 있다. 트랜지스터에 흐르는 컬렉터 전류 I_C를 포화시키도록 R_C를 설정한다. 베이스 전류를 정하는 저항 R_B의 대략적인 기준은 $10R_C < R_B < h_{FE}R_C$ 정도이다. h_{FE}는 트랜지스터의 이미터 접지의 전류 증폭률이다.

그림 4-6 스위치를 사용한 NOT 회로

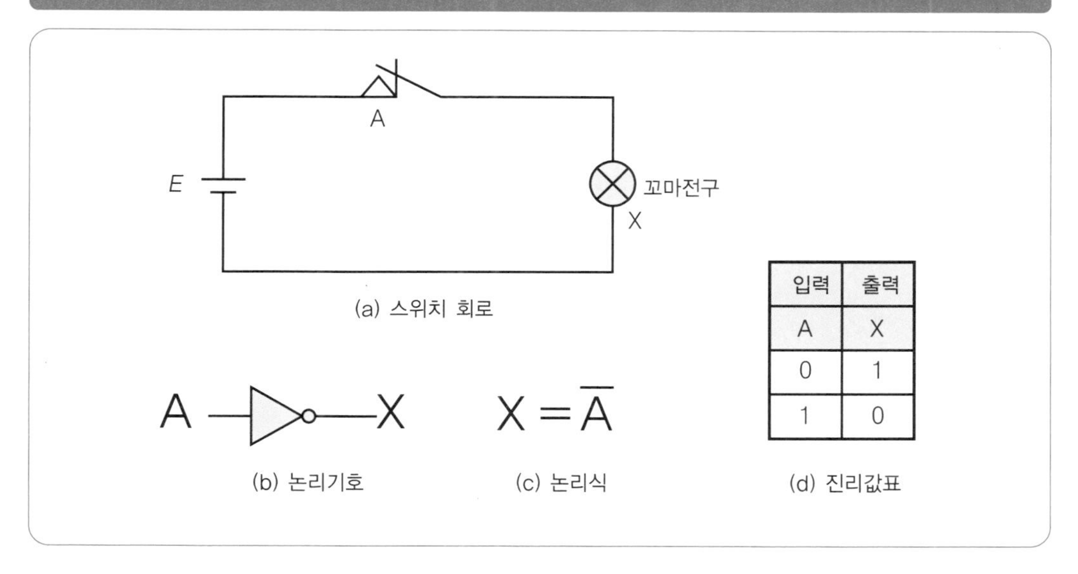

(a) 스위치 회로

(b) 논리기호

(c) 논리식

입력	출력
A	X
0	1
1	0

(d) 진리값표

그림 4-7 트랜지스터를 사용한 NOT 회로

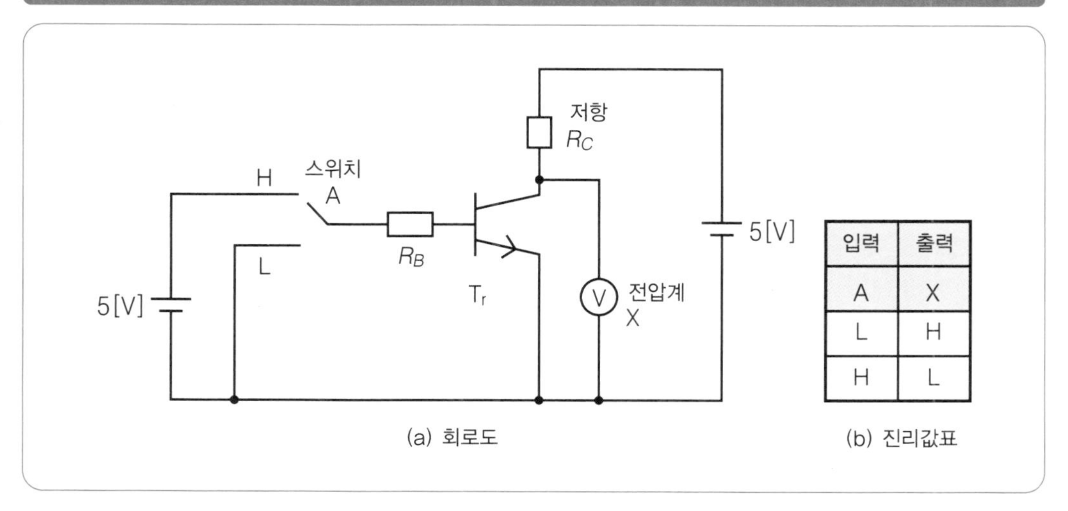

(a) 회로도

입력	출력
A	X
L	H
H	L

(b) 진리값표

05 자주 사용되는 회로 … NAND 회로

NAND 회로는 논리곱 회로(AND)의 부정(NOT)으로, 부정 논리곱 회로라고 하며, 부정 논리곱 연산을 수행하는 회로를 말한다. 그림 4-8(a)와 같은 전지와 꼬마전구, 그리고 평상시에 접점이 닫혀 있는 스위치를 사용한다.

스위치를 누르지 않은 상태는 스위치 A, 스위치 B 모두 OFF로 "0"이지만, 양쪽 접점이 접촉해 있으므로 꼬마전구는 ON이 되어 "1"이 된다. 스위치 A, B 어느 한쪽이 눌린 상태는 "0", "1"이나 "1", "0"이 되고, 꼬마전구가 점등하여 "1"이 된다. 스위치 A, B를 모두 눌렀을 때는 "1"과 "1"이 되어 스위치 A, B의 접점이 떨어지고, 꼬마전구는 점등하지 않아 "0"이 된다.

이 NAND 회로의 관계를 논리식으로 나타내면, $X = \overline{A \cdot B}$가 된다(그림 (d)). 따라서 NAND 회로는 그림 4-8(b)와 같이 모든 입력이 "1"일 때 출력이 "0"이 되는 회로이다.

논리기호는 그림 4-8(c)와 같이 AND 회로의 그림 기호에 부정회로의 ○표만 붙은 표시를 하고 있다.

NAND 회로에는 정형 증폭기능이 있다. 트랜지스터의 이미터 접지회로의 신호 레벨을 반전하여 레벨에 다소의 변동이 있어도 안정화되기 때문에 NAND 회로가 자주 사용된다. 또한, 입력 수에서도 2입력, 3입력, 4입력으로 시판되는 IC의 라인업이 다채롭다.

그림 4-8 NAND 회로

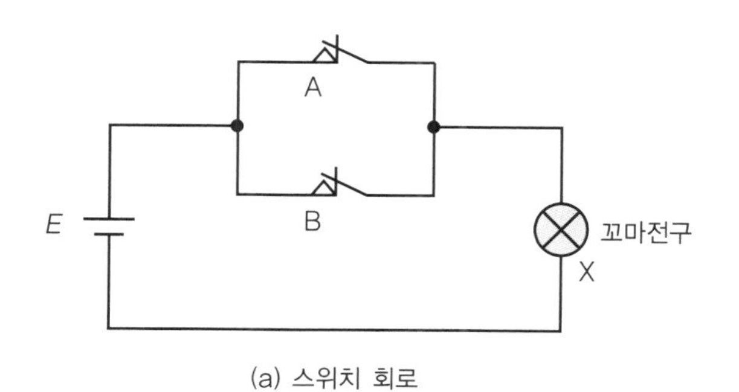

(a) 스위치 회로

입력		출력
A	B	X
0	0	1
0	1	1
1	0	1
1	1	0

(b) 진리값표

(c) 논리기호

$$X = \overline{A \cdot B}$$

(d) 논리식

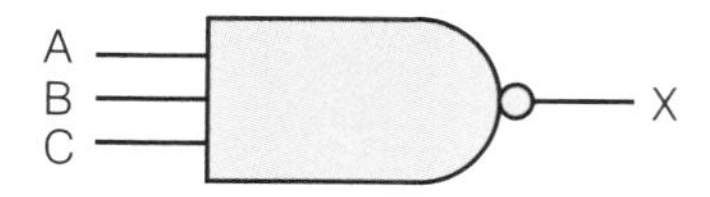

$$X = \overline{A \cdot B \cdot C}$$

(e) 3입력

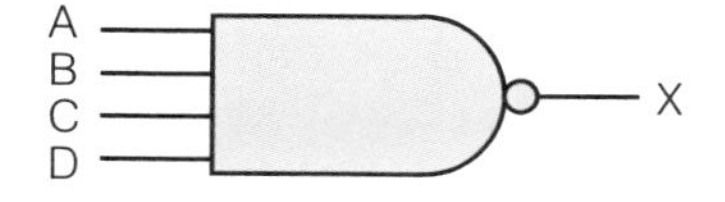

$$X = \overline{A \cdot B \cdot C \cdot D}$$

(f) 4입력

다양한 회로들 … 조합 논리회로

논리회로를 조합해 다양한 회로로 변환할 수 있다.

기본적인 세 가지 회로 AND, OR, NOT 회로와 자주 사용하는 NAND 회로를 조합함으로써, 부품의 개수를 줄이거나 대체할 수 있다. 표 4-2는 각 회로에 대응하는 조합회로의 예이다.

■ NOT 회로

① NAND 회로의 2개의 입력을 쇼트함으로써 NOT 회로가 된다.

② NAND 회로 한쪽의 "H 레벨"이라는 단자에 플러스(+) 전압을 항상 가해 두는 것으로 NOT 회로가 된다.

③ OR 회로 한쪽의 "L 레벨"이라는 단자에 마이너스(-) 또는 어스를 항상 가하면 NOT 회로가 된다.

■ OR 회로

① NAND 회로의 입력에 각각 NOT 회로를 더한다.

② NAND 회로 3개를 조합한다. 입력인 2개의 NAND 회로는 입력이 쇼트되어 있으므로 NOT 회로가 2개가 되어 ①과 같은 회로가 된다.

■ NOR 회로

"노어" 회로라고 읽으며, 부정 논리합 회로를 의미한다. NOR 회로는 입력이 모두 "0"일 때 출력이 "1"이 되는 회로이다.

① 기본형인 OR 회로와 NOT 회로를 직렬로 접속한 것이다.

② AND 회로의 입력에 NOT 회로를 더한 것이다.

■ 3입력 AND 회로

AND 회로를 2개 사용한다.

■ 4입력 AND 회로

AND 회로를 3개 사용한다.

■ EX-OR 회로

"엑스오아" 회로라고 읽으며, 배타적 논리합 회로(불일치 회로)를 말한다. 2개의 입력이 "0"과 "1" 또는 "1"과 "0"일 때처럼 입력끼리 불일치할 때 출력이 "1"이 되는 회로이다. 입력끼리 일치하면 출력이 없으므로 "0"이 된다.

■ 4입력 NAND 회로

OR 회로의 입력에 NAND 회로를 접속한 것이다.

표 4-2 조합 논리회로

구분	회로	조합회로의 예
1	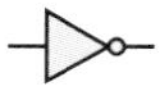 NOT 회로	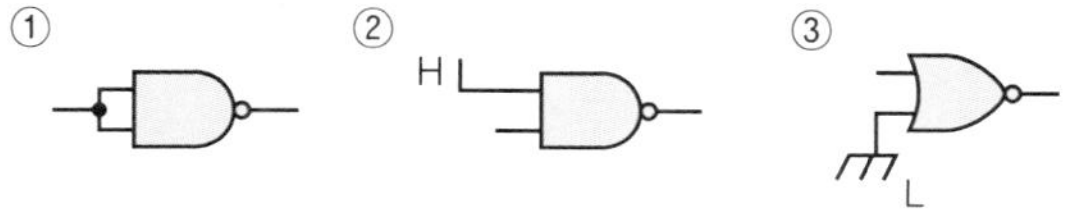 ① ② H ③ L
2	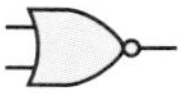 OR 회로	 ① ②
3	 NAND 회로	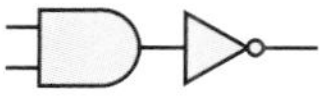
4	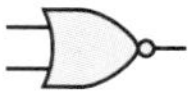 NOR 회로	 ① ②
5	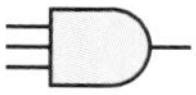 3입력 AND 회로	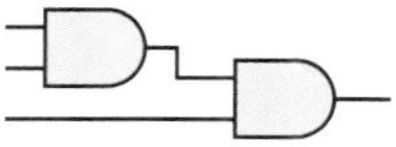
6	 4입력 AND 회로	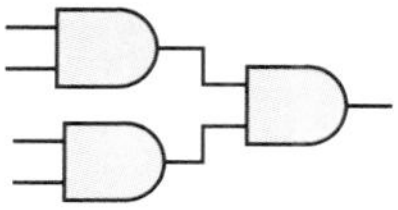
7	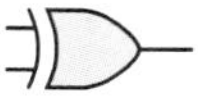 EX-OR 회로	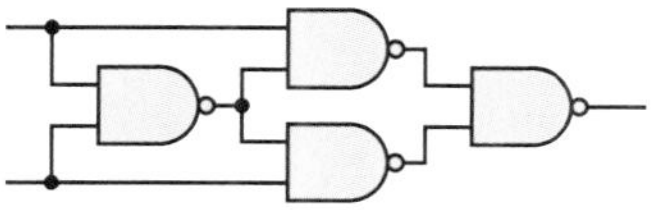
8	 4입력 NAND 회로	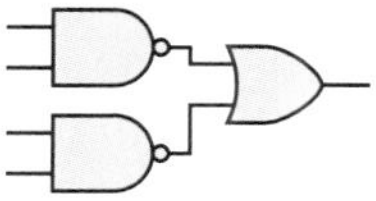

일시적으로 기억한다 … 플립플롭 회로

플립플롭 회로는 FF라고도 하며, 기본적인 기억회로를 말한다. 복잡한 기능을 갖는 디지털 회로와 컴퓨터 등의 기억회로에서 일시적으로 데이터를 기억하는 데 사용된다. 플립플롭 회로를 여러 단 연결하고 다른 게이트 회로와 조합해 데이터를 일시적으로 기억시켜 두는 회로인 시프트 레지스터와 입력되는 펄스 신호의 수를 카운트하여 그것을 기억하는 회로인 카운터 등의 순서회로로도 이용된다.

RS-FF 회로(리셋 세트 플립플롭 회로)는 그림 4-9(a)와 같이 NAND 회로를 두 개 조합한 형태의 회로로, 2개의 입력과 2개의 출력이 있다. 논리기호로 나타내면 그림 4-9(b)와 같이 된다. S=1, R=0이라고 하면 Q=1, $\overline{Q}$=0이 되어 「세트」가 된다. S=0, R=1이라고 하면 Q=0, $\overline{Q}$=1이 되고, 이것이 「리셋」이 된다. 세트 또는 리셋에서는 S=R=0을 입력에 가하면 이전의 상태를 유지(「홀드」라고 한다)하고, 이것이 기억이 된다. S=R=1일 때는 Q=$\overline{Q}$=0이 되지만, Q와 $\overline{Q}$가 모순되므로 이것은 금지하고 있다. 이것들을 진리값표로 정리하면 그림 4-9(c)가 된다. 또한, 그림 4-9(d)는 입력과 출력의 펄스 파형과 시간에 따라 신호가 변화하는 모습을 그림으로 나타낸 것으로, 타임 차트 또는 타이밍 차트라고 한다.

덧붙여, 금지상태를 없애기 위해서 JK-FF 회로와 마스터 슬레이브 FF 회로 같은 다양한 회로가 있다. JK-FF는 그림 4-10(a)와 같이 J와 K라는 두 개의 입력단자와 CLK(클록)이라는 타이밍 펄스를 넣어 동작시킨다. JK-FF의 진리값은 그림 4-10(b)와 같이 된다.

그림 4-9 RS-FF 회로

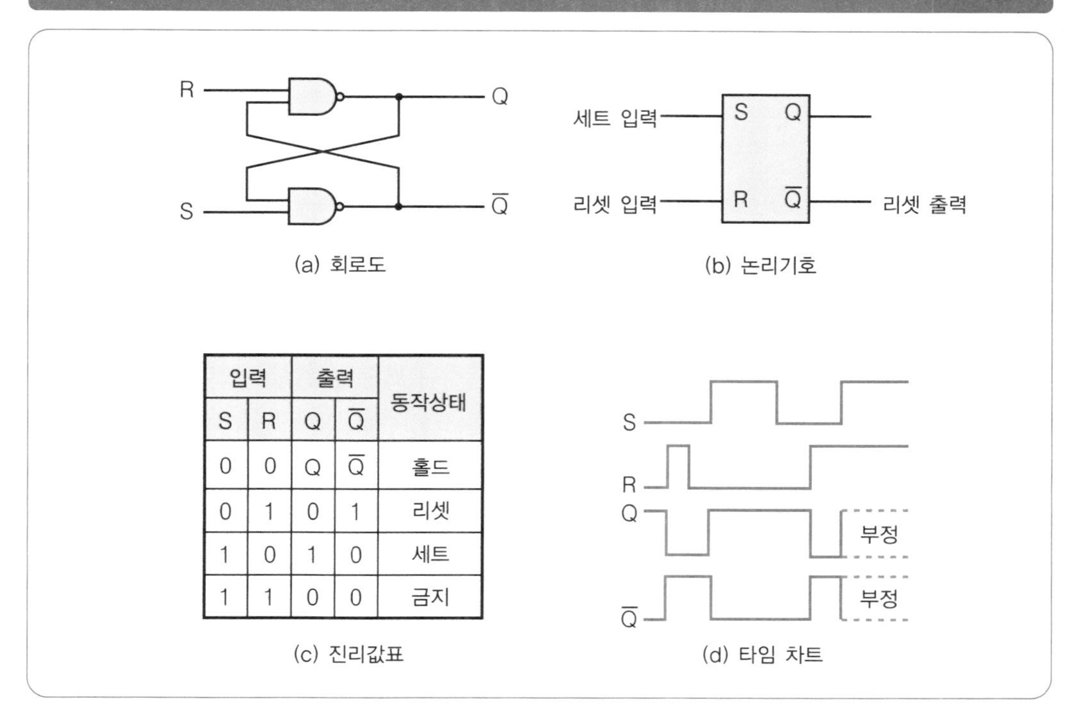

(a) 회로도

(b) 논리기호

입력		출력		동작상태
S	R	Q	$\overline{Q}$	
0	0	Q	$\overline{Q}$	홀드
0	1	0	1	리셋
1	0	1	0	세트
1	1	0	0	금지

(c) 진리값표

(d) 타임 차트

그림 4-10 JK-FF 회로

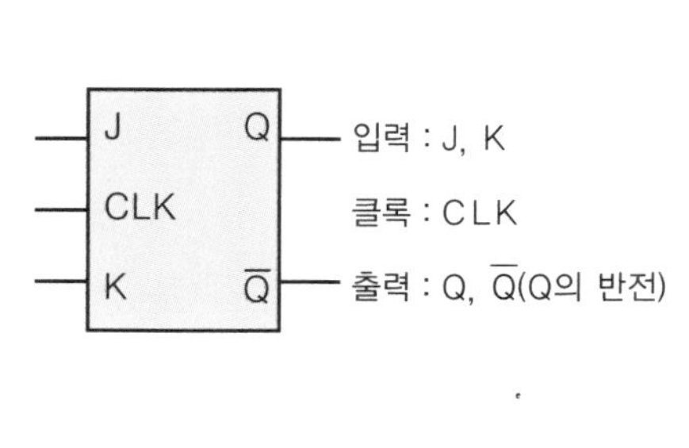

(a) 논리기호

입력		클록	출력
J	K	CLK	Q
0	0	1	Q_0
0	1	1	0
1	0	1	1
1	1	1	Q_0

(b) 진리값표

08 내장 인터페이스 … IDE

IDE는 Integrated Device Electronics의 줄임말로, 컴퓨터의 내장용 하드 디스크와 CD-ROM, DVD 등을 연결하기 위한 인터페이스이다.

현재의 DOS 컴퓨터는 AT 호환기기라고도 하는데, IBM사의 PC/AT의 호환기이다(PC/어드밴스드 테크놀로지의 줄임말이다). IDE의 규격은 1986년 컴팩사에서 발매한 퍼스널 컴퓨터에 탑재되었고, 당시의 하드 디스크 용량은 528[MB]이하였다. 그 후 IDE와 하드 디스크를 포함한 ATA 규격이 완성되었다. ATA는 AT 어태치먼트(attachment) 인터페이스라고 하여 하드 디스크가 1대의 컴퓨터에 2채널, 총 4대까지 접속가능하게 되었고, 하드디스크의 용량도 8.4[GB]가 되었다. 그 후 CD-ROM 드라이브, CD-R 드라이브, DVD 드라이브가 접속할 수 있는 ATAPI(AT Attachment Packet Interface)라는 규격이 되었다. 이 ATA 규격을 확장한 것이 E-IDE(Enhanced IDE)이고, 현재의 IDE의 모습이다.

IDE는 진화를 계속하여 ATA/ATAPI-6 규격에서는 「Ultra DMA 100」, 「Ultra ATA/100」이라는 DMA 전송속도가 100[MB/s]라는 빠른 속도의 규격이 되었다. 또한, DMA(Direct Memory Access)는 데이터 전송이 CPU를 통하지 않고 칩셋이라는 컨트롤러에서 직접 컨트롤되기 때문에 CPU에 부담을 주지 않는다. 그림 4-11은 IDE 기기의 접속 예를 나타낸 것이며 표 4-3에는 IDE의 특징을 정리했다.

IDE의 포트(커넥터)는 머더보드(motherboard)라는 컴퓨터 본체의 기판에 40핀 커넥터로서 두 개가 있으며, 각각 「프라이머리(primary)」, 「세컨더리(secondary)」라고 한다. 그리고 각각에 「마스터」, 「슬레이브」를 설정하여 두 대의 기기를 연결할 수 있다. 컴퓨터는 부팅 시에 최초로 「프라이머리의 마스터」를 인식하고 「프라이머리의 슬레이브」, 「슬레이브 마스터」, 「세컨더리 슬레이브」의 순서로 체크한다.

그림 4-11 IDE(E-IDE) 기기의 접속 예

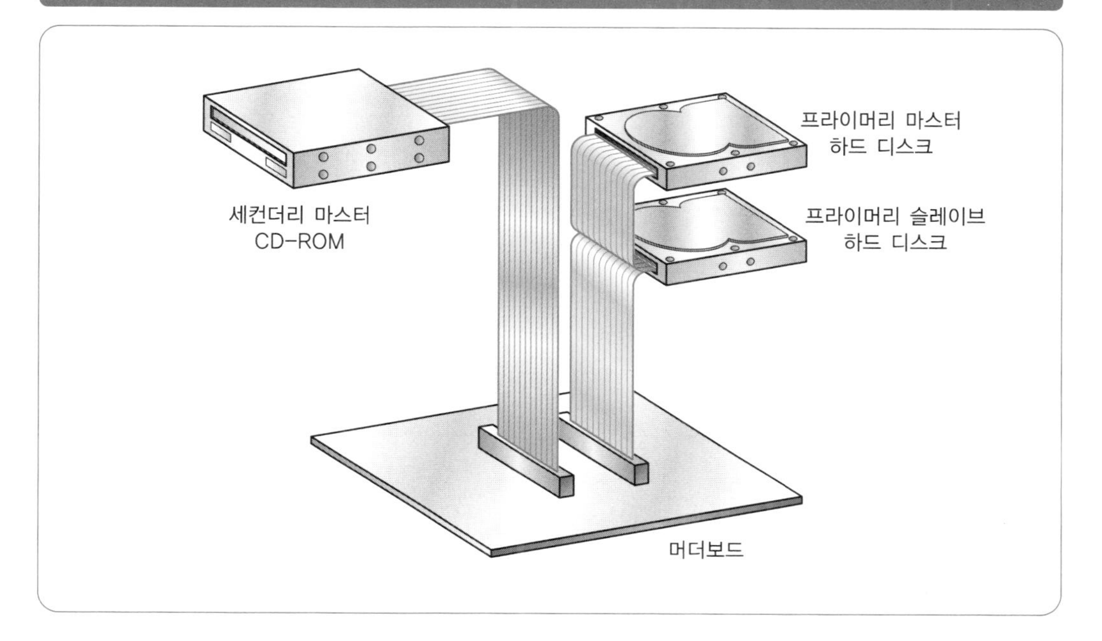

표 4-3 IDE(E-IDE)의 특징

특징	내용
장점	• Ultra ATA/66, Ultra ATA/100 등 최대 66~100[MB/s]까지 빠르게 전송할 수 있다. • 머더보드가 표준으로 대응하기 때문에 인터페이스 보드가 필요 없고 대응 드라이브도 저가에 구입할 수 있다.
단점	• 외장 디바이스 기기에 대응할 수 없다. • 최대 4대까지의 디바이스밖에 접속할 수 없다.

09 확장 인터페이스 … SCSI

SCSI(스커지)는 컴퓨터와 주변기기를 주로 외부에서 연결하게 하는 인터페이스이다.

SCSI(Small Computer System Interface)는 우선 1981년에 SASI 규격이 개발되었고, 그 후 SASI를 베이스로 발전되어 왔다. SCSI는 IDE와 달리 외부에서 연결하는 주변기기가 많이 있다. 하지만, 최근에는 USB(Universal Serial Bus) 접속방식으로 간단하고 편리하게 주변기기를 연결할 수 있는 상품이 많이 나와 있다. 한편, SCSI도 IDE와 나란히 진화하고 있다. SCSI-1은 최대 전송속도가 5[MB/s]였지만, 현재의 Ultra 160/m SCSI에서는 160[MB/s]라는 빠른 전송이 가능하다(표 4-4).

SCSI는 일반적인 머더보드에 탑재되어 있지 않으므로, 목적에 맞는 SCSI를 머더보드에 설치할 필요가 있다. SCSI 타입의 기기는 그 종류가 풍부하여 CD-ROM 드라이브, MO 드라이브, 스캐너, CD-R 드라이브 등이 있다. 특히 SCSI에 CD-ROM 드라이브와 CD-R 드라이브를 한 조로 묶어 연결하여 CD에서 CD-R로 데이터를 복사할 경우에는 안정된 복사가 가능하다.

SCSI는 데이지 체인(daisy chain)으로 연결하여 내장기기와 외부기기를 합해 최대 7대의 기기를 접속할 수 있다. 또한, 각 기기에 SCSI-ID라는 기기번호를 할당하여 ID가 중복되지 않도록 한다. SCSI 연결의 마지막 기기에는 터미네이터라는 종단 저항기를 접속하여 종단까지 도달한 전기신호의 반사를 방지한다. 최근의 기기에서는 DIP 스위치로 간단히 설정할 수 있게 되어 있다(그림 4-12).

또한, 기준에 패러럴 SCSI라고 하던 것이 최근에는 데이터 폭을 이제까지의 8비트에서 1비트로 좁힌 시리얼 SCSI가 계속 주류가 되고 있다. 주로 디지털 카메라와 디지털 오디오 등에 사용되는 IEEE1394와 Fire Wire, i.LINK가 유명하다.

표 4-4 SCSI의 규격

규격		최대 전송속도 [MB/s]	버스 폭[비트]	대수	핀수
SCSI-1	SCSI	5	8	8	50
SCSI-2	Fast SCSI	10	8	8	50
	Wide SCSI	20	16	16	50/68
SCSI-3	Ultra SCSI	20	8	8	50
	Ultra Wide SCSI	40	16	16	68
	Ultra2 LVD SCSI	80	16	8	68
	Ultra 160/m SCSI	160	32	16	68

그림 4-12 SCSI의 접속

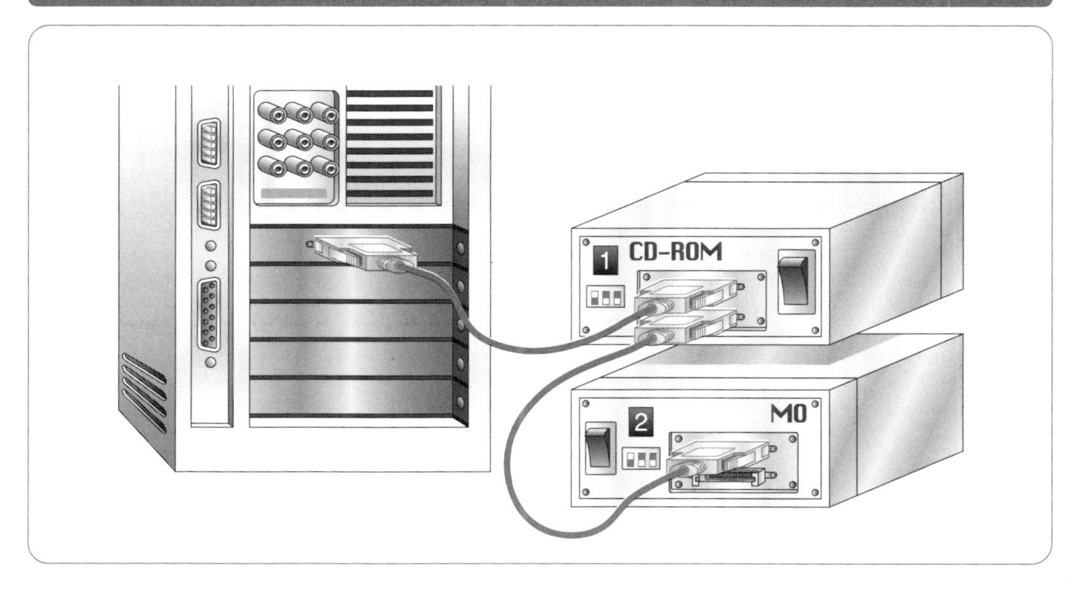

10 표준 인터페이스 … RS-232C

RS-232C는 미국전자공업회(EIA)의 규격명이며, 퍼스널 컴퓨터 등의 직렬전송(시리얼 전송)을 위한 표준 인터페이스이다.

원래 RS-232C는 Recommended Standard 232 revision C라는 시리얼 인터페이스 규격에 준거하고 있는 것으로, 미국전화통신회사(AT & T)와 벨연구소의 모뎀을 접속하기 위해 규정된 것이다. 하지만, 현재에는 다양한 통신용도로 사용되고 있다. 모뎀, 스캐너, 퍼스널 컴퓨터 간의 접속, 휴대폰과의 정보교환, 디지털 카메라의 데이터 전송, 오디오 등의 각 기기를 제어할 수 있다(그림 4-13).

퍼스널 컴퓨터에는 표준 인터페이스로서 시리얼 포트 또는 COM 포트(COM 1, COM 2)라는 2개의 포트가 내장되어 있다. 시리얼 전송방식은 그림 4-14와 같이 전송하는 데이터를 1비트씩 직렬로 하여 전송하는 방식이다. 하지만, 데이터를 전송하기 위해서 직렬 데이터로 분해하거나 조합해야 하기 때문에 회로는 다소 복잡해지게 된다.

RS-232C 회로는 디지털 회로와 컴퓨터에서 사용하는 전압인 0[V] 또는 5[V]의 시리얼 신호를 5~15[V]의 전압으로 변화하여 통신하는 방법이다.

인터넷에서 아날로그 전화회선을 이용해 프로바이더의 서버에 액세스할 경우 컴퓨터에서 RS-232C 인터페이스를 경유하여 모뎀에 의해 컴퓨터의 데이터 신호가 변조되어 전송된다.

RS-232C 인터페이스는 페러럴보다 느리지만, 115.2[kbps]까지 통신할 수 있도록 되어 있다. 또한, 케이블 길이도 15[m]까지 연장할 수 있고 구조도 간단하므로, 프로그램을 즐기면서 통신하는 사람이 많은 것 같다.

그림 4-13 RS-232C 인터페이스

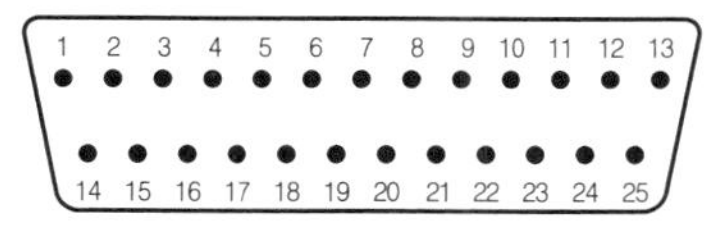

D-SUB 25핀

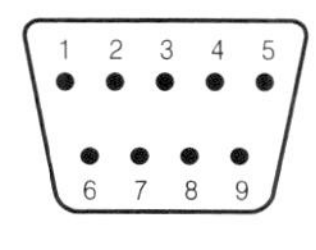

D-SUB 9핀

(a) RS-232C 커넥터의 핀 할당

핀 번호		기호명	명칭
D-SUB 9핀	D-SUB 25핀		
	1		보안용 접지
3	2	TxD	송신 데이터
2	3	RxD	수신 데이터
7	4	RTS	송신요구
8	5	CTS	수신가능
6	6	DSR	데이터 세트 준비
5	7	SG	신호용 접지
1	8	DCD	데이터 채널 수신 캐리어 검출
4	20	DTR	데이터 말단 준비
9	22	RI	피고표시

(b) RS-232C 커넥터의 데이터 신호명

그림 4-14 시리얼 전송

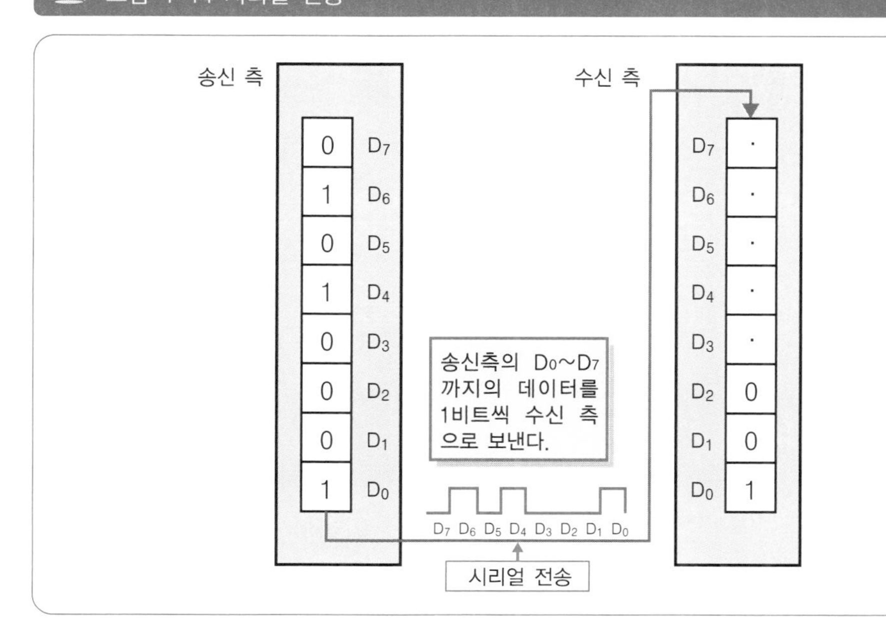

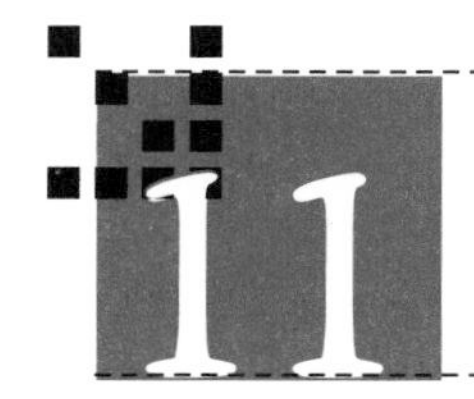

컴퓨터의 표준 버스 … PCI 버스

PCI 버스는 Peripheral Component Interconnect bus의 줄임말로, 인텔사가 1992년에 제창한 컴퓨터 32비트의 표준 버스이다.

PCI 버스는 컴퓨터의 내부 버스 규격으로 그림 4-15와 같이 CPU와 버스를 직렬접속하지 않고, 브리지 회로라는 서로 다른 신호를 변환하는 회로를 중간에 두고 있다. 컴퓨터 보드의 개발비용 등을 내리기 위해 어드레스 선과 데이터 선을 멀티플렉스(다중)로 한 구성으로 되어 있다. 다시 말해, PCI는 어드레스와 데이터 신호를 한 줄로 하여 시분할(時分割)로 출력하기 때문에 유효선수가 적게 든다는 특징을 가지고 있다.

또한, 메모리 컨트롤 기능을 가지고 있기 때문에 CPU로부터 직접명령을 받을 수는 없지만, CPU와 주기억 메모리 사이 및 주변 컨트롤러 사이에서 독립적으로 데이터를 전송할 수 있기 때문에 빠른 전송이 가능하다. 이런 가운데 현재는 퍼스널 컴퓨터의 버스는 거의 PCI 버스로 바뀌었다. 그림 4-16은 PCI 카드의 모습이다. 보드의 종류도 SCSI 카드, 모뎀 카드, LAN 카드, 비디오 캡쳐 카드, 비디오 카드 등 다양한 종류가 판매되고 있다. PCI 버스는 CPU에 의존하지 않기 때문에 DOS/V 머신이나 Macintosh 등에서도 호환 보드가 있다.

PCI 버스의 버스 폭은 표 4-5와 같이 32비트, 33[MHz] 클록으로 동작하며 전송속도가 133[MB/s]이지만, 버스 폭을 64비트, 클록을 66[MB/s], 데이터 전송속도를 533[MB/s]로 한 고속 PCI 카드가 주로 사용되게 되었다.

1996년에는 비디오 표시회로용 인터페이스 카드로서 PCI 버스에서 독립된 전용 버스인 AGP(Accelerated Graphics Port)가 나와 대량의 영상 데이터 전송에 대응하고 있다. 또한, 메인 메모리에 버퍼 등을 두어 고품위의 3D 그래픽을 표현할 수 있다. 이렇게 PCI 버스는 계속 진화하고 있다.

그림 4-15 PCI 버스의 시스템도

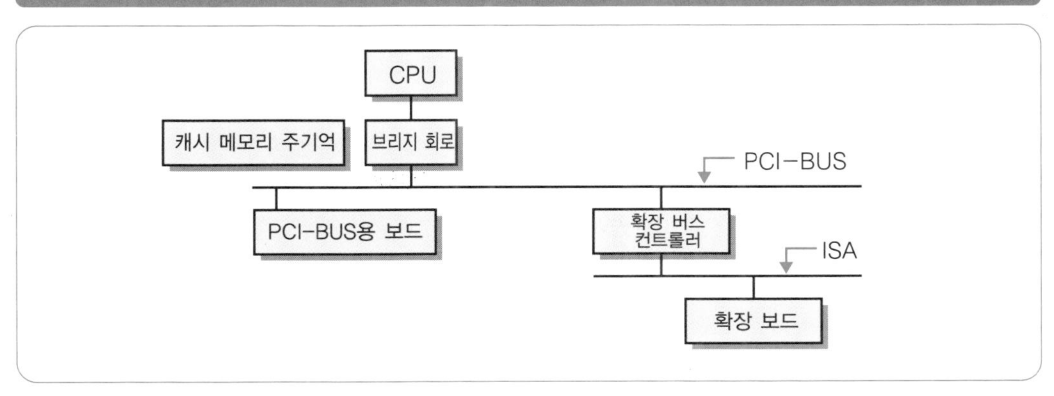

그림 4-16 PCI 카드

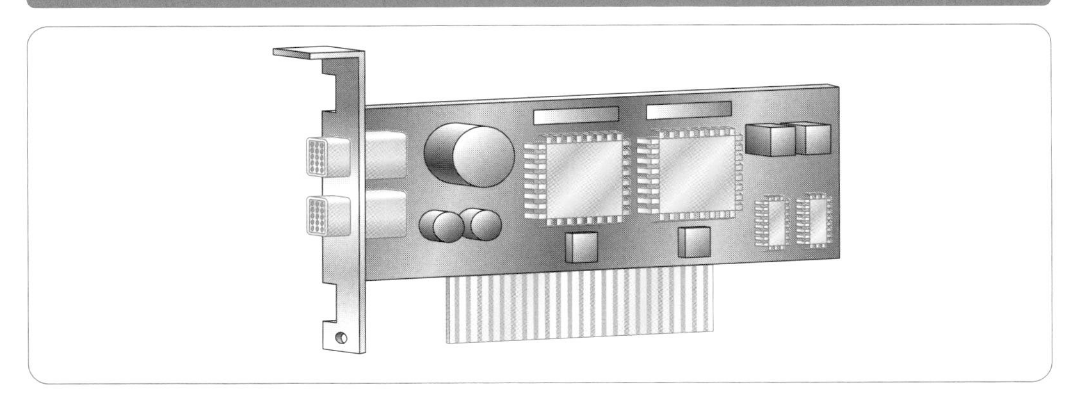

표 4-5 버스와 전송속도

PCI 버스		
버스 폭[비트]	32	64
클록[MHz]	33	66
데이터 전송속도[MB/s]	133	533

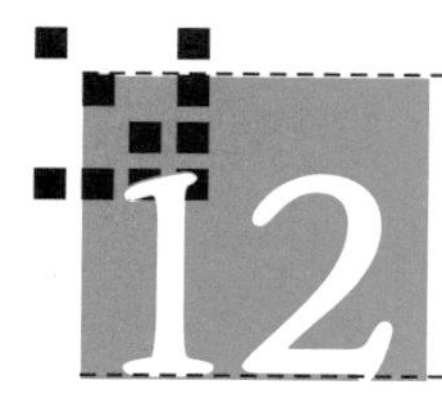

12 아날로그화 … D/A 변환회로

D/A 변환이란 디지털 신호를 아날로그 신호로 변환하는 것을 말한다. D/A 변환회로는 그림 4-17과 같은 블록으로 나누어 보면, 디지털을 아날로그로 만드는 D/A 변환과 파형을 깨끗하게 정형하는 재생 필터, 그리고 후치 필터로 구성되어 있다. 예를 들어 오디오의 소리는 아날로그 신호이기 때문에 디지털 오디오(CD·MD 등)를 직접 들을 수 없다. 그렇기 때문에 D/A 변환회로를 거쳐 신호를 변환한 후 증폭한다. 스피커와 이어폰, 헤드폰 등에서 나오는 소리는 아날로그 신호이다.

D/A 변환은 부호화된 "0"과 "1"의 디지털 신호를 어떤 특정 비트의 주기마다 재생하고, 불연속적인 아날로그 신호의 진폭 순간 값인 임펄스 열(列)로 변환한다.

재생 필터는 불연속인 임펄스 열을 일정 레벨로 유지하도록 스텝 펄스로 변환하여 연속 파형으로 만들고, 아날로그 신호가 부드러운 연속신호가 되도록 한다.

후치 필터는 저역 필터를 사용하여 매끄러운 아날로그 신호를 출력한다.

그림 4-18은 D/A 변환의 기본회로이다. 저항기가 사다리 모양으로 짜인 형태를 하고 있어 사다리 회로라고 한다. 디지털 입력을 D_0~D_3의 사다리 회로에서 아날로그 전압으로 변환한다. 스위치 SW에 의해 "1"의 디지털 양일 때는 스위치를 V_{cc} 측으로 전환한다. "0"의 디지털 양일 때는 스위치를 GND 측으로 전환한다. 각 비트 "0", "1"의 조합이 설정되면 그 2진수가 아날로그로 변환되고, 아날로그 출력전압이 전압계에 표시된다. 이 사다리 회로는 저항기로 구성되어 있기 때문에 R과 $2R$ 값의 저항비에 따라 정밀도가 크게 달라진다.

그림 4-17 D/A 변환회로의 블록도

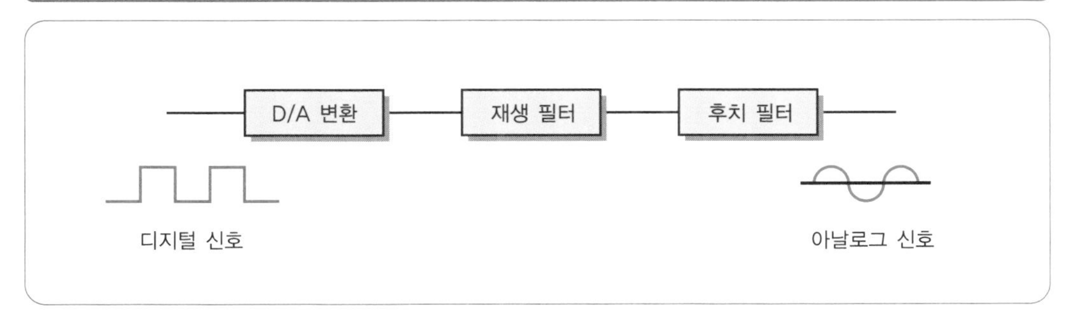

그림 4-18 사다리 회로에 의한 D/A 변환회로

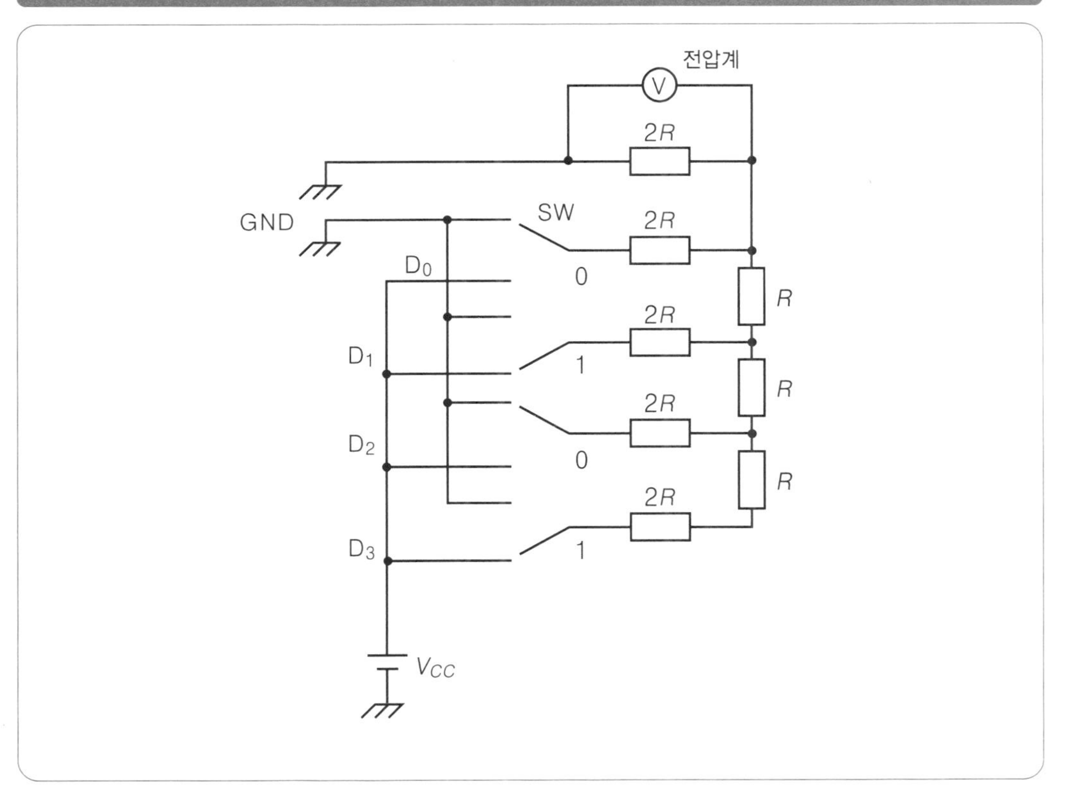

13 신호의 변환 … 인코더와 디코더

인코더는 부호기를 말하며, 인코딩이란 부호화를 말한다. 인코딩은 문자와 숫자 등을 "0"과 "1"의 디지털 부호로 변환한다. 컴퓨터 등에서 나타내는 디지털 부호는 반각문자, 대문자, 소문자를 ASCII 코드로 나타낸 것이 8bit이며, 한자와 일본어를 SHIFT-JIS 코드로 나타낸 것이 16bit이다. 이렇게 컴퓨터 같은 디지털 회로에서는 데이터를 2진수로 다룬다.

이해를 돕기 위해 그림 4-19와 같은 인코더에서 10진수를 2진수로 변환해 보자. 10까지의 수는 2진수로 나타내면 4bit까지 변환할 수 있기 때문에 OR 회로 4개를 나란히 배선한 것이다. 입력으로 8개의 단자가 있고, 1~9 가운데 하나를 골라 "1"을 더하면 2진수가 출력된다. 예를 들어 "5"에 논리기호 "H", "I"를 더하면 $2^0=1$, $2^1=0$, $2^2=1$, $2^3=0$이 나타나고 5는 0101이 된다.

디코더는 복호기를 말하며, 디코딩이란 복호화하는 것을 말한다. 그림 4-20에서 알 수 있듯이 디지털 부호 "0", "1"을 원래의 문자와 숫자로 되돌리는 일이다. 예를 들면 0101은 2^0, 2^1, 2^2, 2^3의 각 자리에 1010을 할당하면 출력되는 것은 5이다. 인코더의 역동작을 하는 회로이다.

가까운 예로 위성방송 등과 같이 소위 스크램블이 걸린 화면들이 있는데, 디코더가 있으면 원래의 화면으로 되돌릴 수 있다.

그림 4-19 인코더(10진수 → 2진수)

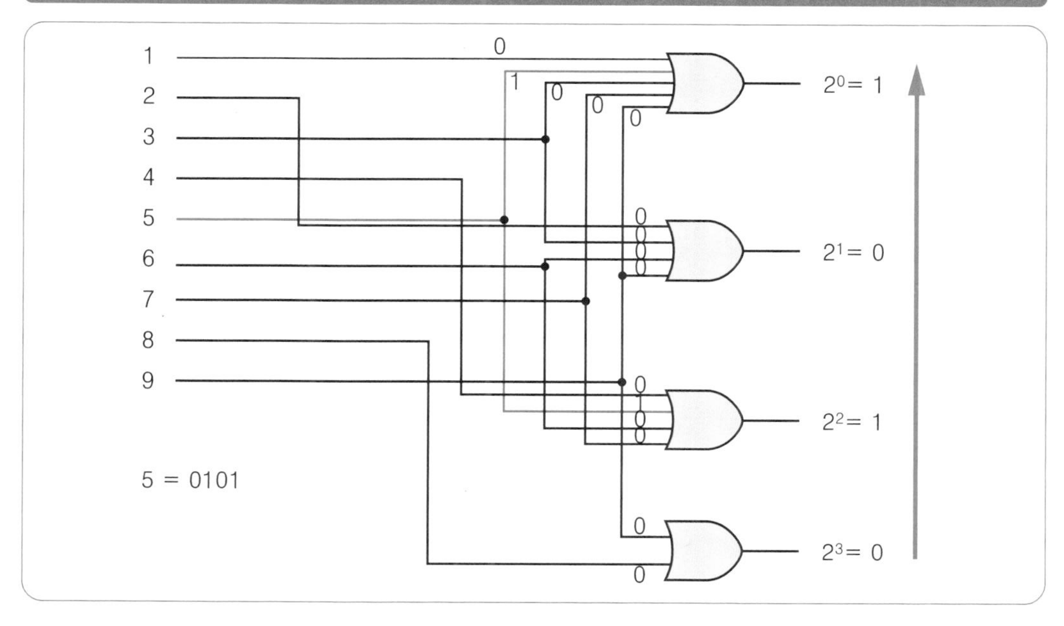

그림 4-20 디코더(2진수 → 10진수)

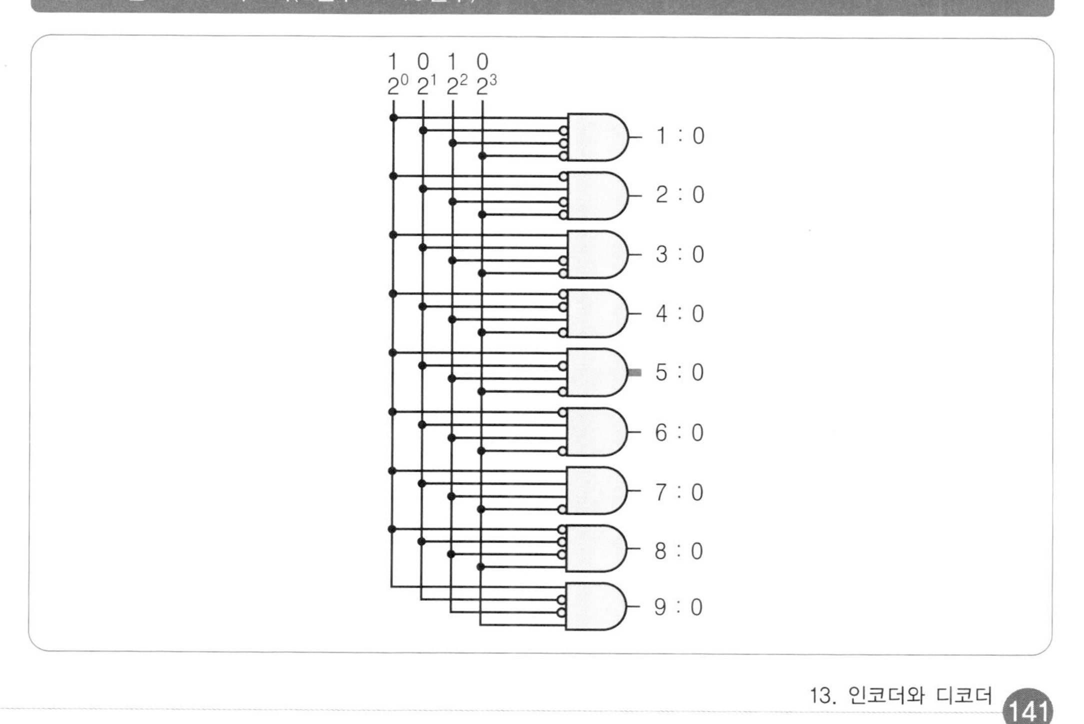

쉬어가기

제5장 전자공작을 위한 지식

1 전자공작의 기본도구 … 공구
2 간단접속 … 와이어 래핑
3 효과적으로 납땜하기! … 납땜기법
4 도전해 보자! … 전자공작을 하는 방법
5 진단 닥터 … 테스터
6 안정화 전원의 기본 IC … 3단자 레귤레이터
7 점멸전환을 할 수 있다 … 점멸 램프
8 숫자가 나온다 … 전자 주사위
9 3분 컵라면 알리미 … 타이머

01 전자공작의 기본도구 … 공구

공구는 전자공작과 전자기기 등의 수리에 사용한다. 그림 5-1과 같이 기본적으로 갖추어야할 공구는 십자·일자 드라이버, 라디오 펜치, 니퍼, 그리고 인두, 테스터, 커터 등이다.

십자 드라이버는 십자 너트를 풀거나 조이는 도구이다. 드라이버는 지름에 맞추어서 선택하는 방법과 쥐는 방법이 있다. 선택방법은 너트의 직경과 드라이버의 끝 부근이 맞는 것을 고르고, 너트 머리의 홈과 딱 맞아야 하는 것이 중요하다. 드라이버를 쥐는 방법은 그림 5-2와 같이 너트의 지름이 작을 때는 드라이버의 끝에 손가락을 대고, 드라이버의 축을 잡고 조이기 시작한다. 조일 때는 드라이버의 손잡이 부분(그립 부)을 손가락으로 돌린다. 너트의 지름이 클 때는 손바닥으로 드라이버의 손잡이를 꽉 쥐고 힘주어 돌린다. 더 큰 힘을 주어야 할 경우 드라이버가 너트에서 벗어나게 되면 위험하므로 한 손으로 드라이버의 축을 가볍게 누르면서 다른 한 손으로 손잡이를 옆으로 쥐고 힘주어 돌린다. 또한, 강한 힘을 너트에 주기 쉽도록 손잡이가 큰 전기공작용 드라이버도 있다.

라디오 펜치(롱노즈 플라이어)는 라디오 등의 좁은 케이스 내에서 배선을 할 때 사용되기 때문에 이 명칭으로 불리고 있다. 전선을 자를 때는 받침점으로부터의 거리를 짧게 하기 위해 가능한 한 칼날 부분의 밑동에 넣고 강하게 쥐면 절단된다. 전선을 굽힐 때는 그림 5-3과 같이 전선을 라디오 펜치의 부리 부분에 물려 펜치를 쥔 손을 비틀어 굽힌다. 또한, 납땜을 할 때 트랜지스터와 다이오드 등에 열을 너무 가하면 파손되기 때문에 소자의 리드선 부분을 라디오 펜치로 쥐고 라디오 펜치 전체로 방열작용시킨다.

니퍼는 그림 5-4처럼 선재를 자르는 전문 공구이다. 칼날에 도려낸 부분이 있는 것은 절연전선의 피복만을 자를 수 있다. 니퍼의 날은 경사가 져 있어 손에 쥐고 전선을 자르는 데 적합한 각도를 하고 있다.

그림 5-1 플러스 드라이버, 라디오 펜치, 니퍼

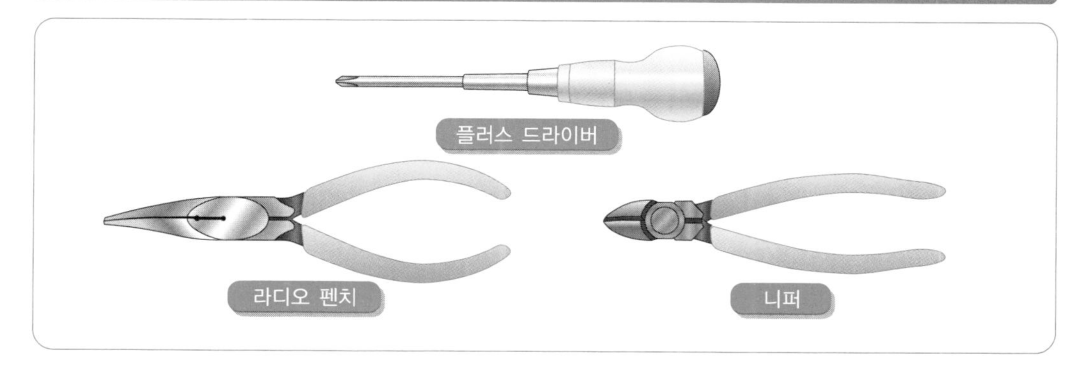

그림 5-2 드라이버를 쥐는 방법

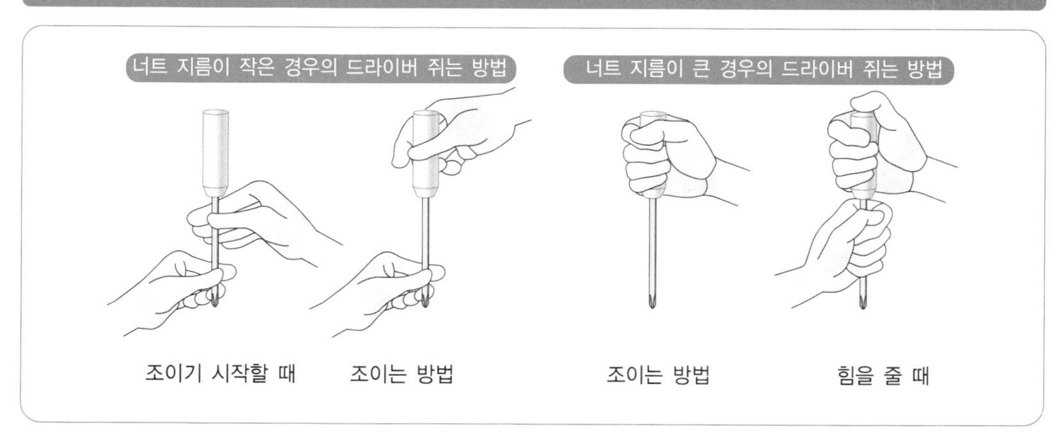

그림 5-3 라디오 펜치의 작업

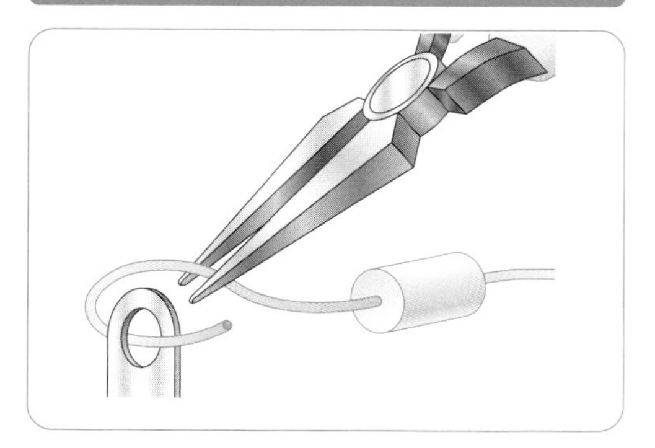

그림 5-4 니퍼의 작업

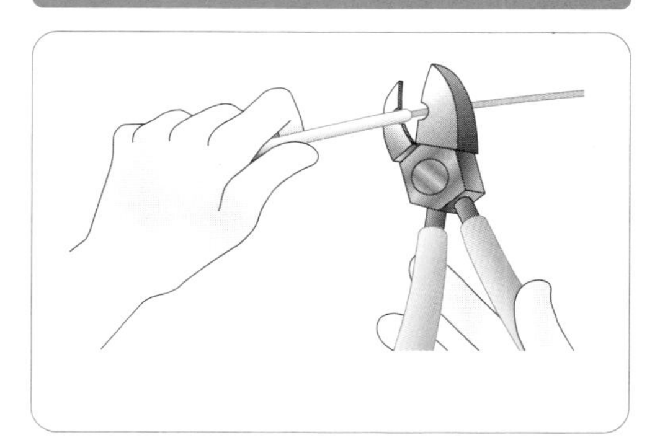

02 간단접속 … 와이어 래핑

와이어 래핑 접속은 납땜을 하지 않는 접속방법이라고도 하는데, 단자에 피복을 벗긴 단선을 단자 끝에 나선 모양으로 감아 연결하는 접속방법이다.

와이어 래핑은 압력접속의 일종으로, 납땜을 할 수 없는 부분이나 전자회로의 테스트용에 적합한 접속방법이다. 이 접속방법은 기기의 고밀도화와 작업효율의 향상, 높은 신뢰성으로 전자회로와 전자기기 분야에서 널리 이용되고 있다.

와이어 래핑 방법은 압착접속에 의한 연결이 아니라 단자의 각 부분에 전선을 감아서 그림 5-5와 같이 모서리에 꽉 조여들게 한다. 그렇기 때문에 단자에 각진 부분이 2곳 이상 없으면 미끄러져 빠져 버린다. 좋은 래핑 방법과 나쁜 방법을 그림 5-6에 나타냈다.

래핑 작업은 비트라는 장치를 사용한다. 그때 스트랩퍼 길이(전선을 감는 길이)가 1[cm]라면 일반적으로 6~7회 감아야 하며 와이어의 피복부를 1회, 피복을 벗긴 부분을 5~6회 정도 감으면 된다.

와이어 래핑 접속의 특징은 아래와 같이 정리할 수 있다.

① 와이어 래핑의 직경이 작기 때문에 단자간격이 좁은 곳에서도 전선을 접속할 수 있다. 또한, 고밀도 배선이나 기기의 소형화가 가능하다.

② 열처리를 하지 않으므로 전선의 피복을 손상하거나 부품의 파손, 열에 의한 화학변화, 부식이 없다.

③ 단선(單線)을 사용하기 때문에 가격이 싸며, 꼬임연결보다도 단선(斷線)이 적다.

④ 연결을 간단히 제거할 수 있다.

그림 5-5 접속 단면도

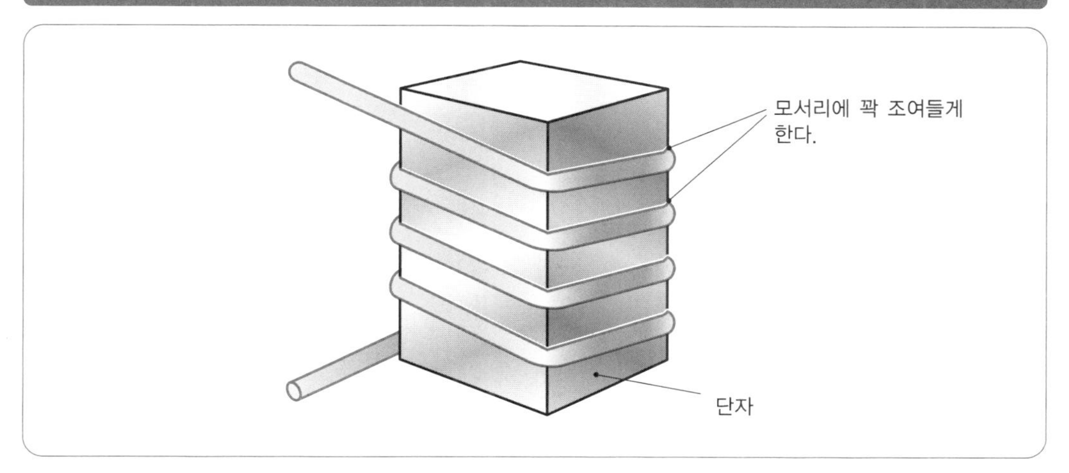

그림 5-6 래핑하는 법

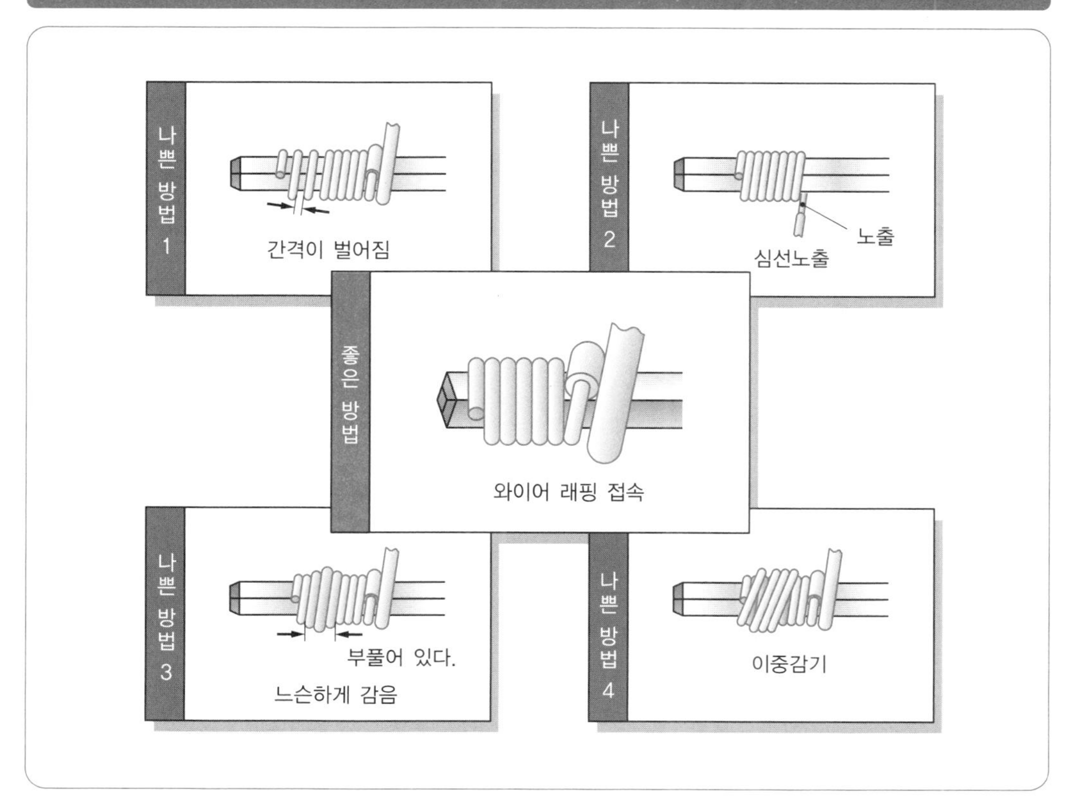

3 효과적으로 납땜하기! … 납땜기법

납땜 작업은 동이나 철, 함석 등의 금속을 서로 연결하는 작업을 말한다.

땜납은 주석과 납 등의 합금으로 되어 있고, 200~250[℃]에서 녹는다. 전자공작 등에서는 그림 5-7과 같이 땜납 한 가운데 플럭스(flux : paste)가 들어 있는 것이 주로 사용되는데, 인두로 녹이면 땜납과 플럭스가 함께 녹아내린다. 이 플럭스는 납땜을 할 때 땜납의 흐름을 좋게 하는 작용이 있다.

인두기는 열용량과 형상을 주의하여 선택해야 한다. IC 칩 등 세밀한 부품을 납땜하기 위해서는 그림 5-8과 같이 10[W] 정도의 것이 좋고 커넥터나 전선의 연결에는 40[W] 정도면 충분하다. 너무 크면 열에 의해 부품이 파손되거나 고장을 일으키는 원인이 된다. 인두 끝의 팁의 재질과 형상, 표면처리 등도 신뢰성과 작업성에 크게 영향을 미친다. 사용할 때는 팁의 형상과 와트 수 등 목적에 맞는 것을 사용한다.

납땜의 기본 작업은 그림 5-9와 같이 기본적으로 5개의 동작에 의해 수행한다.

① **준비** : 접합할 부분을 깨끗이 한다. 인두 끝과 인두로 접합할 부분을 확인한다.
② **가열** : 접합할 부분의 양쪽에 인두 끝을 대고 가열한다.
③ **땜납 공급** : 땜납을 납땜할 부분에 적당량 녹인다.
④ **땜납을 뗀다** : 적당량의 땜납이 녹으면 땜납을 인두에서 뗀다.
⑤ **인두를 뗀다** : 땜납이 펴지면 재빨리 인두를 뗀다.

이상과 같이 작업을 하면 납땜을 깨끗하게 완성할 수 있다. 기판에 부품을 장착할 경우 기본적으로 부품을 기판에 밀착시킨다. 하지만, 발열이 많은 부품이나 납땜 시의 열에 의해 파손되기 쉬운 것은 조금 사이를 띄워서 장착해야 한다. 리드 선은 45° 각도로 접어 구부려 다음 그림과 같은 방향으로 한다.

그림 5-7 땜납의 구조

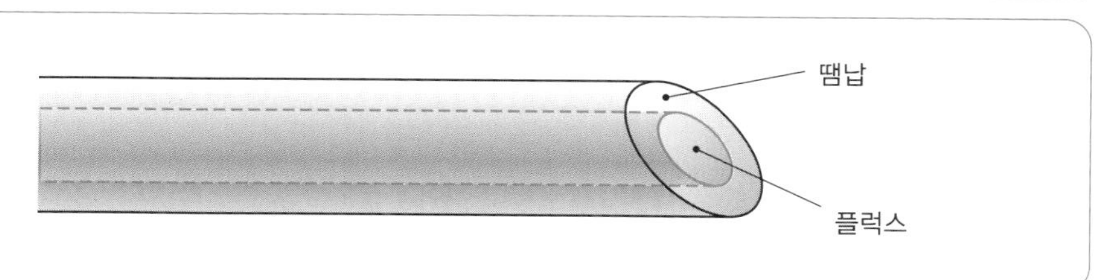

그림 5-8 인두의 와트 수

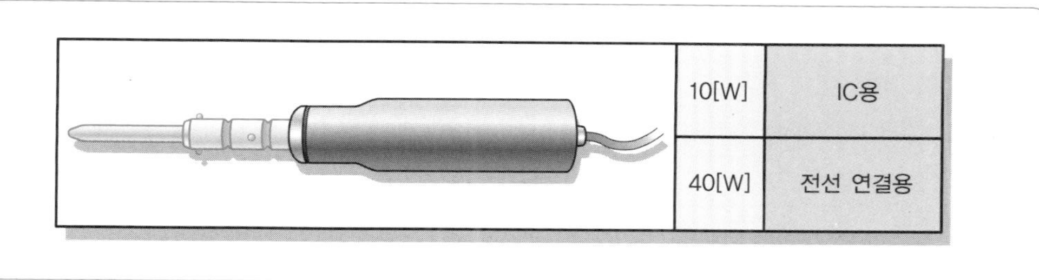

그림 5-9 납땜의 기본 작업

작업	1	2	3	4	5
	준비	가열	땜납 공급	땜납을 뗀다.	인두를 뗀다.
작업도					

도전해 보자! … 전자공작을 하는 방법

오른쪽 페이지에 보이는 구멍이 뚫린 기판을 만능기판이라고 한다. 만능기판은 전자회로의 테스트용이나 보다 빠르게 회로 등을 만들어 보고 싶을 때 편리하다. 크기와 종류가 다양하여 공작할 대상을 고려해 선택해야 한다. 부품의 장착과 배선은 아래 순서대로 한다.

① **회로도로부터 실제 배선도** : 회로도는 실제 회로보다도 크거나 작다. 또한, 부품단자가 실제와 다른 경우도 있고, 부품의 극성도 존재하기 때문에 그림 5-10과 같이 회로도를 바탕으로 부품에 맞도록 실제 배선도를 작성한다.

② **부품의 임시 배치** : 실제 배선도가 완성되면 그림 5-11과 같이 만능기판에 부품을 끼워 본다. 부품의 리드 선이 굵거나 사각이거나 또는 부품에 따라서는 특수한 장착 방법이 있을 수 있다. 장착할 수 없는 것이 있다면 기판을 조정하고 가공한다. 또한, 부품의 극성 (+), (−)에 충분히 주의한다.

③ **기판의 조정과 가공** : 임시 배치한 부품이 만능기판에 끼워지지 않을 때는 끼워지지 않는 부품에 맞게 줄이나 드릴 등으로 구멍을 넓혀 부품이 들어가도록 가공한다.

④ **부품의 장착** : 부품을 장착할 때는 기본적으로 작은 부품과 열에 약하지 않은 부품을 먼저 장착한다. 일일이 장착하면서 바로 납땜을 하는 사람도 있고, 모든 부품을 장착하고 나서 납땜을 하는 사람도 있는데, 자기가 납땜하기 편한 쪽을 선택하면 된다.

⑤ **배선** : 그림 5-13과 같이 기판의 뒷면에서 부품과 부품의 사이를 리드선이나 도금선으로 연결하고 납땜을 한다.

⑥ **배선의 확인** : 납땜을 마친 기판을 확인한다. 특히 전원 주변을 잘 살피지 않으면 잘못된 배선이나 납땜 불량에 의해 부품이 타버리거나 손상되는 경우가 있으므로 주의해야 한다.

그림 5-10 회로도를 바탕으로 실제 배선도 만들기

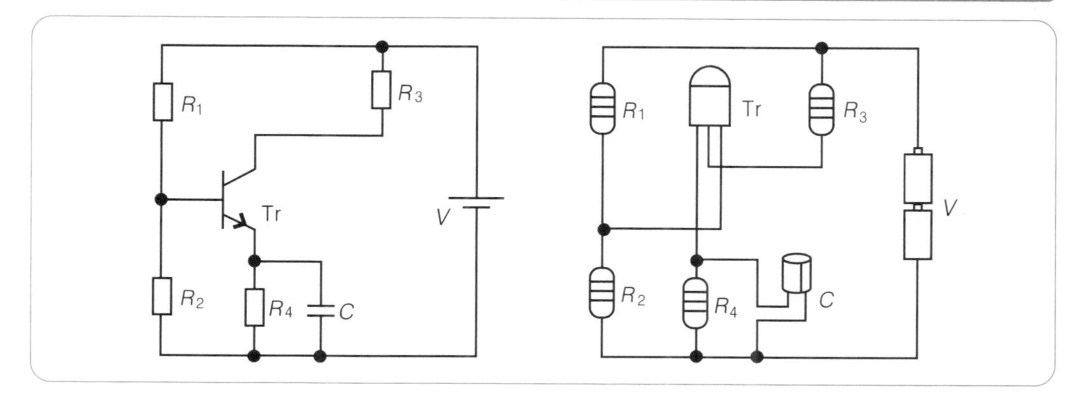

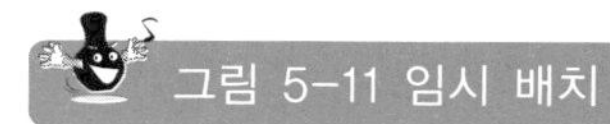

그림 5-11 임시 배치

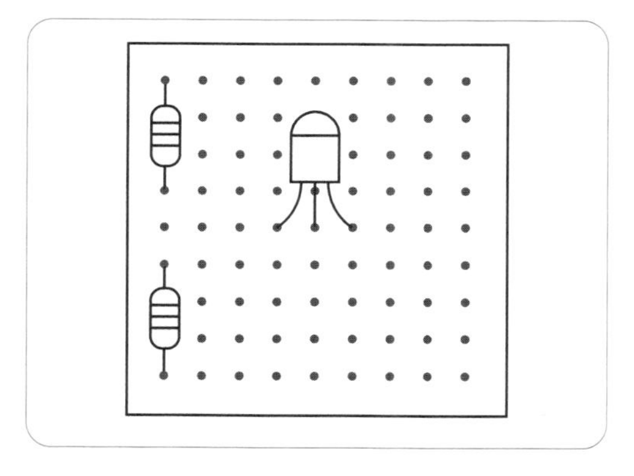

그림 5-12 필요에 의해 구멍을 가공

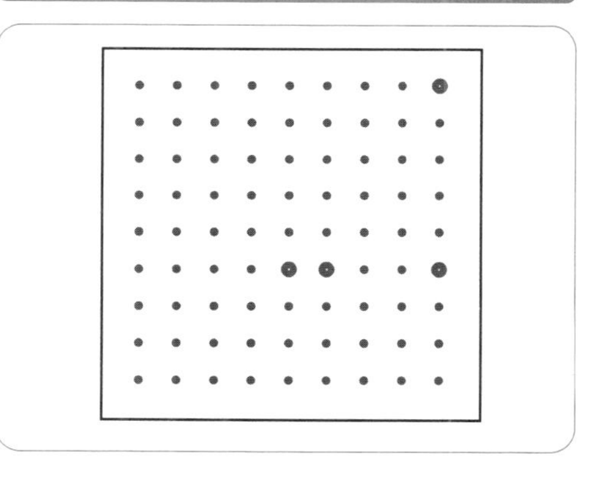

그림 5-13 뒷면의 배선

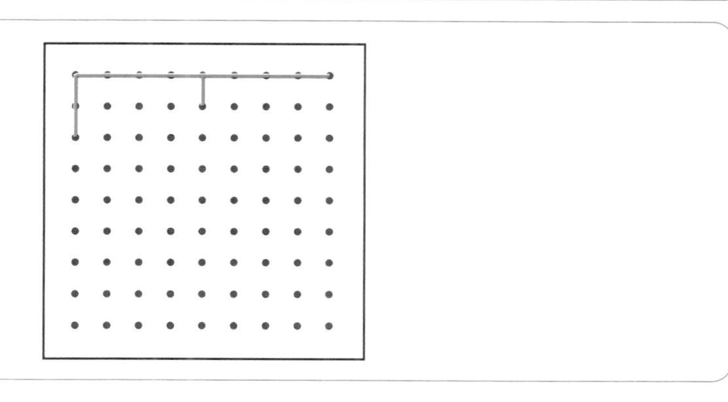

05 진단 닥터 … 테스터

테스터란 서킷 테스터를 말하며, 회로계를 의미한다. 테스터는 계측기기 중에서도 가장 일반적으로 사용되는 기기로, 도통시험이나 부품 체크, 전압과 전류의 측정에 자주 사용된다.

테스터의 기본기능은 직류전압, 직류전류, 교류전압, 저항의 측정 등이며, 고급 테스터에는 다양한 옵션 기능이 들어 있는 것이 많다.

■ 테스터의 측정 준비 : 테스터를 사용할 때 확인한다.

① 테스터를 수평인 장소에 놓는다.
② 테스트의 미터 지침이 0이 되어 있는지 확인한다.
③ 테스터 봉의 적색 봉을 테스터의 +(플러스) 단자에, 흑색 봉을 -(마이너스) 단자에 연결한다.
④ 로터 스위치를 측정할 레인지로 전환한다. 이때 레인지는 큰 값을 선택하여 테스터의 고장원인이 되지 않도록 주의한다.
⑤ 측정 중에는 레인지를 돌리지 않도록 한다.

■ 직류전압의 측정 : 그림 5-14와 같이 테스터 봉의 적색 봉은 +(플러스) 단자, 흑색 봉은 -(마이너스) 단자에 연결한다.

■ 직류전류의 측정 : 그림 5-15와 같이 전류와 부하(전기를 소비하는 곳) 사이에 테스터를 직렬로 연결한다. 측정범위에 세심한 주의를 기울여야 한다.

■ 교류전압의 측정 : 그림 5-16과 같이 교류는 시간에 따라 극성이 변하므로, 테스터 봉의 극성은 특별히 고려하지 않아도 된다.

■ 저항의 측정 : 그림 5-17과 같이 저항 레인지에 맞게 테스터 봉을 단락(쇼트)시켜 지침을 0[Ω]에 맞도록 조정한다. 이때 테스터의 + 단자에는 (-)전압, - 단자에는 (+)전압을 건다.

그림 5-14 직류전압의 측정

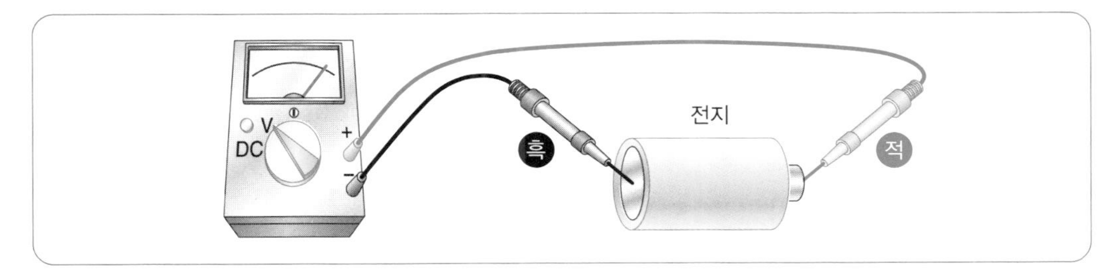

그림 5-15 직류전류의 측정

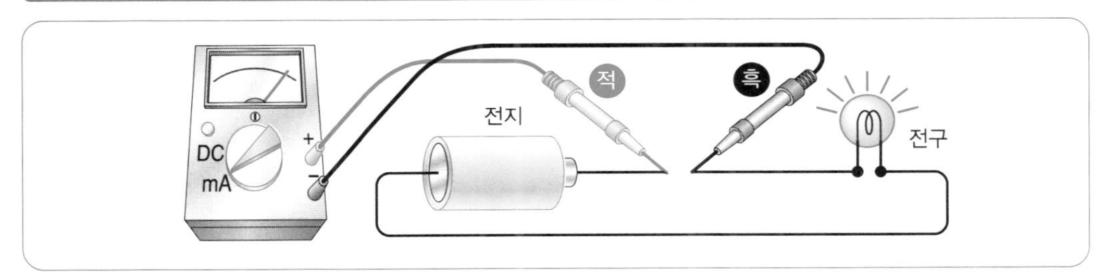

그림 5-16 교류전압의 측정

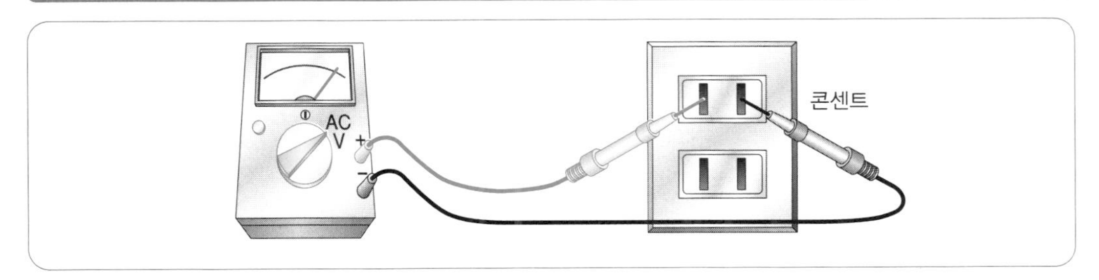

그림 5-17 저항의 측정

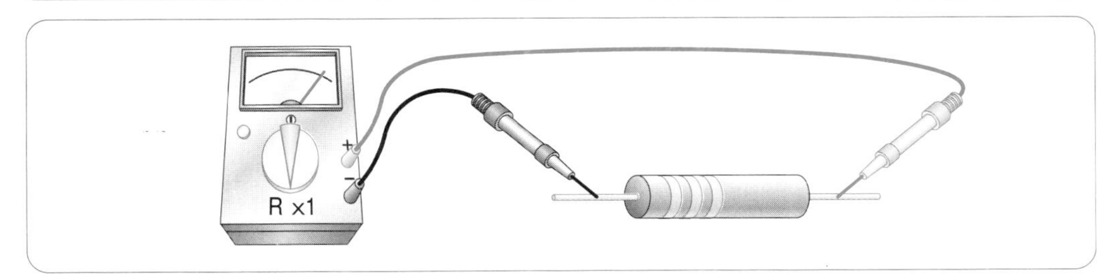

안정화 전원의 기본 IC … 3단자 레귤레이터

3단자 레귤레이터는 단자가 3개 있기 때문에 3단자라고 하며, 외장부품이 적어서 간단하게 전압을 안정화할 수 있는 IC이다. 그림 5-18과 같이 3단자 레귤레이터는 정전원용(正電源用)과 부전원용(負電源用)이 있으며 78xx가 정전원용이고, 79xx가 부전원용으로 되어 있다. 최대 1[A]의 전류를 흘려보낼 수 있다.

그림 5-19는 정전원용과 부전원용의 실제 기본적인 회로도이다. 그림 5-20은 3단자 레귤레이터로 IC에 7805를 사용하고 있다. 그렇기 때문에 출력은 5[V] 정전원이 된다. 콘덴서 C_1은 발진 방지용이며, C_2는 레귤레이터의 출력 개선용으로 사용한다. C_1과 C_2의 값은 1~100[μF] 정도를 사용한다.

입력은 출력보다 최저 2.5[V] 이상 높은 전압을 가한다. 이번에 제작한 것은 5[V]이기 때문에 7.5[V] 이상으로 한다. 내압성능은 24[V] 타입에서는 45[V], 그 이하는 35[V]의 전압을 가할 수 있다. 단, 전압이 높으면 모두 열에 의해 방출해 버려 소용없으므로, 너무 높지 않도록 한다. 또한, 여분의 전압은 모두 열이 되기 때문에 방열기를 달지 않으면 3단자 레귤레이터는 소손되므로 에너지 효율을 고려하여 입력전압과 출력전압의 차이가 나지 않도록 한다.

다른 3단자 레귤레이터로는 78Mxx, 0.5[A] 타입과 78Nxx, 0.3[A] 타입, 78Lxx, 0.1[A] 타입 등이 있다. 또한, 3단자 레귤레이터 중에는 가변전압에 대응이 가능한 것도 있다.

■ 부품 리스트

IC	3단자 레귤레이터	7805×1개
C_1	전해 콘덴서	22[μF]×1개
C_2	전해 콘덴서	100[μF]×1개
방열기		1개

그림 5-18 3단자 레귤레이터

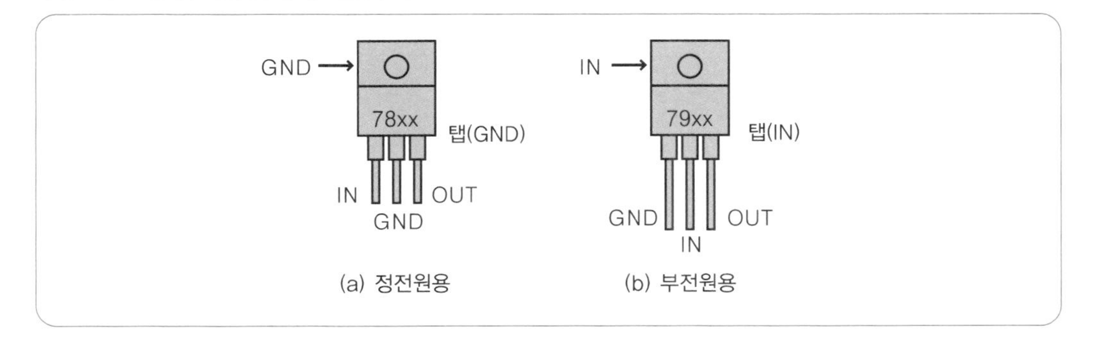

(a) 정전원용 (b) 부전원용

그림 5-19 3단자 레귤레이터 회로도

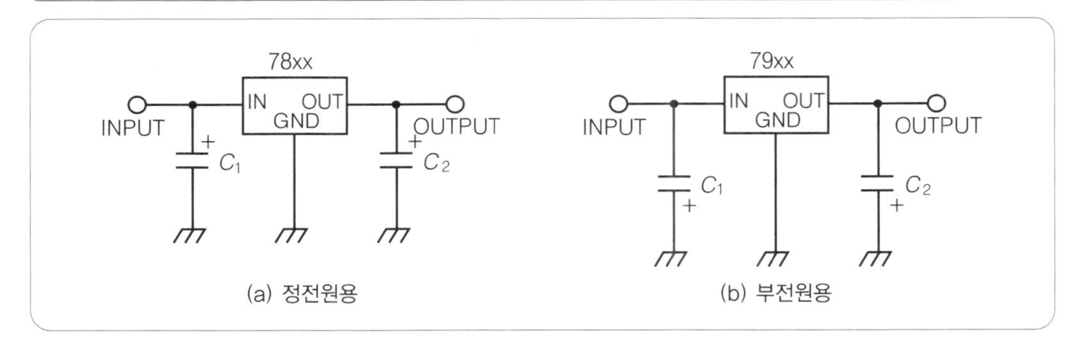

(a) 정전원용 (b) 부전원용

그림 5-20 완성도

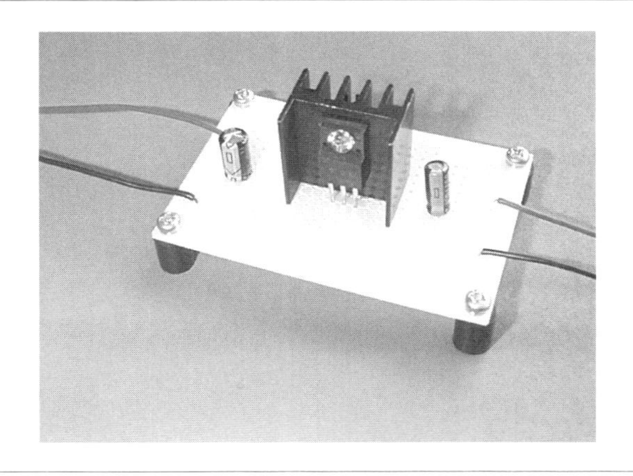

점멸전환을 할 수 있다 … 점멸 램프

발광 다이오드(LED)를 사용하여 그림 5-21과 같이 반짝반짝 빛을 내는 램프를 제작한다. 회로도는 그림 5-22이다. 이 점멸 램프는 스위치를 전환함으로써 점멸하는 램프의 빛을 내는 순서를 바꿀 수 있다.

점멸 램프는 1출력 2입력 4회로의 논리회로로 구성되어 있는 74HC00이라는 기본 C-MOS IC를 사용한다. 74CH00은 그림 5-23과 같은 구성이지만, 2입력의 NAND 회로의 입력을 각각 하나로 연결하여, NOT 회로를 4회로로 만든다.

동작하는 구조는 최초의 콘덴서 C에 전하가 축적되지 않은 상태에서 점멸 램프의 전원 스위치 SW_1을 넣으면 L_4의 LED에 전류가 흘러 점등한다. 그러면 콘덴서 C와 저항 R에 전류가 흐르고 C에 충전이 시작된다. 충전전압이 3[V] 가까이 되면 1, 2번 핀의 NAND 회로의 입력은 3[V]가 되고, 3번 핀의 출력이 0이 되어 L_4는 소등된다. 이때 4, 5번 핀의 NAND 회로의 전압은 0[V]이므로 6번 핀의 출력은 3[V]가 되고, L_3의 LED가 점등한다. 콘덴서 C가 방전상태가 되면 반대가 되기 때문에 켜져 있던 것이 꺼지고, 꺼져 있던 것이 켜진다. 이 순서에 의해 L_4, L_3, L_2, L_1의 점멸이 서로 교차된다.

전환 스위치 SW_2에 의해 점멸 패턴이 바뀐다. 콘덴서 C와 저항 값을 바꾸면 점멸하는 스피드가 변한다. 조립할 때는 L_1~L_4의 LED의 극성과 콘덴서 C의 극성 및 IC의 방향에 세심한 주의를 기울여야 한다.

■ 부품 리스트

IC 74HC00×1개

L_1, L_2 LED 녹색×2개

L_3, L_4 적색×2개

SW_1 ON · OFF 스위치×1개

SW_2 전환 스위치×1개

R 저항기 510[Ω]×1개

C 전해 콘덴서 470[μF]×1개

전지 단5× 2개

전지 케이스

그림 5-21 점멸 램프

그림 5-22 점멸 램프의 회로도

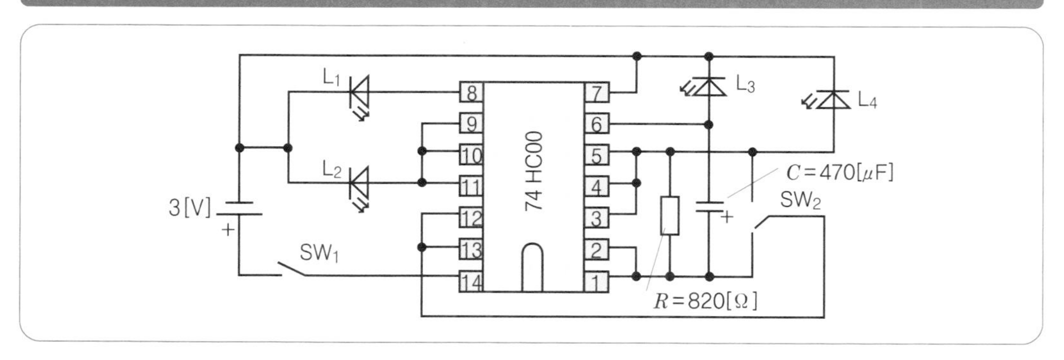

그림 5-23 74HC00의 내부 블록도

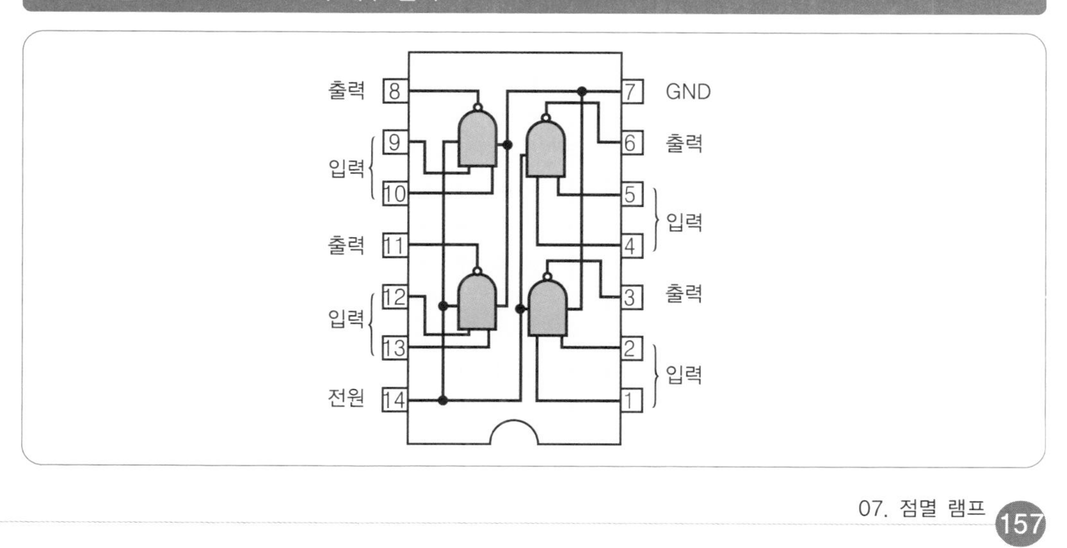

숫자가 나온다 … 전자 주사위

그림 5-24와 같이 0에서 9까지 10개의 눈을 가진 숫자를 표시하여, 주사위 게임이나 숫자 맞추기 퀴즈 등에 이용할 수 있는 전자 주사위를 만들어 보자. 74HC192라는 C-MOS의 카운터 IC에 의해 0~9의 10개 숫자를 카운트한다. 이 카운터는 업 카운터로서 출력 Q_0~Q_3만을 사용한다. 그리고 디코더 드라이버 IC인 74HC4511을 사용하여 업 카운터에서 보내는 2진수를 7세그먼트에서 숫자가 표시될 수 있도록 한다.

동작하는 구조는 아래와 같다. 그림 5-25의 전원 스위치 SW_1을 넣으면 각 부품에 전압이 가해진다. 스위치 SW_2를 넣으면 L의 1[mH]와 스위치의 노이즈에 의해 카운트 펄스가 발생한다. 노이즈를 이용하고 있으므로 펄스 수는 알 수 없다. 발생한 펄스는 74HC192의 업 카운터에 입력되고, Q_0~Q_3의 출력이 74HC4511에 가해지며, 7세그먼트에 숫자로 표시된다. 조립할 때는 IC의 방향과 7세그먼트의 방향, 전지의 극성에 세심하게 주의해야 한다.

■ 부품 리스트

IC 카운터	74HC192×1개
IC 디코더	74HC4511×1개
7세그먼트 LED	SL-1190×1개
R_1, R_3~R_9	470[Ω]×8개
R_2	100[kΩ]×1개
인덕턴스	1[mH] ×1개
전지	단5전지×4개
푸시형 스위치	×1개
ON·OFF 스위치	×1개

그림 5-24 전자 주사위

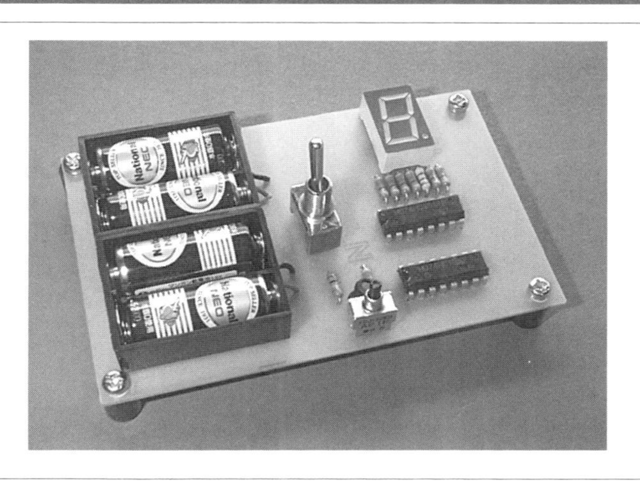

그림 5-25 회로도

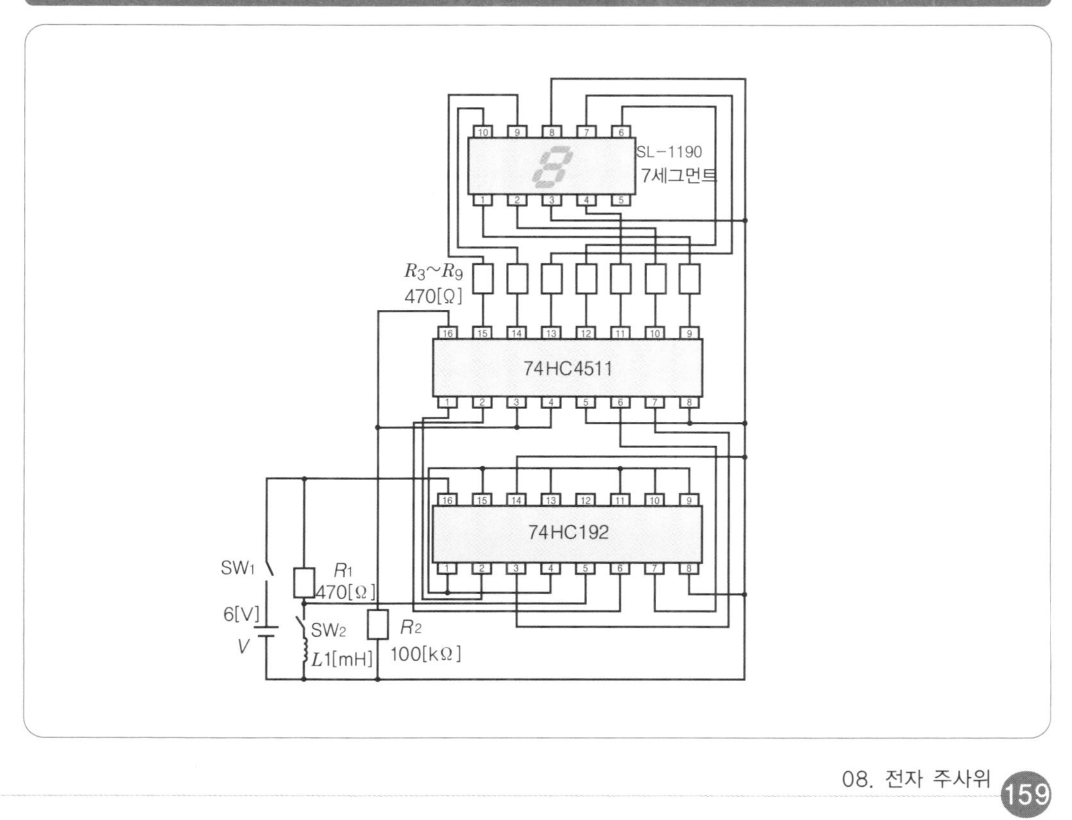

3분 컵라면 알리미 … 타이머

컵라면을 익힐 때 3분간 시간을 측정해 주는 편리한 타이머를 그림 5-26과 같이 만들어 보자. 타이머 제작에는 NE555P라는 타이머 IC를 사용한다. 이 IC는 2개의 콤퍼레이터(비교기)와 플립플롭 등으로 구성되어 있는데, 연구하기에 따라 다양한 회로를 만들 수 있다.

그림 5-27에 타이머의 회로도를 나타냈다. 동작하는 구조는 누름 버튼 스위치 SW를 누르면 NE555P의 2번 핀이 0[V]가 되고 타이머가 시작된다. 그러면 3번 핀의 출력은 6[V]가 되고, 발광 다이오드(LED)는 점등한다. 한편, 7번 핀에 접속되어 있는 V_R과 C_2를 통해 C_2가 충전된다. C_2의 전압이 약 4[V]가 되면 3번 핀의 출력은 0[V]가 되어 LED는 소등한다. C_2에 축적된 전하는 또한 7번 핀을 통해 방전한다.

이 회로에서 시간의 설정은 V_R과 C_2의 값을 곱한 값이 된다. 3분은 180초이므로, C_2를 470[μF]로 했기 때문에 V_R≒383[kΩ]이 된다. 시간설정은 가변저항 V_R을 바꾸어 다양하게 시간을 설정할 수 있다.

■ 부품 리스트

IC : 타이머 IC	NE555P×1개
R_1, R_2 : 저항	100[kΩ]×2개
R_3 : 저항	1[kΩ]×1개
V_R : 가변 저항기	500[kΩ]×1개
C_1 : 세라믹 콘덴서	0.1[μF]×1개
C_2 : 전해 콘덴서	470[μF]×1개
L : 발광 다이오드(LED)	×1개
SW : 푸시 스위치	×1개

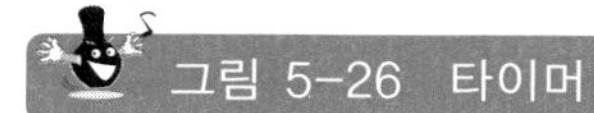

그림 5-26 타이머

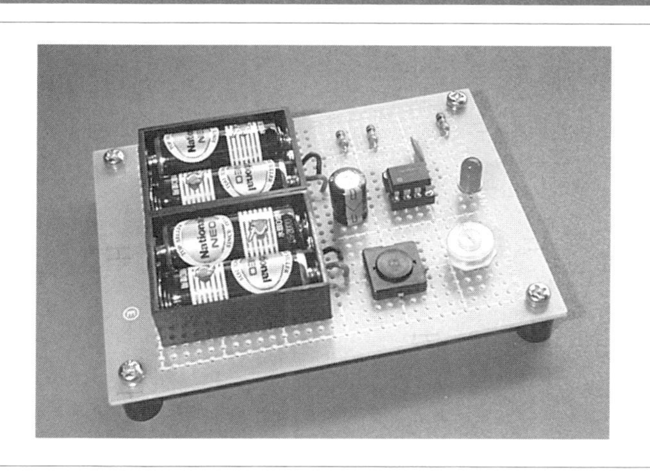

그림 5-27 타이머 회로도

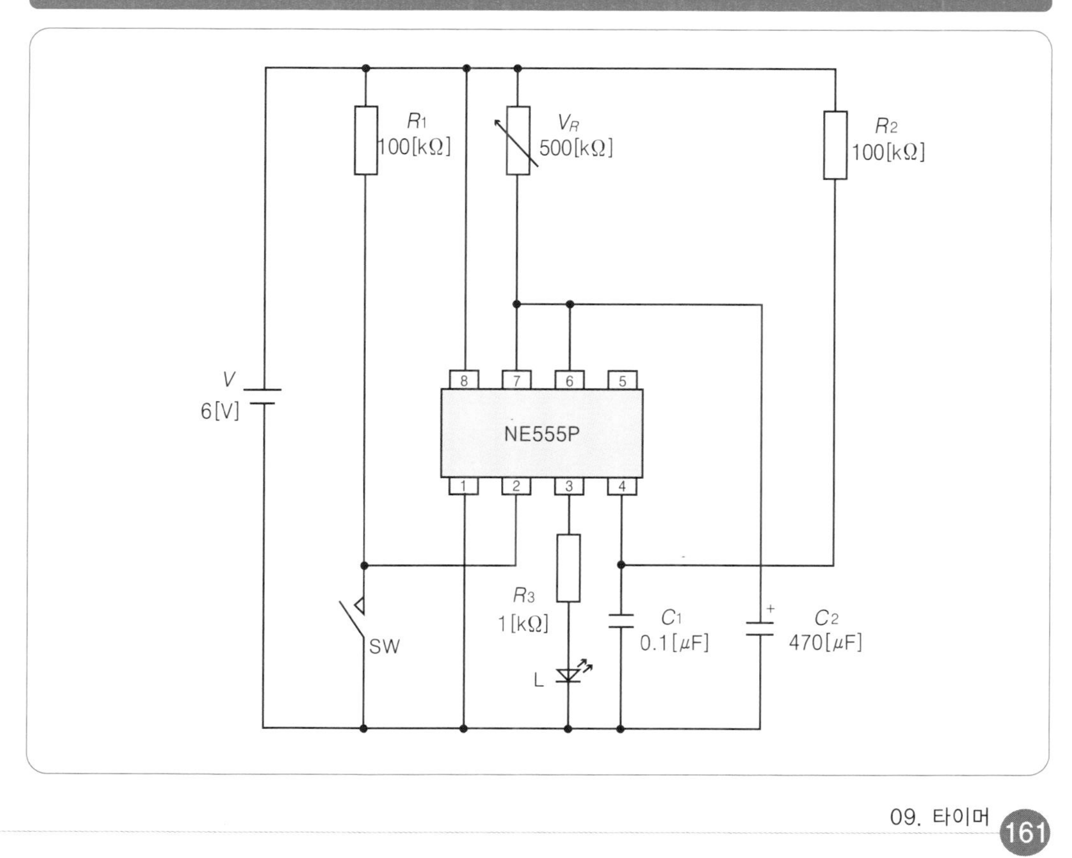

쉬어가기

제6장

가전제품의 구조

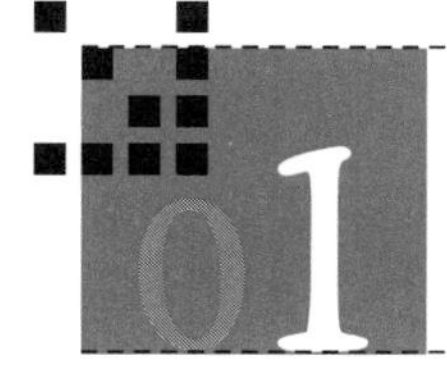

01 자기기록의 기본 … 카세트 테이프 리코더

카세트 테이프 리코더는 전자(電磁)작용을 응용한 것으로, 카세트 테이프에 음성이나 음악을 녹음하거나 재생하는 아날로그 방식의 기기이다.

현재는 디지털 오디오 기기인 MD 및 DAT의 그늘에 가려진 모양이 되었지만 가격이 싸기 때문에 많이 보급되어 있다.

녹음하는 원리는 그림 6-1과 같이 전자작용이 사용된다. 마이크의 음성신호나 CD, MD에서 재생된 음성신호가 녹음 앰프에 들어가고, 녹음에 필요한 전력으로 증폭된다. 녹음할 카세트 테이프에 따라 증폭전류가 다르다. 증폭된 음성신호는 교류 바이어스라는 전류와 합성된 음성전류가 되고, 녹음 헤드에 가해진다. 테이프는 녹음 헤드에 흐르는 녹음전류에 따라 자화되어 기록된다. 헤드의 끝부분에 갈라져 보이는 곳을 갭이라 하고, 이 틈새로 녹음전류에 대응하는 자기가 발생하며, 그곳에서 일정 속도로 주행하는 카세트 테이프에 기록하는 것이다.

재생하는 원리는 녹음된 테이프가 자화되어 있으므로, 카세트 테이프를 일정 속도로 주행시키면, 재생 헤드의 갭 부분을 통해 자화 유도작용에 의해 코일에 기전력이 발생한다. 이 기전력을 재생 앰프에서 증폭하여 음성신호를 추출하는 것이다.

카세트 테이프의 종류는 그림 6-2와 같은 모양으로, 안전 탭을 떼면 녹음할 수 없게 된다. 또한, 자성체에 따라 음질이 달라진다.

① **노멀 테이프** : 산화철을 사용한 저가의 테이프이다.
② **크롬 테이프** : 이산화크롬을 사용한 고음영역에 뛰어난 테이프이다.
③ **메탈 테이프** : 자성체를 산화시키지 않고, 그대로 테이프에 증착시킨 것으로, 음질이 좋고 다이내믹 레인지도 넓은 테이프이다.

그림 6-1 테이프 리코더

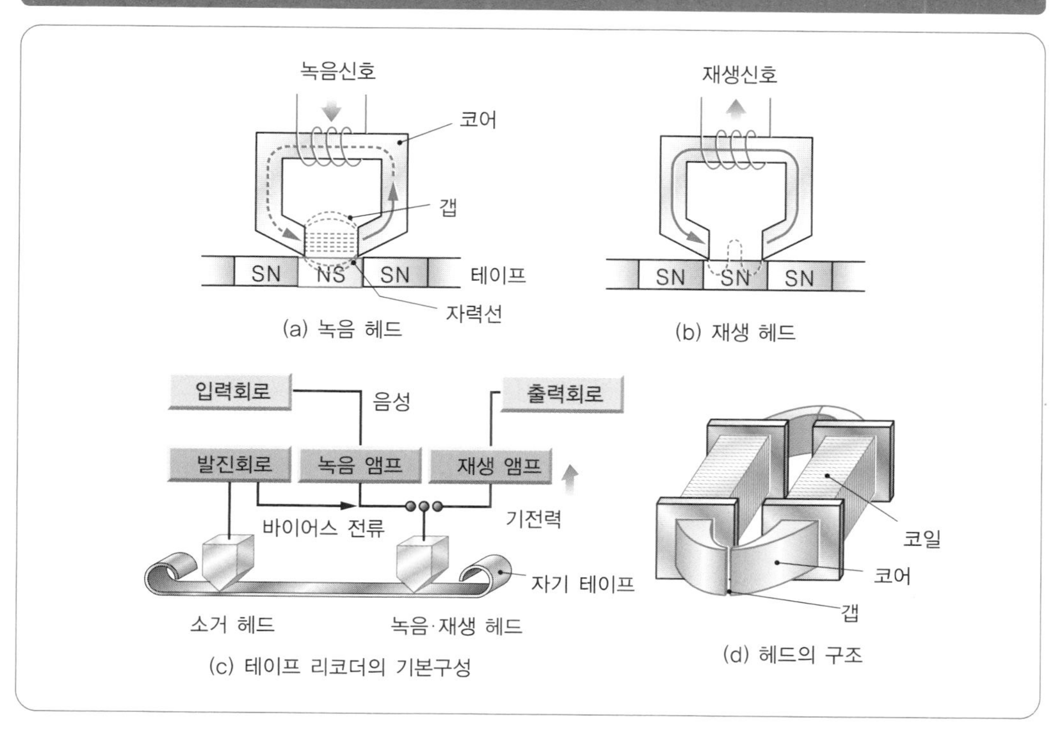

(a) 녹음 헤드
(b) 재생 헤드
(c) 테이프 리코더의 기본구성
(d) 헤드의 구조

그림 6-2 카세트 테이프의 외관도

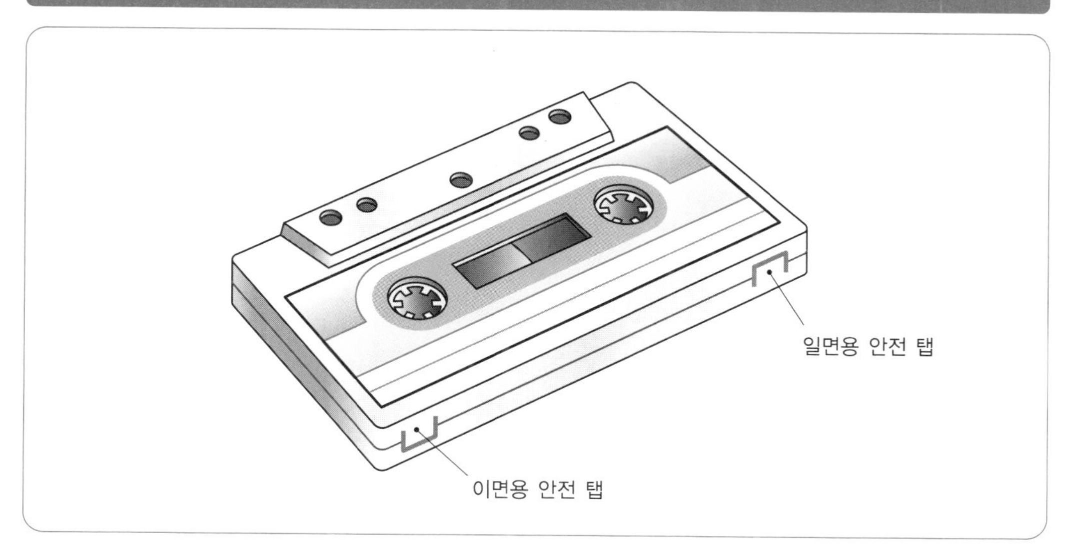

02 뛰어난 음질 … CD

CD란 콤팩트 디스크를 말하는데, 스테레오 음악 등을 PCM(펄스 코드 모듈레이션)에 의해 디지털 신호로 변환하여 기록한 직경 8[cm] 또는 12[cm]의 디지털 오디오 디스크(CD-DA)이다.

CD의 특징은 디스크의 회전방법이 CLV(Constant Linear Velocity)라는 선속도 일정 방식으로, 가장 안쪽 트랙에선 분당 약 500[rpm], 가장 바깥쪽에선 약 200[rpm]으로 되어 있다. 또한, 회전방향은 픽업(기기) 쪽에서 보았을 때 좌회전 방향이다. 디스크의 한쪽 면은 약 75분의 재생이 가능하다.

픽업(정보를 읽어내는 장치)은 레이저 광선을 사용한 비접촉 재생방식으로, 디스크의 마모가 없다. 기록방식은 PCM 방식으로 44.1[kHz], 샘플링 주파수는 16bit의 양자화를 하고 있기 때문에 음질이 깨끗하다. 또한, 원하는 곡을 자유롭게 선택할 수 있는 랜덤 액세스 방식이다.

CD 플레이어의 구조는 그림 6-3과 같이 크게 나누어 디스크를 회전시키는 구동부와 피트(그림 6-4)라는 디스크의 요철정보를 읽어내는 광 픽업, 읽어낸 신호를 재생하는 신호회로 3가지로 나누어진다. 광 픽업에서는 레이저 광선이 디스크에 닿으면 그림 6-5와 같이 피트(pit)의 유·무를 반사광에 의해 포토 다이오드로 검출하여 전기신호로 변환한다. 신호회로는 반사광에 나타난 출력신호를 파형정형한 후 디지털 신호로 처리한다. 그 신호를 D/A 변환기에 통과시키면 아날로그 신호가 출력된다. 1997년에 소니와 필립스가 차세대 디스크미디어로서 현재의 CD와 호환성을 가진 슈퍼 오디오 CD를 발표했다. 그 후 DVD 디스크와 같이 2중 기록을 한 하이브리드 디스크 타입도 개발되어 현재 CD의 7배 이상의 용량을 실현하고 있다.

그림 6-3 CD 플레이어의 원리

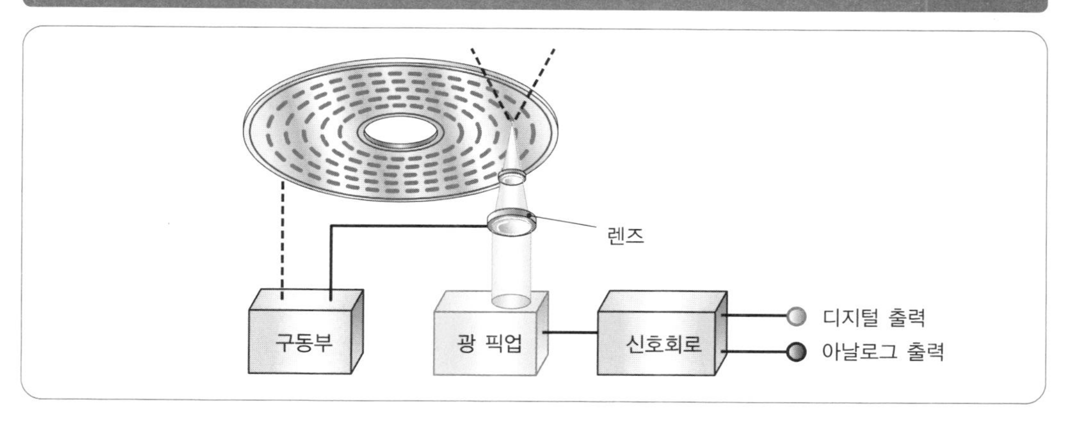

그림 6-4 피트의 크기(CD 정보)

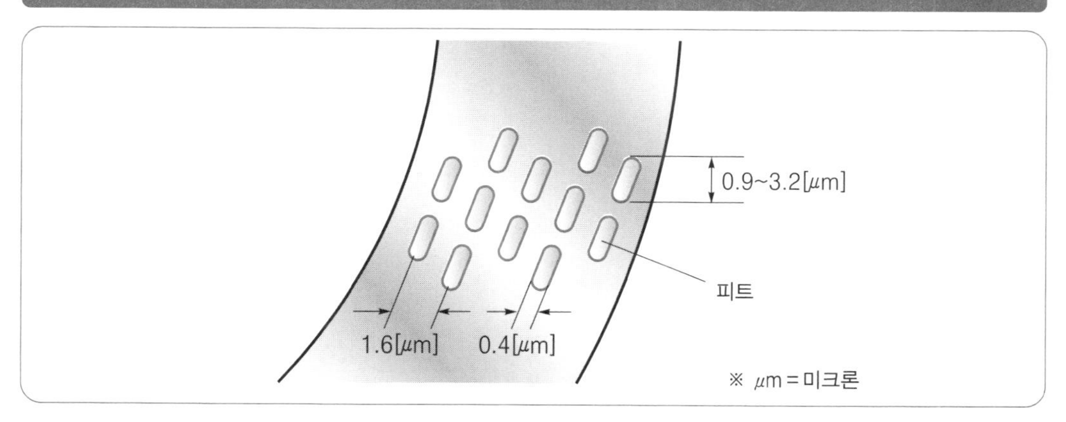

그림 6-5 피트의 반사

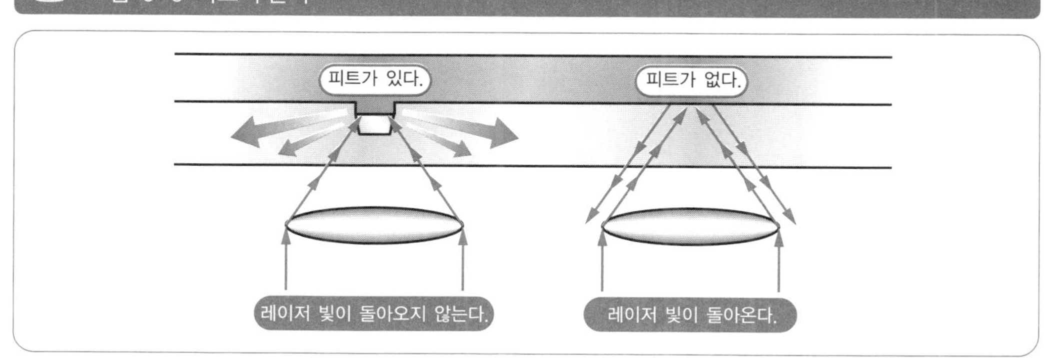

03 CD의 동료들 … CD 패밀리와 DVD

CD는 1981년에 필립스와 소니가 규격화했다. 그 후, 1987년에 ISO 9660으로 CD-ROM이 완성되고, 1994년에 DVD의 규격화가 결정되었다. CD-ROM은 문자와 컴퓨터 데이터, 오디오가 공존할 수 있는 디스크이다. CD-ROM 드라이브에서 몇 배속이라는 말을 하곤 하는데, 기본적으로 CD-DA(오디오 CD)의 드라이브의 데이터 전송속도의 초당 150[kB]를 표준속도로 하고 있다. 따라서 50배속 드라이브는 초당 7,500[kB]의 전송속도를 가지게 된다. CD 패밀리의 데이터 용량은 약 640[MB] 전후이다. 또한, 그림 6-6과 같이 12[cm]인 CD와 DVD는 각 부분의 치수가 정해져 있다.

■ CD 패밀리

① CD-ROM : 읽기 전용 CD이다.

② CD-R : 기록할 수 있는 디스크로, 한 번 기록한 데이터는 두 번 다시 지울 수 없지만 추가할 수는 있다.

③ CD-ROM XA : 컴퓨터 등에서 사용하는 것을 전제로 하여 데이터와 압축음성을 2개로 나눈 규격이다.

④ CD-I : CD-RTOS라는 OS와 디스크를 구성한 것으로, 컴퓨터 없이도 재생할 수 있다.

⑤ Photo CD : CD-ROM 1장에 35[mm] 필름 사진을 100장 기록할 수 있다.

⑥ CD-G : 그래픽 영상을 재생하면서 CD-DA(오디오 CD)의 음악을 들을 수가 있어, 가라오케 등에 이용되고 있다.

⑦ Video CD : MPEG-1 압축방식으로 74분의 영상과 음성을 재생할 수 있다 .

⑧ DVD : CD나 CD-ROM과의 호환성을 가지며, 그림 6-7과 같이 DVD의 디스크는 2층까지 데이터를 기록하고 있기 때문에 장시간의 재생이 가능하고, 2시간 정도의 영상과 음성을 고화질로 재생할 수 있다. MPEG-2의 압축방식으로 기록하고 있다.

그림 6-6 12[cm] CD·DVD의 치수

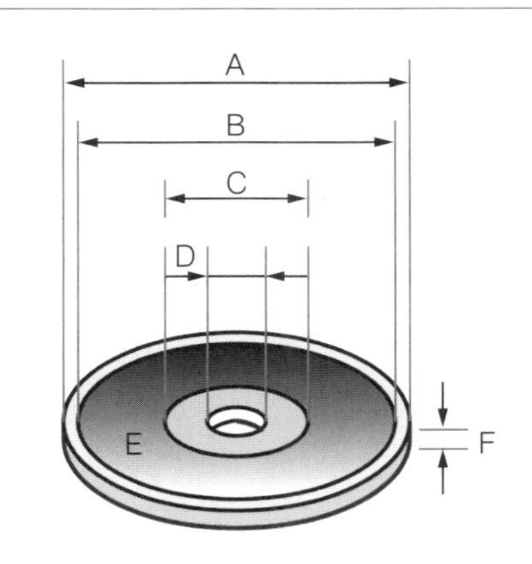

구분	측정위치	치수(mm)
A	외경	120
B	기록 외주	116
C	기록 내주	50
D	중심 홀	15
E	기록면	–
F	두께	1.2

그림 6-7 CD-ROM과 DVD 디스크 단면도

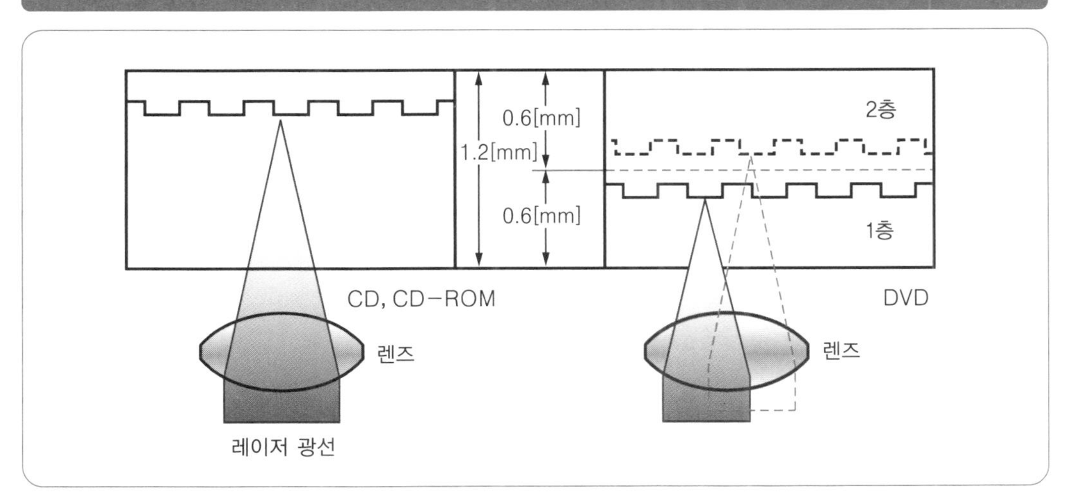

04 디스크에 녹음하기 ··· MD·MDLP

MD는 미니 디스크를 가리키는데, 녹음과 재생을 할 수 있는 디스크이다.

MD는 직경 64[mm]의 디스크가 그림 6-8과 같은 카트리지에 수납된 것으로, 스테레오 녹음을 최대 80분까지 할 수 있으며, CD의 음악 데이터를 약 1/5로 압축하고 있다. MDLP는 MD Long Play의 줄임말로, 역시 녹음과 재생이 가능한 디스크이다. 당초에 MDLP는 80분 녹음이 가능했지만, 「LP2」 모드는 2배인 160분이다. MD에서 채용하고 있는 음성압축 방식은 ATRAC이라고 하는데, 그림 6-9에 그 원리를 나타냈다. 음성압축의 기본원리는 사람이 듣기 힘든 소리를 잘라내는 것이다. 이 방법은 어떤 주파수의 소리가 크면 그 주파수 부근의 소리를 듣기 힘들어지는 효과(마스킹 효과)를 이용하여 들리지 않는 소리를 잘라내고, 소리로서 필요한 주파수 성분만을 압축한다.

MDLP는 더욱 버전 업된 ATRAC3이라는 압축방법을 사용하고 있다. ATRAC3는 ATRAC와 압축원리는 동일하지만, 음성신호의 2배에 달하는 분해정밀도로 소리성분을 2종류로 나누어 압축한다. LP4 모드에서는 압축률을 더욱 높이기 위해 스테레오 음성신호의 좌우 음성성분을 똑같게 한다. 기존의 MD에서는 MDLP로 녹음한 음성을 재생할 수 없다.

■ MD의 장점

① 랜덤 액세스가 가능하여 듣고 싶은 곡을 바로 선곡할 수 있다.
② 휴대가 간편하다. 콤팩트하고 가벼우며 소비전력이 낮다.
③ 녹음과 재생을 모두 디지털 처리한다.
④ 소리가 튀지 않는다. 외부 진동으로 수 초 동안 읽기 에러를 일으켜도 메모리에서 데이터를 공급하여 재생을 계속한다.
⑤ 재생전용 디스크와 녹음할 수 있는 디스크 2종류가 있다.

그림 6-8 MD의 외관

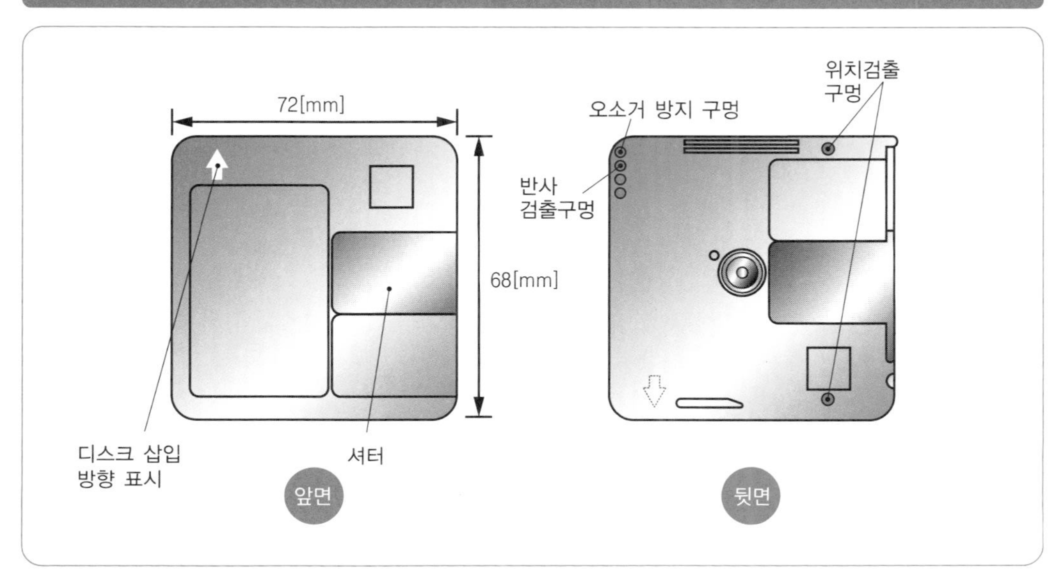

그림 6-9 ATRAC

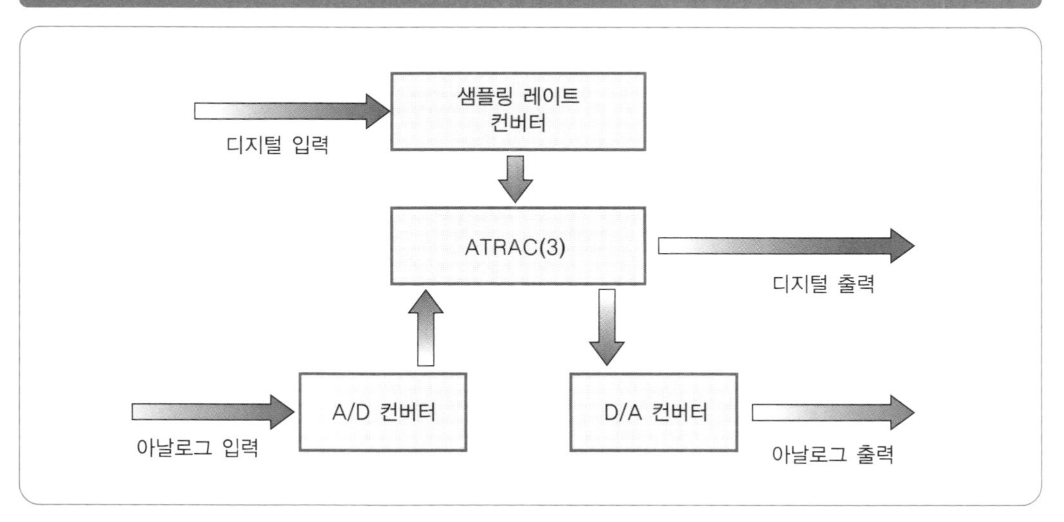

05 용량을 압축 … MP3

MP3는 동영상 압축방식인 MPEG-1의 오디오 레이어 3를 말한다. MP3는 음악을 즐기는 사람들에게 인기가 높은 파일 형식이며, 아래와 같은 특징이 있다.

① 컴퓨터로 손쉽게 편집할 수 있고, 재생이 간단하다. 인터넷상에 MP3 파일도 많이 있으므로 쉽게 구할 수 있다. 또한, 재생 프로그램도 프리웨어와 패키지 소프트가 많이 나와 있다.

② 데이터 사이즈가 작고 음질이 좋다. 음악 CD와 MP3 음악 데이터 사이즈를 비교해 보면 MP3는 약 1/10 정도로 압축되는데, 압축할 때는 인간의 귀로 들을 수 없는 부분의 소리를 잘라낸다. CD 앨범을 MP3로 만들어 CD-R에 저장하면 약 10장이 들어간다.

③ 메모리 타입 포터블 MP3 플레이어는 음악 데이터를 반도체 메모리에 저장하기 때문에 MD와 CD와 같은 메카닉 부분이 없다. 그렇기 때문에, 가볍고 콤팩트하며 소비전력도 적다. 또한, 진동에 의해 소리가 튀는 경우가 없어, 운동을 하면서도 음악을 즐길 수 있기 때문에 많이 판매되고 있다.

④ 자신이 만든 곡 등을 인터넷상에 간단히 전송할 수 있다.

음악 CD로부터 MP3 데이터 파일을 만들기 위해서는 그림 6-10과 같이 크게 2가지 방법이 있다. 한 가지는 시판되는 패키지 소프트웨어를 사용하는 것으로 쉽고 간단하게 할 수 있다. 또 한 가지 방법은 음악 CD와 카세트 테이프로부터 WAV 파일을 만들어 주는 리퍼와 그렇게 만들어진 WAV 파일을 MP3로 압축하는 인코더를 사용하는 방법이다. MP3를 좋아하는 사람들은 주로 이 방법으로 파일을 변환한다.

인코더에 따라 소리를 압축하는 방법이 다르기 때문에 완성된 파일의 변화를 즐기는 사람도 많이 있다.

그림 6-10 MP3 데이터 만들기

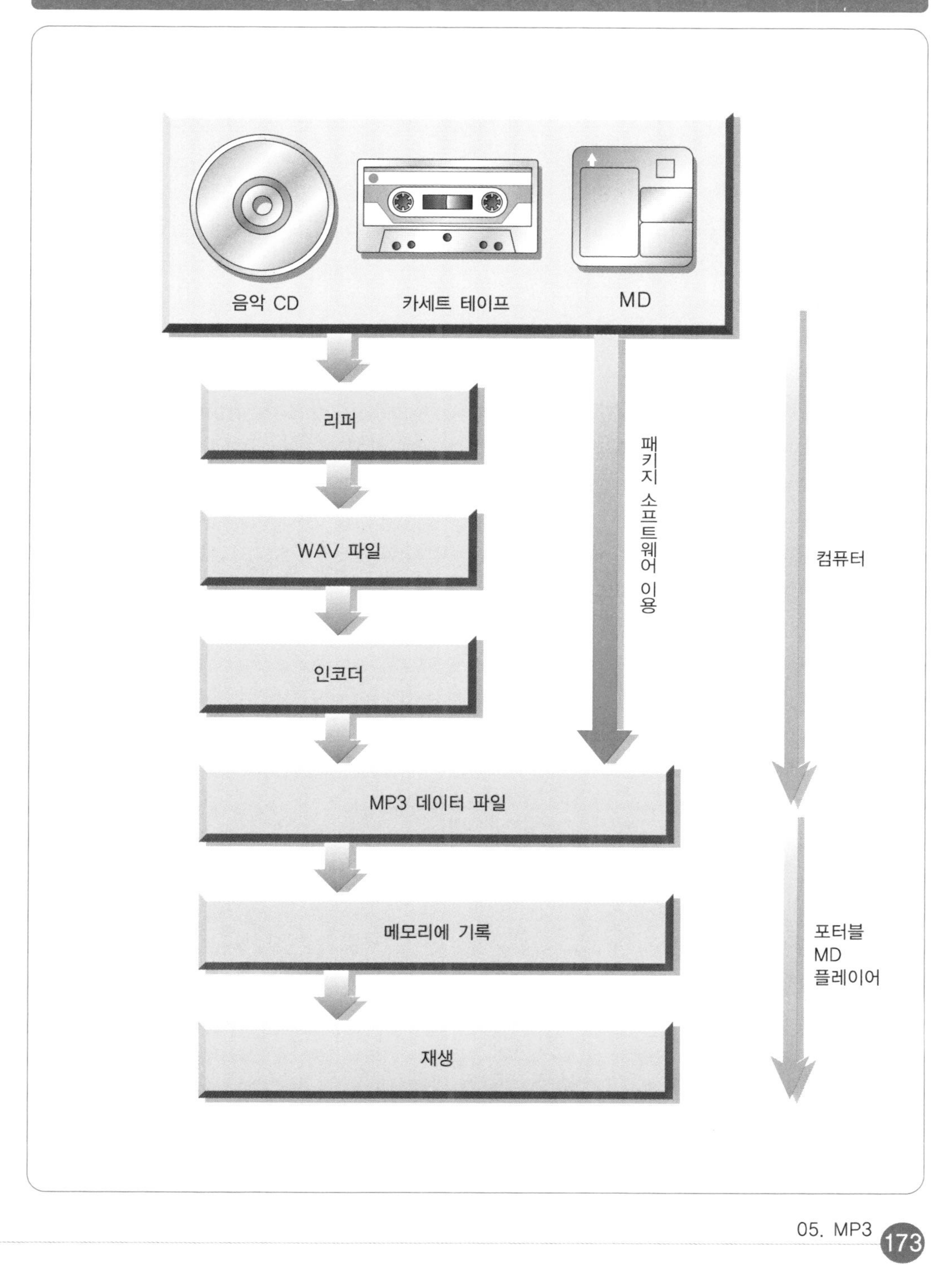

고음질의 녹음과 재생 … DAT

DAT(Digital Audio Tape Recorder)는 아날로그 음성신호를 디지털 신호로 변환하여 회전 헤드를 사용해 디지털 신호를 자기 테이프에 기록하고 재생하는 테이프 리코더이다(그림 6-11).

DAT는 CD보다 고음질의 녹음과 재생을 할 수 있기 때문에 가정용과 업무용으로 폭 넓게 사용되고 있다. 하지만, 디지털 신호는 몇 번이고 복제를 해도 음질이 떨어지지 않기 때문에 불법복제를 금지시킬 목적으로 SCMS(Serial Copy Management System)가 도입되어 있다. 테이프는 1세대의 디지털 복제만이 가능하고, 2세대 복제는 불가능하다(표 6-1).

DAT의 특징은 아래와 같다.

① 주파수 특성(2~22,000[Hz])이 좋으며, CD보다도 고음역이 늘어난다.

② 와우플러터(wow/flutter)가 측정한계 이하이다. 와우플러터란 DAT의 메커니즘의 성능을 나타내는 수치로, 녹음, 재생 중에 테이프의 빠르기의 변동에 의해 발생하는 신호의 왜곡과 노이즈를 나타낸다.

③ SN비(시그널 노이즈 비)가 92[dB] 이상으로 고음질이다.

④ 다이내믹 레인지도 92[dB] 이상으로 고음역까지 커버한다.

⑤ 더빙 특성이 좋고, 디지털 신호의 열화가 거의 없다.

DAT에 의한 디지털 녹음의 원리는 다음과 같다. 그림 6-12에서 음성과 음악의 아날로그 신호를 입력으로 가하면, LPF(로 패스 필터)에서 DAT에 기록할 수 없는 주파수 성분을 잘라낸다. A/D 변환회로에서 아날로그 신호를 디지털 신호로 변환한다. 표준화 블록에서는 표준 모드로 48[kHz], 옵션 모드로 32[kHz]로 샘플링한다. 양자화는 표준 16bit, 옵션 모드로는 12bit의 비직선으로 양자화한다. 변조회로는 PCM 변조를 하고, 회전 헤드로 신호를 보내 기록한다.

그림 6-11 DAT 외관

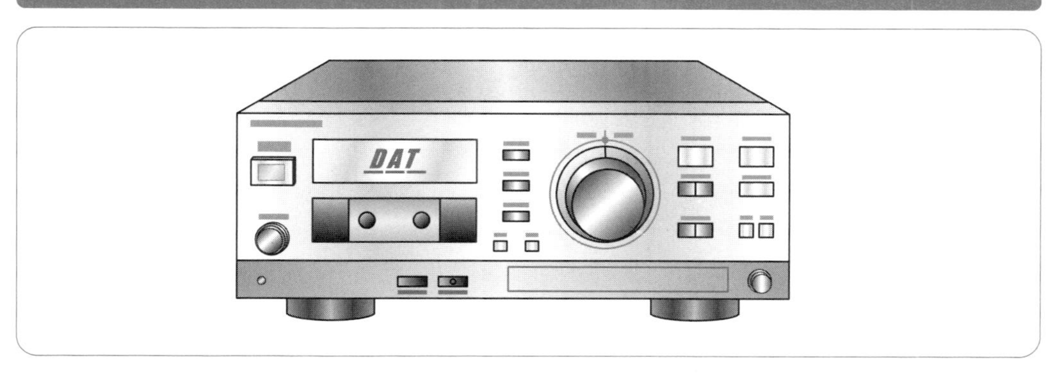

표 6-1 SCMS 디지털 복제 상태

구분	1세대	2세대	3세대
CD, MD, DAT	○	×	–
위성방송 디지털 신호	○	○	×
아날로그 신호	아날로그 신호 ○	○	×
구 규격의 DAT	○	○	○

그림 6-12 디지털 녹음의 원리

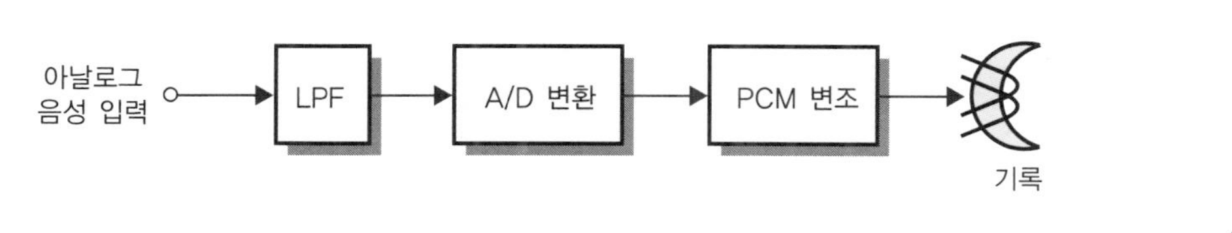

대화를 전달한다 … 전화기

전화기는 사람의 음성 등을 전기신호로 변환하여 전송하고, 전송된 전기신호를 다시 원래의 음성으로 변환하는 것이다.

일반 회선용 전화기는 회전 다이얼식(DP)과 푸시 버튼식(PB) 두 종류가 있다.

회전 다이얼식은 회전 다이얼을 가진 전화기로, 다이얼 펄스를 변환기로 전송하는 방식이다.

푸시 버튼식은 펄스가 아니라 버튼을 눌러 다이얼 신호를 발생시키는 것이다. 이 다이얼 신호(PB 신호)는 그림 6-13과 같이 하나의 버튼을 누르면 주파수의 저군과 고군이 조합되어 가입자선을 통해 변환기까지 보내진다. 변환기는 PB 신호를 받아들여 PB 신호에 필터를 걸어 원래의 PB 신호인 2개의 주파수를 식별하고, 눌려진 다이얼 번호를 판단한다. 변환기의 원리는 작은 스위치의 집합으로, 다이얼 번호에 의해 차례로 스위치를 닫아가면서 상대방의 전화번호에 접속한다.

전화를 연결하는 구조는 그림 6-14와 같다.

① **발호검출** : 수화기를 들면 훅 스위치에 의해 전화기와 교환기 사이에 전류가 흐른다.
② **발신음 송출** : 교환기로부터 "뚜-"하는 발신음이 울린다.
③ **선택신호** : 신호음을 확인 후 상대의 전화번호로 다이얼 신호를 보낸다.
④ **호출신호 송출** : 상대의 교환기는 다이얼 신호를 받고, 상대의 전화로 호출신호를 보내 벨을 울린다.
⑤ **호출음 송출** : 상대를 호출 중인 음을 발신자 측에 보낸다.
⑥ **통신상태** : 상대가 수화기를 들면 발신 측과 접속되어 통화를 할 수 있다.
⑦ **통신종료** : 어느 한쪽이 수화기를 내려놓으면 교환기는 전화회선을 끊는다.

그림 6-13 푸시 버튼식 다이얼 신호

고군 / 저군	1,209	1,336	1,477	주파수[Hz]
697	1	2	3	
770	4	5	6	
852	7	8	9	
941	*	0	#	

그림 6-14 전화 연결의 구조

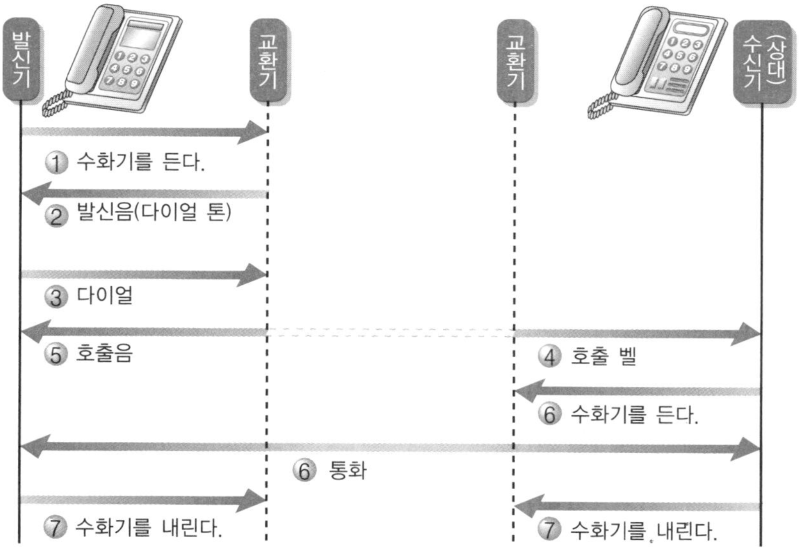

이미지의 송·수신 … FAX

FAX란 팩시밀리를 말하는데, 주로 전화회선을 이용하여 정지화상을 송·수신하는 장치이다.

FAX는 신뢰성이 높으며 상대가 FAX를 가지고 있으면, 즉시 정지화상(편지, 그림, 사진, 서류 등)을 보낼 수 있다. 또한, 통신판매로 상품을 신청할 때 인터넷으로 신청하는 것보다 안정감이 있다.

FAX의 원리는 그림 6-15와 같이 송신원고를 가로방향으로 왼쪽에서 오른쪽으로 화소를 하나씩 광원에서의 빔 반사에 의해 읽어 들인다. 이것을 주주사(主走査)라고 하며 이 가로방향의 단위를 라인이라고 한다. 1라인을 읽으면 세로 방향의 다음 라인을 읽어간다. 이것을 부주사(副走査)라고 한다. 주사로 읽어 온 데이터는 광전변환을 통하여 전기신호가 된다.

다음으로 그림 6-16과 같이 전송방식에 맞는 신호형식으로 변환한다. ISDN일 때는 디지털 신호로, 전화회선일 때는 아날로그 신호로 각각 변환되어 전송로를 통과하고, 수신측에서 신호를 받으면 신호를 변환하여 기록지에 프린트한다.

FAX에서는 송·수신에 시간이 많이 걸리지 않도록 데이터를 압축하는데, 일반적인 문서원고는 한 화소를 흑/백의 2값 데이터로 나타내고, 사진의 계조를 나타내는 데는 4~16bit 정도로 나타내기도 한다. 또한, 최근에는 컬러 FAX도 늘어나고 있다. 데이터를 압축하는 방법으로는 다음과 같은 것들이 있다. 우선 MH 부호인데, 기본은 연속된 흑과 백의 개수를 변환하는 런 렝스 부호화(run length coding)로, 발생빈도가 높은 런 길이를 짧게 부호로 만든다. 덧붙여, MR 부호는 앞의 라인을 참조하여 상대위치를 부호화하는 것이다. MH 부호보다 압축률이 높아서 이것은 G3-FAX에서 사용되고 있다. MMR 부호는 전 라인을 2차원 부호화하는 것으로, 고압축이기 때문에 G4-FAX에서 사용되고 있다.

그림 6-15 FAX의 원리

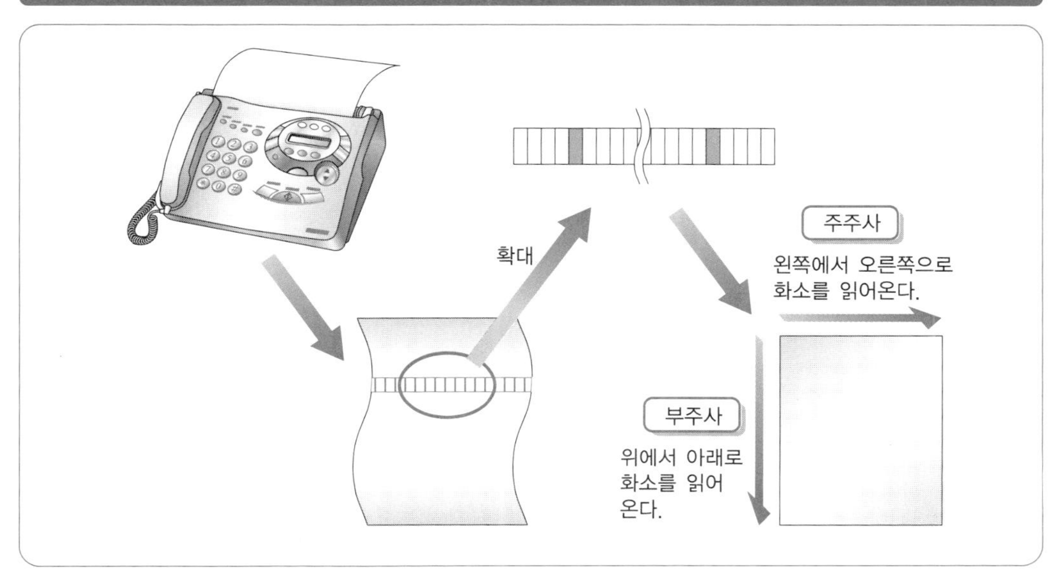

확대
주주사
왼쪽에서 오른쪽으로 화소를 읽어온다.
부주사
위에서 아래로 화소를 읽어 온다.

그림 6-16 FAX의 데이터 송신

부호화
디지털 신호
변조
아날로그 회선
디지털 회선 (ISDN)
복조
디지털 신호
복호화
송신 측 FAX
수신 측 FAX

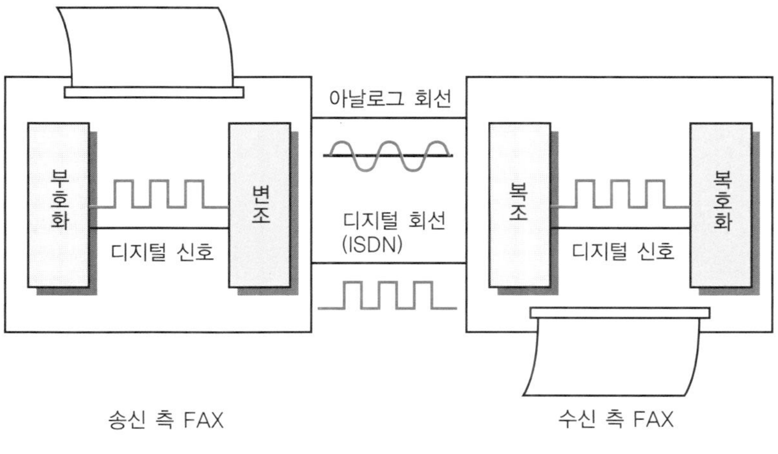

종이의 복제 … 복사기

복사기는 정전 복사기를 말하며, 정전기를 이용하여 원고를 복사하는 기기이다. 복사기는 그림 6-17과 같이 아날로그 방식과 디지털 방식이 있다.

아날로그 방식은 원고에 광원을 쏴 그 반사광을 직접 드럼이라는 감광체에 결상·노광시킨다. 드럼은 플러스 정전기를 띠고 있기 때문에 광원이 닿은 부분만 정전기가 사라진다. 이 드럼에 마이너스 정전기를 가진 토너를 뿜어내어 플러스 정전기를 띤 복사지를 접촉시키면 토너가 종이로 이동된다. 이렇게 자리잡은 토너를 가열하여 압착시킨다.

디지털 방식은 원고를 CCD 등의 광전 변환소자를 이용하여 전기신호로 변환하는 것이다. 이 방식은 FAX에서 디지털 신호화하는 방식과 동일하다. 주주사와 부주사를 통해 디지털 화상 데이터를 메모리에 저장하는데, 저장된 화상 데이터는 가공하거나 보존하여 전화회선을 사용해 전송할 수 있다. 화상 데이터는 레이저 빔 신호로 처리하는데, 복사에 불필요한 부분은 레이저 빔을 쏘여 드럼을 노광시킨다. 레이저 빔이 닿은 부분은 정전기가 사라지고, 그 이후에는 아날로그 방식과 마찬가지 원리로 복사가 완료된다.

최근의 복사기는 복사 기능 이외에 네트워크 기능, 스캐너 기능, 프린터 기능, FAX 기능 등을 갖춘 기종이 늘어나고 있다.

한 예로서, 프린터 기능은 일반적으로 레이저 프린터로 동작한다. 그 원리는 디지털 방식 복사의 경우와 동일하다. 그림 6-17의 디지털 방식 CCD로 원고를 읽는 대신에 컴퓨터 등의 장치에 의해 인쇄 데이터를 직접 메모리에 저장하는 방법이다. 레이저 프린터는 인쇄 데이터가 디지털이기 때문에 고품질 화상과 문자인쇄가 가능하다.

그림 6-17 복사의 이해

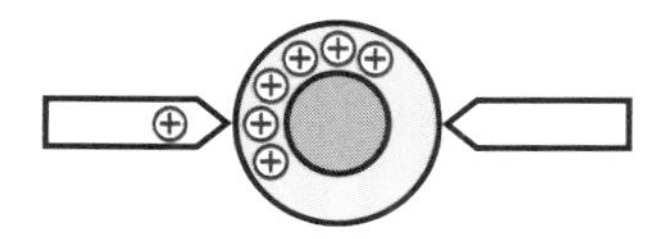

드럼 표면에 플러스
정전기를 대전한다.

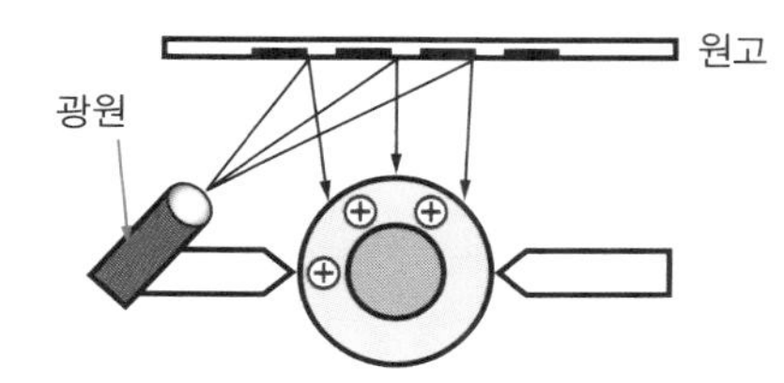

광원이 반사된 곳은
정전기가 사라진다.

디지털 방식

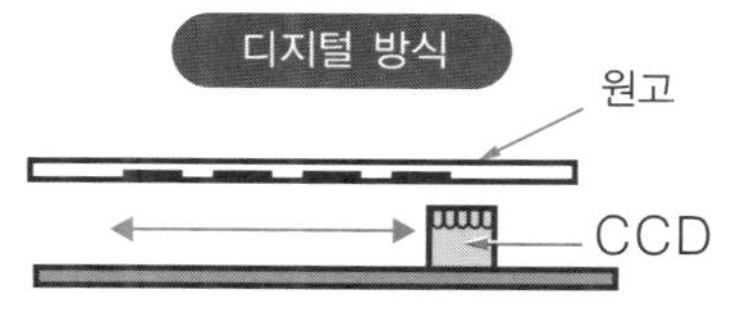

CCD로 원고를 읽는다.

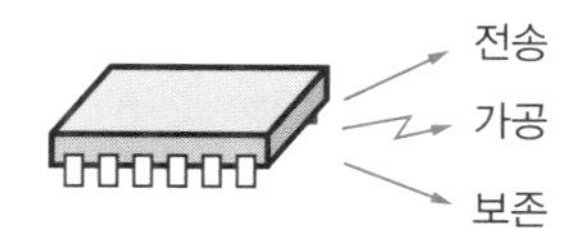

메모리에 데이터로서 저장된다.

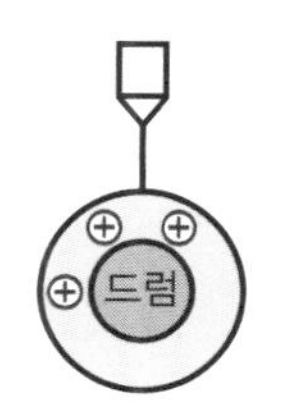

레이저 빔을 쏘여 불필요한
부분의 정전기를 없앤다.

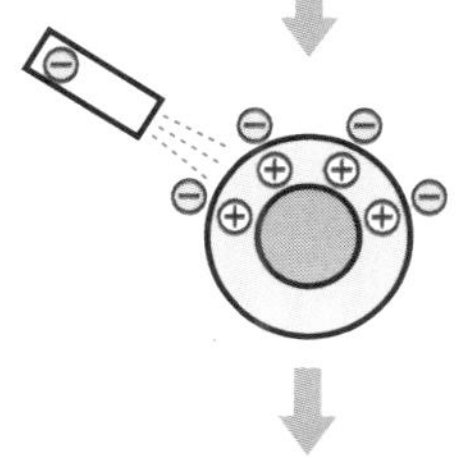

마이너스 정전기인 토너를
불어 넣는다.

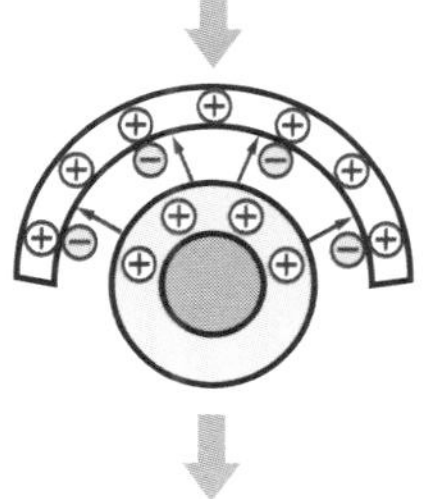

드럼 표면의 토너가 복사용지의
플러스 정전기로 이동한다.

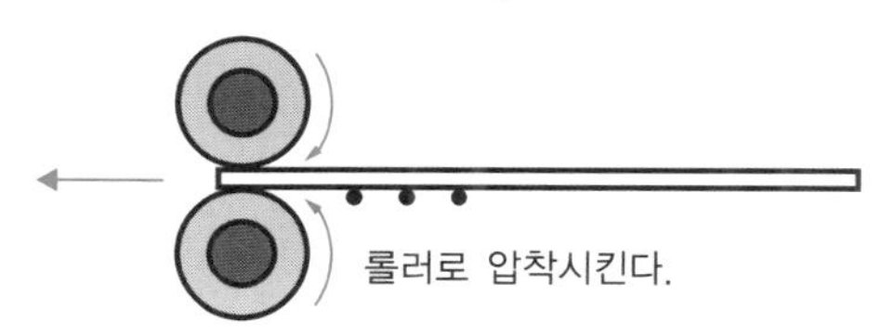

롤러로 압착시킨다.

10 디지털 통신 … ISDN

ISDN(Integrated Services Digital Network)이란 통합 디지털 통신망이다. 일반 전화망은 아날로그 회선이지만, ISDN은 완전한 디지털 회선이다. 전화도 인터넷도 같은 하나의 전화회선으로 사용할 수 있다.

ISDN의 특징을 들면 다음과 같다.

① 각종 통신 서비스의 공용이 가능하다.
② 회선 교환과 패킷 교환을 선택할 수 있다.
③ 복수의 단말접속이 가능하다.
④ 단말의 이동성을 확보할 수 있다.
⑤ 고속다중 서비스를 제공할 수 있다.

ISDN에서는 그림 6-18과 같이 디지털 전화기를 접속하면, 그대로 64[kbps]로 디지털 신호를 송출하여 DSU(택내 회선 종단장치)를 통해 디지털 LS(교환기)까지 향한다. 데이터 단말과 팩시밀리도 DSU에 접속하면 64[kbps] 전송이 가능하다. 또한, TA(Terminal Adapter)를 사용하면 기존의 아날로그 회선에서 사용하고 있던 기기를 사용할 수 있다. ISDN은 전화국에서 2줄의 금속선으로 DSU까지 연결되어 있다. 아날로그 회선과 같은 금속선이지만 디지털 신호로 전송된다.

ISDN의 기본 인터페이스는 그림 6-19와 같이 하나의 DSU에 B 채널(64[kbps], 정보용) 2회선과 D채널(16[kbps], 제어신호 및 패킷 데이터용) 1회선이다. 이것을 2B+D라고 한다. 2B+D는 $64\times2+16=144$가 되므로, 144[kbps]까지 디지털 전송을 할 수 있다. 그러나 2B의 128[kbps]가 실용상 문제가 없는 속도이다.

그림 6-18 ISDN의 구조

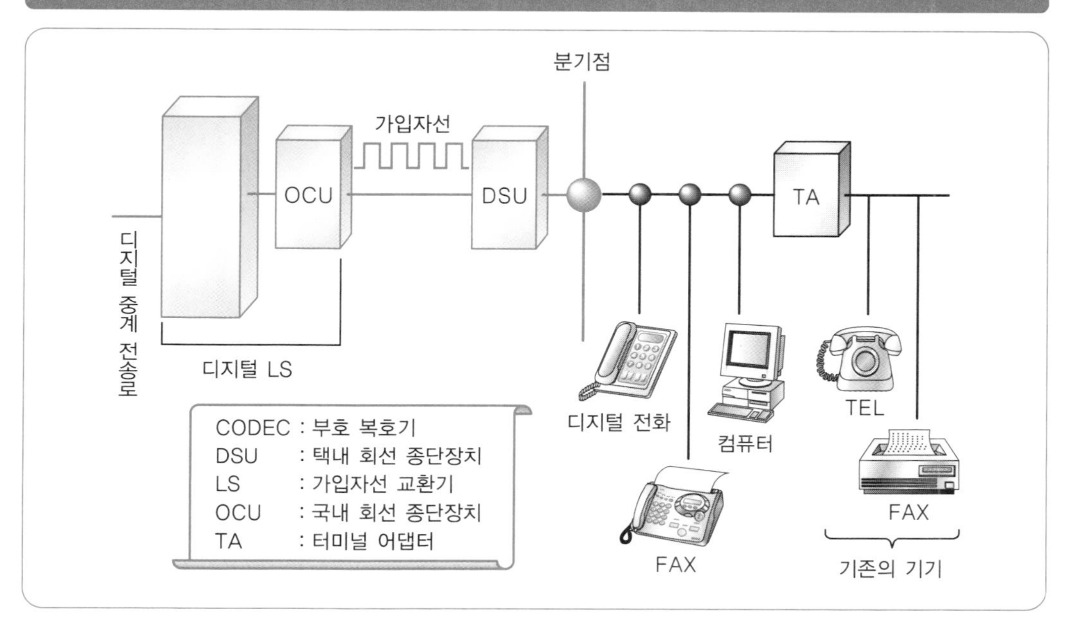

그림 6-19 ISDN의 기본 인터페이스

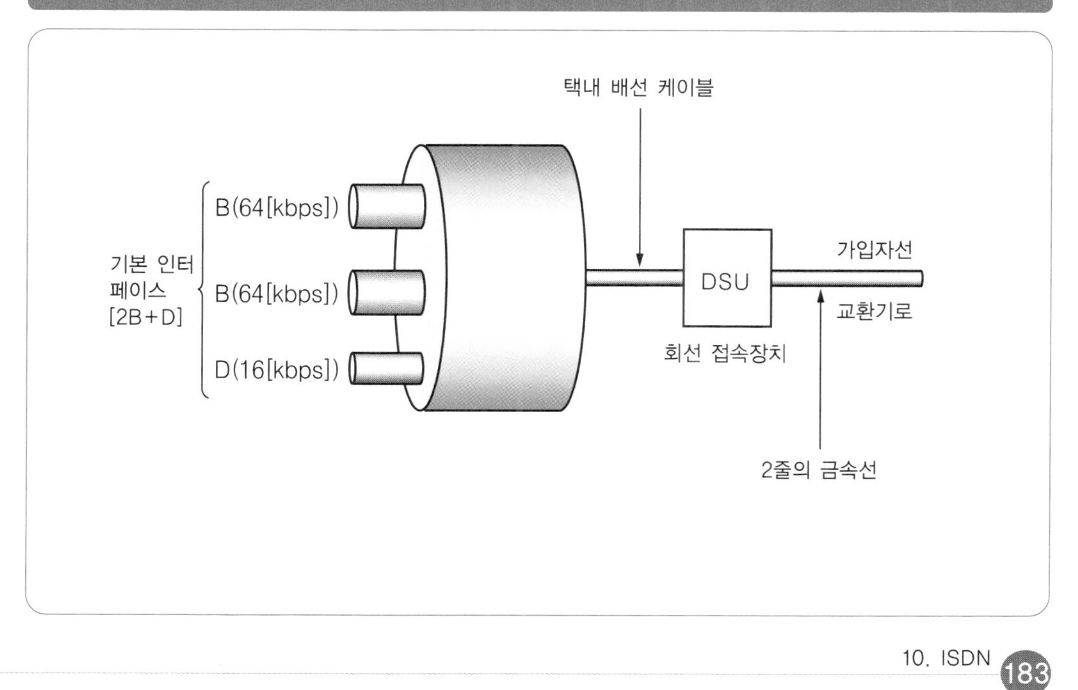

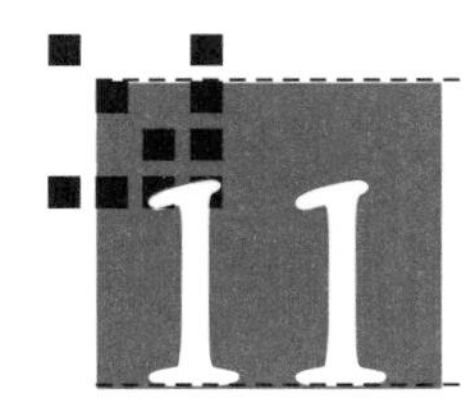

11 세계를 연결한다 … 인터넷

인터넷이란 그림 6-20과 같은 컴퓨터 네트워크로서, 거의 전세계를 연결하고 있다.

인터넷에는 다음과 같은 대표적인 서비스가 있다.

① **WWW** : 홈페이지 등을 통해 전세계에 정보를 주고받을 수 있다.
② **E-mail** : 메시지를 교환할 수 있고, 동영상 또는 음성, 데이터, 프로그램 등도 E-mail로 첨부할 수 있다.
③ **뉴스** : 실시간으로 뉴스를 전송하는 서비스가 준비되어 있다.
④ **원격조작** : 컴퓨터 등을 이용하여 인터넷상에 있는 단말기에 대해 원격조작이 가능하기 때문에 여러 가지를 제어할 수 있다.

인터넷에 접속하기 위해서는 인터넷에 접속을 수행하는 프로바이더(전화회선과 인터넷을 접속하는 회사)에 컴퓨터 등으로 접속한다. 접속(액세스)에는 다양한 방법이 있다.

① **아날로그 전화회선** : 그림 6-21과 같이 전화회선에 모뎀을 연결하여 다이얼 업 IP 접속하는 방법
② **ISDN** : ISDN에 의한 고속 통신접속
③ **CATV** : CATV의 케이블에 케이블 모뎀을 연결하는 방법
④ **무선** : 휴대전화나 PHS 등을 사용한 액세스
⑤ **ADSL** : 전화회선에 ADSL 모뎀을 사용하여 상시 접속하는 방법

이런 방법들을 통해 WWW(월드 와이드 웹 : 세계에 넓게 쳐진 거미집이라는 의미가 있다)에 접속하여 인터넷 서비스를 받을 수 있다.

그림 6-20 인터넷

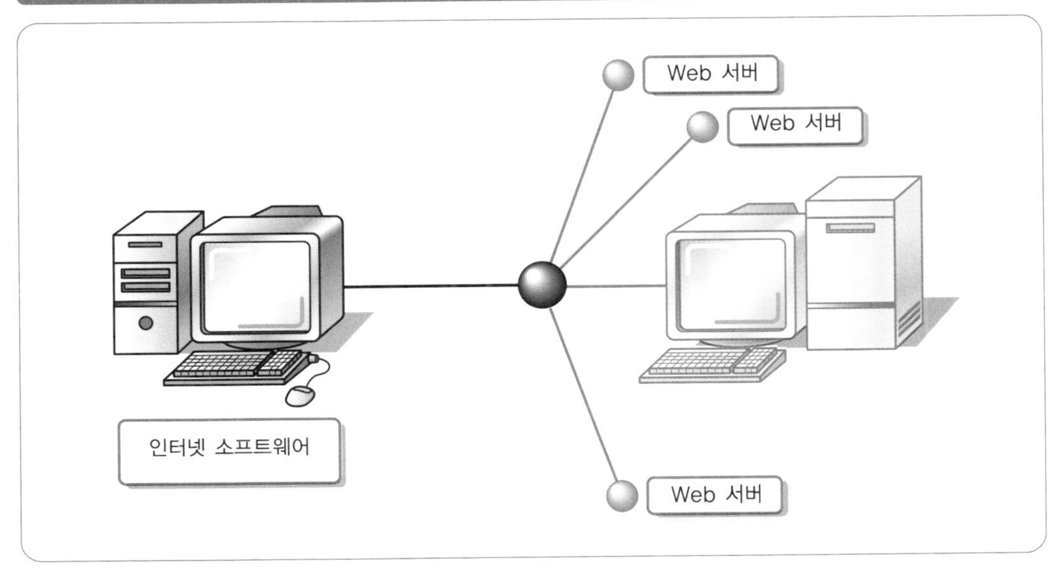

그림 6-21 전화회선에 의한 액세스

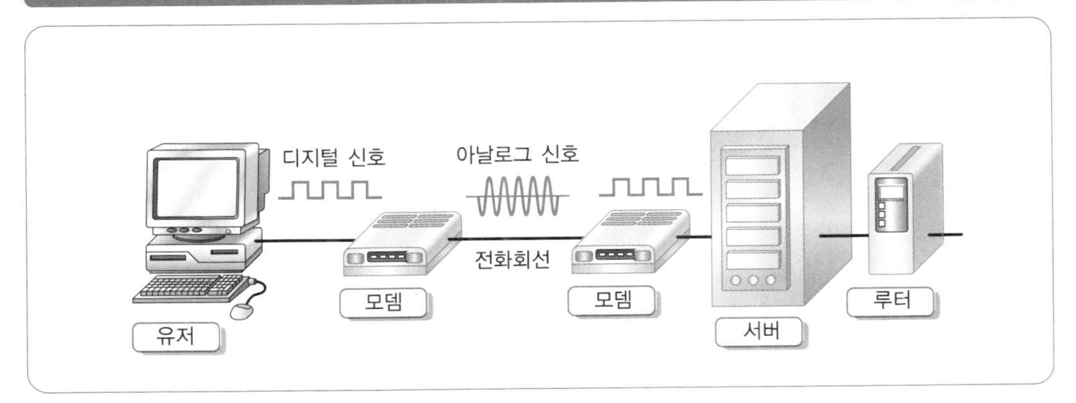

12 화제가 된 접속방식 … ADSL

ADSL(Asymmetric Digital Subscriber Line)은 지금까지의 전화 가입자선 등의 기존 금속선(구리선)을 이용하여 고속 디지털 통신을 할 수 있도록 하는 기술로, 비대칭 디지털 가입자선을 말한다. 가입자의 집에서 전화국까지의 상향속도와 전화국에서 가입자의 집까지의 하향속도의 최대 속도가 다르기 때문에, 비대칭 디지털 가입자선이라 불리는 것이다. 데이터 전송속도는 대략 상향이 16[kbps]~1[Mbps], 하향이 1.5~45[Mbps] 정도이다. 이렇게 속도차가 크게 나지만 하향 전송속도가 상향 전송속도보다 빠르므로, 동영상이나 MP3의 다운로드도 쉽게 할 수 있다.

음성신호와 데이터 통신신호가 사용하는 주파수 대역이 다르기 때문에 한 줄의 금속선에 양쪽 데이터를 동시에 보낼 수 있다. 통화할 때의 음성전송에는 주파수 300[Hz]~4[kHz] 대역을 사용하고, 이보다 높은 25[kHz]~1[MHz]의 대역을 사용해 데이터 통신을 한다. 다시 말해, 전화와 인터넷을 동시에 사용할 수 있다는 장점이 있다.

ADSL의 구조는 그림 6-22와 같다. ADSL을 이용하기 위해 필요한 주요 기재는 ADSL 모뎀과 스플리터(splitter : 주파수 분리장치)이다. 이 스플리터를 사용하여 음성용 신호를 분배·합성함으로써, 인터넷에 접속하면서 동시에 전화도 이용할 수 있게 된다. 한편, 전화국 내에 설치되어 있는 것이 MDF(Main Distributing Frame)라고 불리는 배선반으로, 가입자의 집에서 전화국까지 깔려 있는 금속선을 수용하고 있다. 여기에서 NTT(일본의 통신회사) 이외의 통신 사업자의 기기에도 접속할 수가 있다. 각 통신 사업자는 각각 ADSL 장치를 선택하거나 속도품질 등을 자유롭게 설정할 수 있다. 데이터 통신신호는 전화 교환기를 거치지 않기 때문에 프로바이더와 항상 접속할 수 있는 것이다.

그림 6-22 ADSL 네트워크

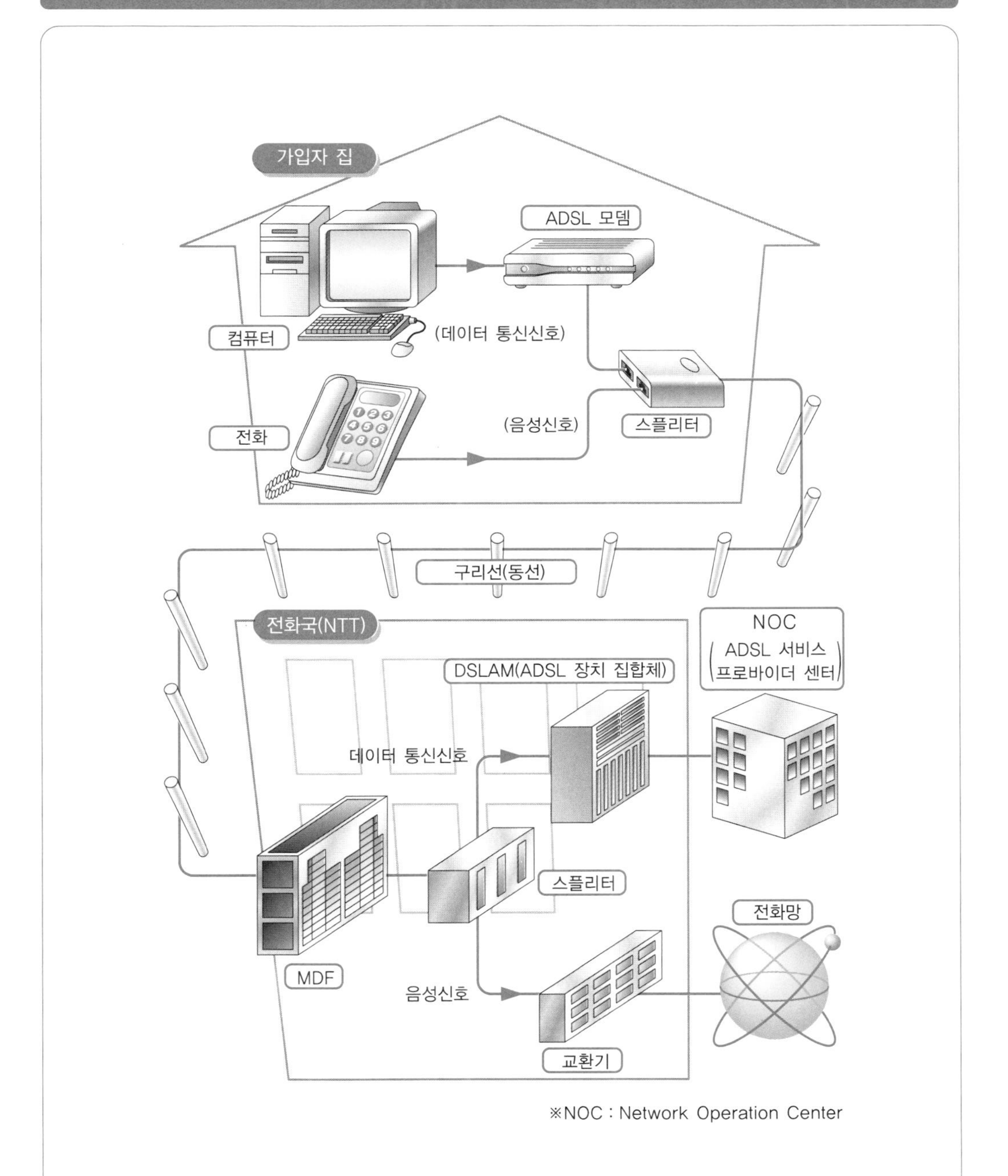

※NOC : Network Operation Center

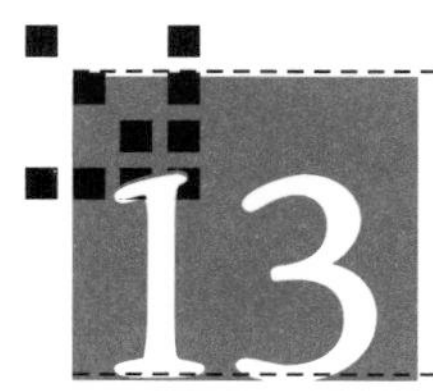

13 음성방송의 대명사 … 라디오 방송

라디오 방송이란 무선방송을 말한다.

중파방송은 526.5[kHz]의 주파수 대역부터 9[kHz] 간격으로 나누어, 120개 채널이 할당되어 있다. 중파는 지표면을 따라 전파되는 전파(지표파)이며, 특히 야간에는 전리층이라는 중파대를 반사하는 공간이 나타나기 때문에 넓은 지역에 걸쳐 전파가 도달한다. 특징으로는 건물이나 지형의 영향을 잘 받지 않으며, 자동차 같은 이동 물체에 대해서도 안정된 송·수신이 가능하다는 것이다.

하지만, 인접한 나라에서 오는 전파의 혼신장애와 잡음의 영향을 받기 쉽고, 주파수 대역이 좁아서 고음역의 소리가 커트되어 버린다는 단점이 있다. 중파방송은 3장의 변조회로에서 설명한 진폭변조가 이용되므로, AM 방송이라고 불리기도 한다. 단파대역의 전파는 지상 300[km]의 전리층에서 반사시키기 때문에 원거리까지 도달한다. 변조방법은 중파방송과 같은 AM 변조이다.

FM 방송은 76~90[MHz]의 주파수 대역을 사용한다. FM파도 3장에서 설명한 FM 변조(주파수 변조)를 사용하고, 연속잡음과 펄스 노이즈(모터와 전기 드릴, 오토바이, 자동차에서 발생하는 노이즈) 등의 영향을 잘 받지 않으며, 주파수 대역도 넓기 때문에 고음질의 소리를 즐길 수 있다. FM 다중방송은 FM 스테레오 방송보다 높은 주파수 대역을 사용하고, 문자정보 등으로 다중화하여 「보이는 라디오」와 교통정보, 자동차 내비게이션 정보, 각종 서비스를 방송하고 있다.

AM 라디오 방송의 수신구조는 그림 6-23과 같은 블록 다이어그램으로 나타낼 수 있다. 우선, 안테나로부터 전파를 수신한다. 고주파 증폭을 하여 주파수를 변환하고, 중간 주파수 증폭을 하여 검파한다. 그때 수신된 전파를 낮은 주파수로 변환하여 검파한다. 이것을 슈퍼헤테로다인(superheterodyne) 방식이라고 하며, 증폭의 안정성과 수신의 선국성능을 향상시킨다.

그림 6-23 AM 방송 수신용(슈퍼헤테로다인 수신기)

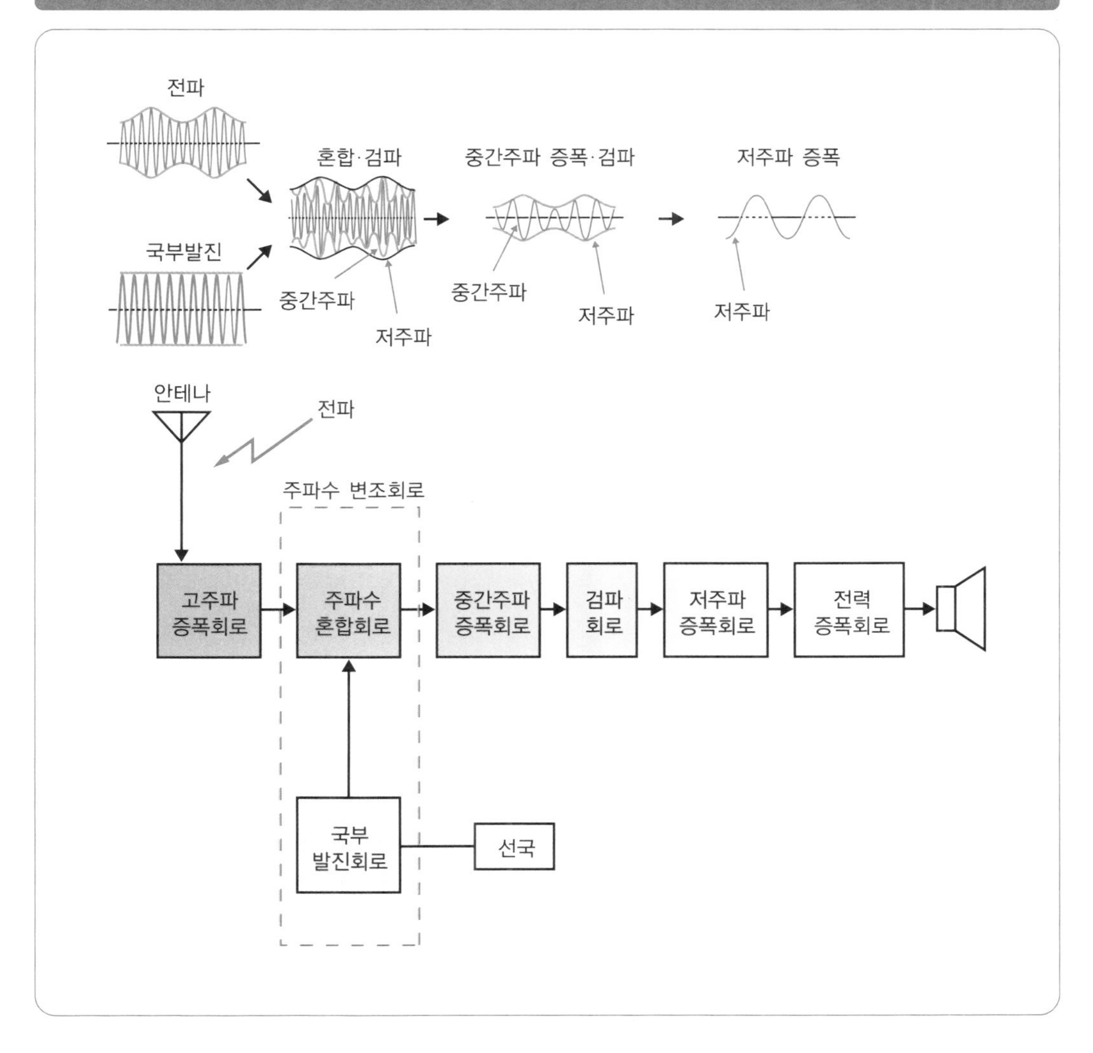

14 가장 가까운 영상방송 … 텔레비전

텔레비전이란 텔레비전 방송국에서 방송된 전파를 수신하여 영상과 음성을 재현하는 수상기를 말한다.

텔레비전의 영상은 1초에 30 프레임의 영상이 바뀐다. 이 30프레임의 변화를 통해 눈의 잔상효과에 의해 사물이 움직이는 것처럼 보이게 된다.

또한, 텔레비전은 수평방향으로 1화면 525줄의 주사선이라는 선을 두 번에 나누어 주사하고, 영상의 밝기와 색 정보를 도트에 의해 표시한다. 이것을 인터레이스(비월주사) 방식이라고 하며 깜박임을 없애는 것이 목적이다(그림 6-24). 또한, 그림 6-25는 525줄의 주사선으로 화면을 한 번에 모두 표시하는 논 인터레이스(순차주사) 방식으로, 주로 컴퓨터 모니터에 사용되고 있다. 주사선 525줄의 인터레이스 방식을 NTSC 방식이라고 한다. 세계에는 크게 나누어 3가지의 텔레비전 방식(NTSC, PAL, SECAM)이 있으며, 컨버터를 사용하여 볼 수 있다.

텔레비전의 동작을 그림 6-26의 블록 다이어그램으로 설명한다. 우선, 안테나를 통해 전파가 들어오고, 튜너(공진회로)에서 필요한 주파수대를 추출한다. 검파회로에서는 필요한 영상신호와 음성신호를 가져온 후 증폭회로에서 증폭한다. 수평 동기회로에서는 주사선을 좌측에서 우측으로 주사선을 이동시키며, 수직 동기회로에서는 주사선을 아래로 이동시킨다. 색 신호회로에서 RGB(Red, Green, Blue)의 색 신호를 분해하여 휘도신호와 합성하고, 3색의 전자총에서 화면을 향해 전자를 발사하여 화면의 형광면을 빛나게 한다.

덧붙여, 기존의 텔레비전 방송을 개량한 클리어비전이 있다. 클리어비전은 기존의 텔레비전 방송과 호환성이 있어 오래된 텔레비전으로도 볼 수 있고, 새 텔레비전으로도 볼 수 있다. 이 클리어비전에서는 고스트(ghost)를 제거하거나 논 인터레이스 방식을 채용하고 있다. 인터레이스 방식은 깜박임을 방지하기 위해서 채용했었지만, 큰 화면에서는 오히려 보기 괴로울 정도가 되기 때문에 한 화면 분량을 반도체 메모리에 기억시켜 디지털 처리를 한다. 클리어비전 방송은 큰 화면으로 볼 때 특히 효과가 나타난다.

그림 6-24 인터레이스 방식

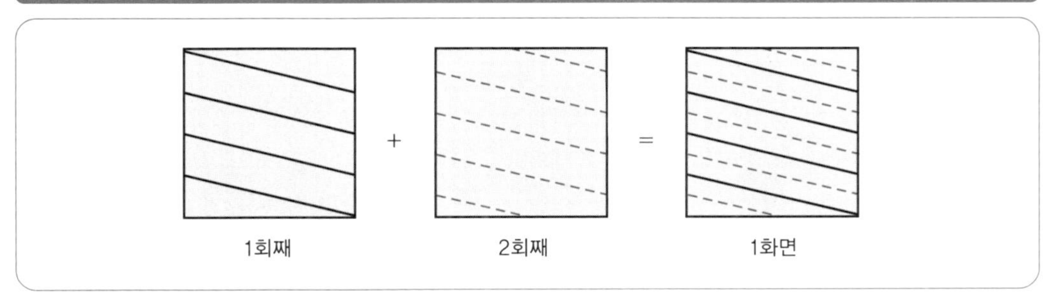

그림 6-25 논 인터레이스 방식

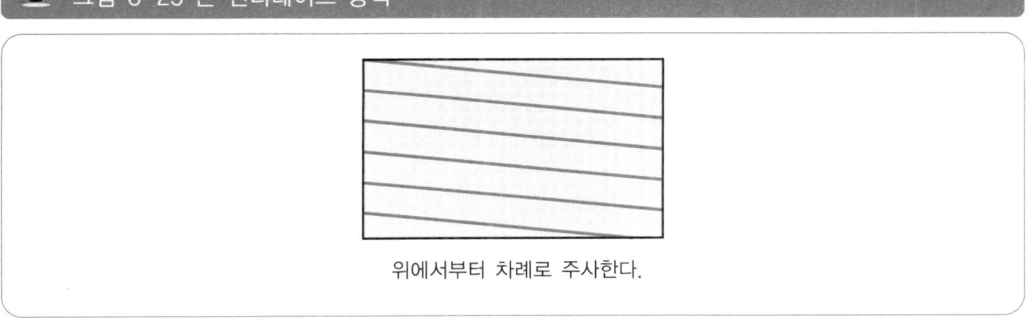

그림 6-26 텔레비전의 블록 다이어그램

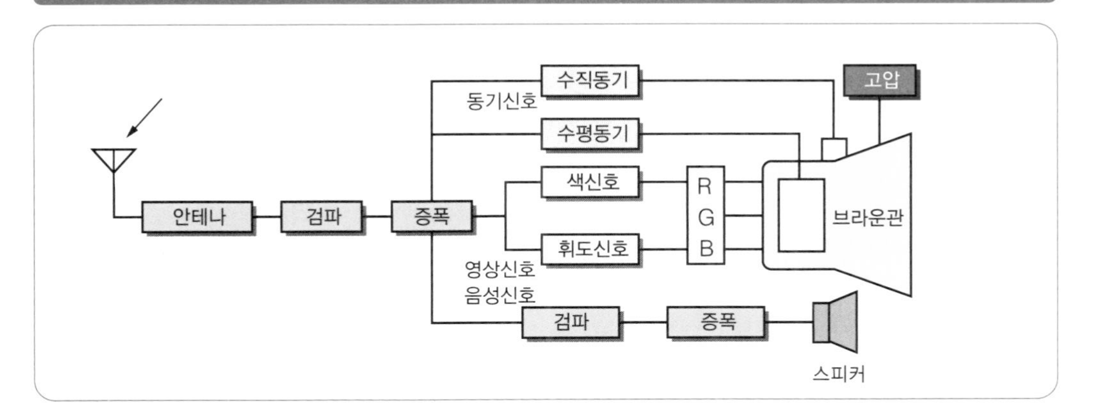

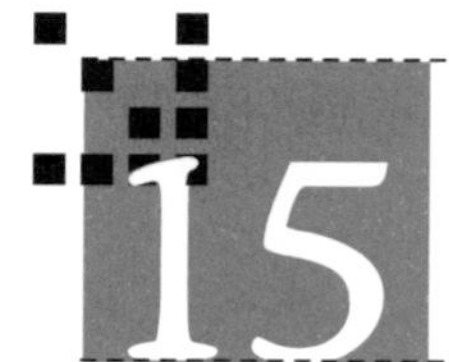

15 우주로부터의 방송 … 위성방송과 BS 디지털

위성방송(BS；Broadcast Satellite)은 그림 6-27과 같이 위성으로부터 직접 방송을 수신하는 시스템이다. 위성은 적도상공 약 36,000[km]에 쏘아올린 정지위성이다. 일본의 경우 약 38,000[km] 떨어진 위성으로부터 방송전파를 수신하고 있으며, 수신하기 위해서는 파라볼라 안테나와 BS 컨버터, BS 튜너가 필요하다. BS 튜너는 안테나와 일체화되어 있는 것이 많이 보인다.

■ 위성방송의 특징

① 지상방송 전파가 도달하지 않는 산간지방과 섬 등지에서도 시청할 수 있다.
② 재해 등으로 일부 지상설비가 파괴되어도 지장 없다.
③ 고스트(ghost)가 발생하지 않는다.
④ 음성이 PCM 방식이므로 잡음이 없는 깨끗한 음질이다.
⑤ 고화질로 하이비전까지 지원하고 있다.

위성방송의 구조는 다음과 같다. 우선, 지상 방송국으로부터 14[GHz]의 방송전파를 정지 방송위성의 파라볼라 안테나가 수신한다. 정지 방송위성은 전파의 중계기로써 사용되는데, 14[GHz]를 12[GHz]로 변환하여 파라볼라 안테나를 통해 지상으로 돌려보낸다. 날씨의 영향도 있기 때문에 장마나 수분이 대량으로 포함된 눈이 올 때는 전파도 크게 감쇠한다. 지상의 파라볼라 안테나에서 수신한 전파는 그림 6-28과 같이 BS 컨버터에서 UHF로 변환되어 텔레비전으로 보내진다. 또한, BS 디지털 방송은 위성방송을 디지털화한 것으로, 크게 3가지 장점이 있다. 즉,

① 고품질화 : 고품질의 음성 서비스, 고품질 하이비전 영상
② 다채널화 : 채널과 정보 선택 폭의 확대
③ 고능률화 : 각종 서비스, 쌍방향 기능, 리얼 타임 방송 가이드, 24시간 뉴스, 풍부한 정보 등이 있다.

또한, 전송기술의 혁신을 위해서 강우대책, 빈 채널의 이용, 잡음대책 등 다양한 연구가 진행되고 있다.

그림 6-27 위성방송의 구조

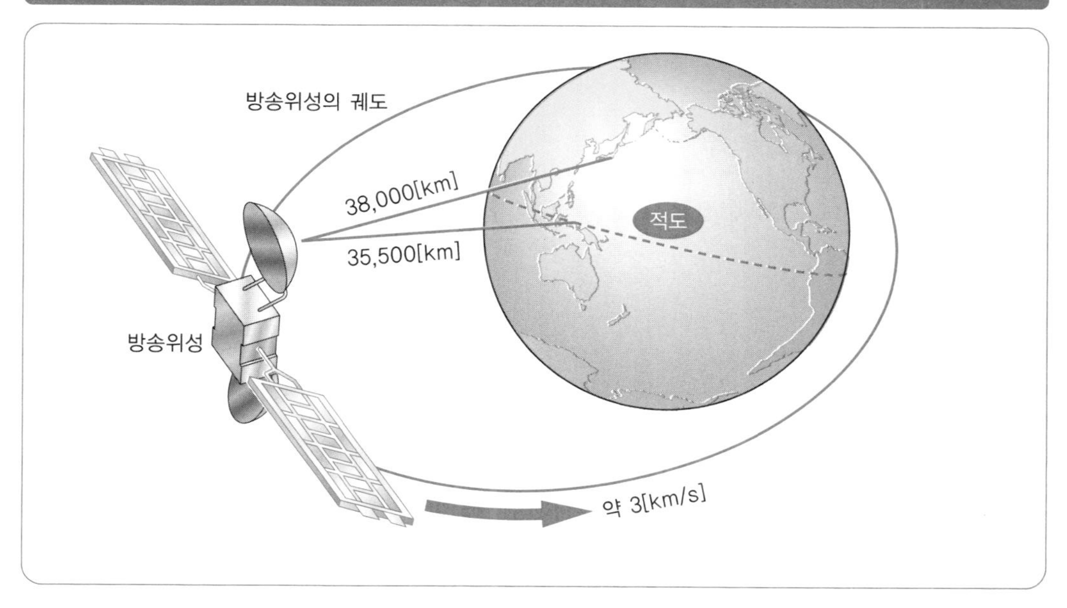

그림 6-28 위성방송의 수신

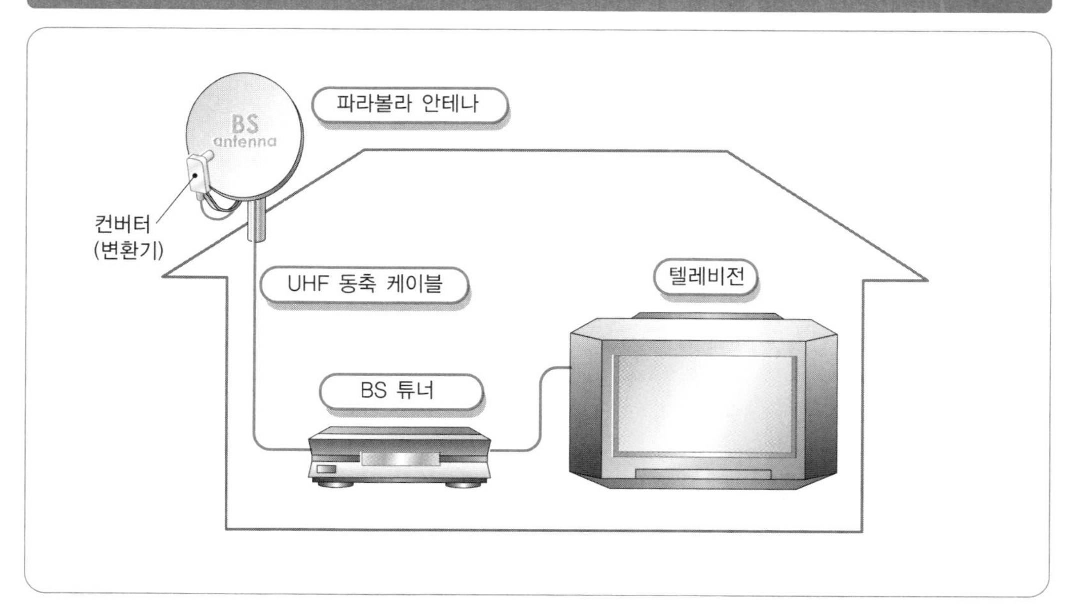

16 위치를 정확히 나타낸다 … 카 내비게이션

카 내비게이션은 자신이 운전하고 있는 자동차 등에서 현재의 위치를 알고, 목적지까지 길 안내를 하는 장치이다.

일반적으로 보급된 카 내비게이션은 CD-ROM이나 DVD에 기록된 지도 데이터를 참조하면서, 그림 6-29와 같이 GPS라는 우주에 있는 측지위성에 의해 현재 자신이 운전하고 있는 위치를 표시한다. GPS에 사용되는 위성은 지구의 궤도상에 24개가 배치되어 있다. 각 위성으로부터는 원자시계에 의해 정확한 전파가 발신된다. 그림 6-30과 같이 그 중 4개 이상의 위성으로부터 동시에 측지전파를 수신하면, 가로, 세로, 높이와 이동속도까지 카 내비게이션이 계산한다. 현재의 위치표시는 약 수십[m] 정도의 오차가 있으므로, 제조회사에 따라 다양한 보정방식이 있다.

예를 들어 나침반에 의한 방위신호와 타이어의 회전에 의한 차속신호로부터 위치를 결정하는 자립항법이나 FM 방송의 다중전파를 수신하여 보정하는 방법이 있어, 카 내비게이션의 정밀도를 높이고 있다.

카 내비게이션용 CD-ROM이나 DVD 디스크는 시간이 경과하면 정보가 오래되고, 또한 개인별로 필요한 정보가 다르기 때문에 그림 6-31과 같이 드라이버가 운전에 필요한 정보를 휴대전화로 인터넷에 접속하여 카 내비게이션의 목적지 설정에 이용하는 시스템이 주목받고 있다. Web 서버에 의해 목적지의 날씨와 검색 엔진, Web 페이지에서의 지도표시 등을 갖추고 있다. 또한, 검색한 정보로 운전계획을 만들고 메모리 카드와 서버에 저장한 데이터를 카 내비게이션에서 이용할 수 있는 서비스도 있다.

그림 6-29 GPS 위성궤도의 이미지

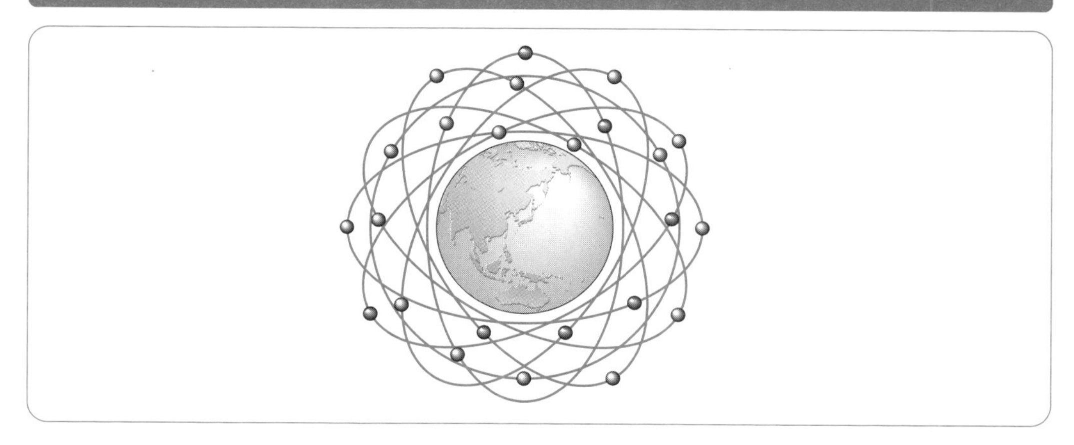

그림 6-30 카 내비게이션의 원리

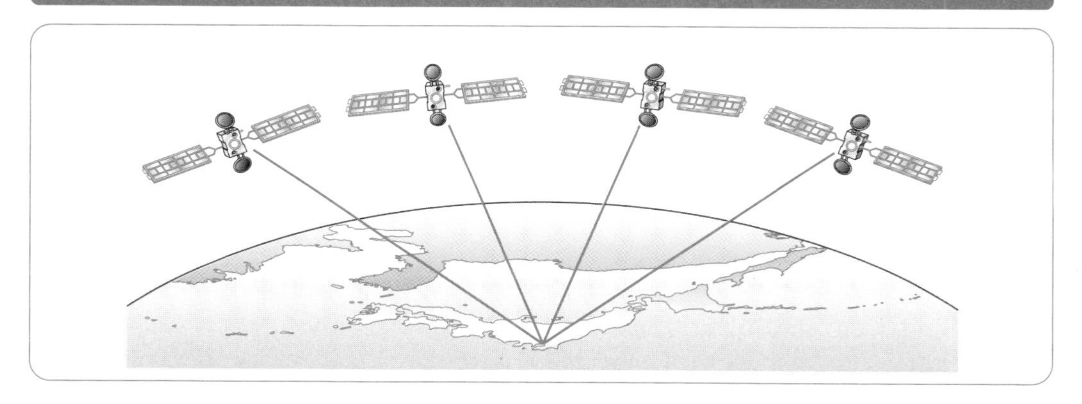

그림 6-31 인터넷을 이용한 카 내비게이션

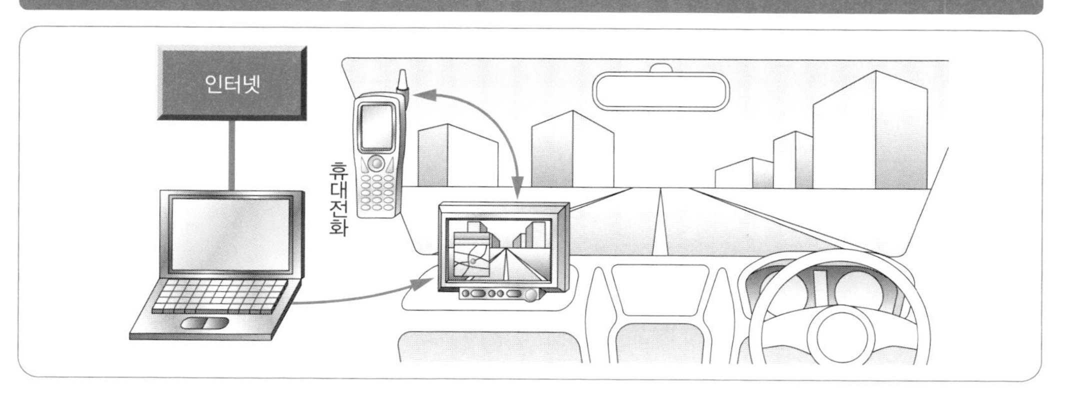

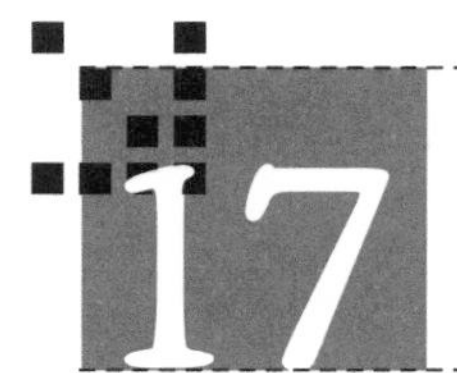

17 필름이 필요 없다 … 디지털 카메라

디지털 카메라와 광학 카메라(필름을 사용하는 카메라)는 모두 빛을 받아들여 렌즈를 통해 화상을 촬영한다. 외관만으로는 어느 쪽이 디지털 카메라인지 알 수 없다. 디지털 카메라는 필름이 아니라 그림 6-32와 같은 CCD라는 광신호를 전기신호로 변환하는 촬상소자를 사용하여 화상이나 영상정보를 디지털 신호로 메모리에 기록한다. 디지털 카메라의 화질은 CCD의 화소수와 광학계인 렌즈 부분에서 차이가 난다.

디지털 카메라의 주요 특징은 다음과 같다.

■ 고화질

CCD 촬상소자의 화질성능이 매우 향상되어 있다.

■ 간단한 조작

① 자동 노출제어에서는 CCD 전자 셔터 타이밍을 제어하고, 렌즈의 줌 변화에 대응하는 배광특성을 제어하거나 스트로보 제어도 할 수 있다.

② 오토 포커스 제어로 초점이 잘 맞는다.

■ 다기능

① **화질 모드** : 저해상도, 고해상도, 표준 등 화질을 선택할 수 있다. 또한, 큰 화소, 작은 화소, 표준 화소 등으로 화소의 사이즈를 선택할 수도 있다.

② **외부출력** : 디지털 카메라 본체로부터 영상 데이터를 출력한다. RS232-C, USB, 비디오 출력, 메모리 디스크, 스마트 미디어, 플래시 메모리 등 다양한 출력방법이 있다.

■ 확장성

편리한 기능이 기종마다 마련되어 있다.

그림 6-33은 디지털 카메라의 일반적인 블록 다이어그램이다.

그림 6-32 CCD의 외관도

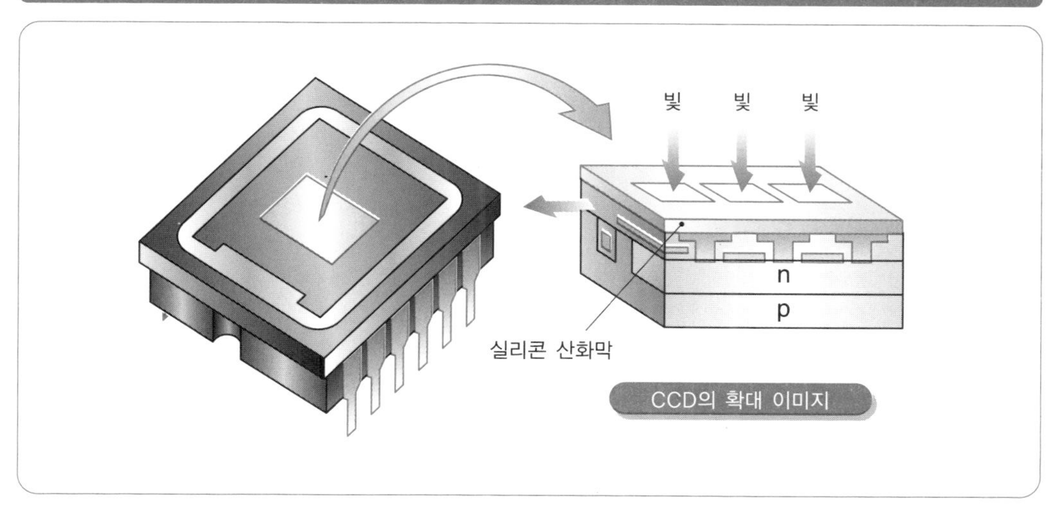

그림 6-33 디지털 카메라의 블록 다이어그램

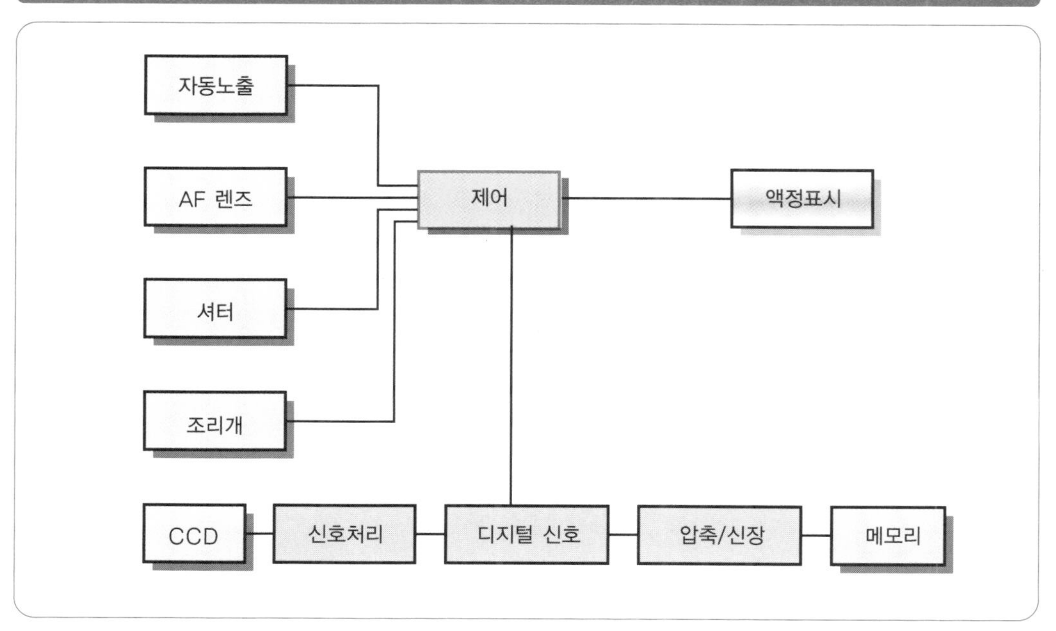

18 대부분의 사람들이 이용 … 휴대전화

휴대전화는 이동하면서 계속 전화를 할 수 있는 이동통신 서비스이다.

휴대전화의 무선전파는 주파수가 높아 일정 거리를 떨어지면 전파가 도달하지 않거나 하기 때문에 그림 6-34와 같이 작은 존 구역인 "셀"로 나누어 전파를 효율적으로 사용한다. 큰 존 구성의 회선수를 작은 존 구성의 회선에서 돌리면 작은 존 쪽이 회선수는 늘어나지만, 존이 늘어나면 설비·설치비용도 크게 불어난다.

휴대전화 접속의 특징으로는 휴대전화의 전원을 끊고 통화를 하지 않더라도, 현재 어느 셀에 위치하고 있는지 휴대전화가 송신하여 그 위치를 기지국이 파악하고 있다는 것이다. 휴대전화의 전원 스위치를 누르면 휴대전화는 ID를 기지국으로 송신하고, 기지국은 그 위치정보와 함께 현재 사용할 수 있는 빈 채널을 휴대전화에 알려준다. 휴대전화는 여기에 응답한다. 대기상태에서 발신할 때는 기지국으로부터 발신가능하다는 것과 빈 채널을 통지받고, 기지국에 휴대전화의 위치등록이 이루어지면 발신상태임을 통지한다. 휴대전화는 발신요구를 기지국에 송신하고 통지의 상대를 호출한다. 통화가 종료되면 휴대전화는 기지국에 통화가 종료했음을 알리고, 기지국은 회선을 절단한 후 절단완료를 휴대전화에 통지한다.

또한, 인기 있는 i 모드는 휴대전화와 패킷 통신을 조합한 서비스이다. 패킷 통신의 속도는 최고 9,600[bps]를 실현하고 있고, Web 브라우저와 E-mail도 간단히 다룰 수 있다. 그 때문에 Web 사이트 접속은 물론, i 모드 전용 서비스 메뉴를 이용할 수 있는 등 다양한 정보를 검색하고 콘서트 티켓 예약과 계좌이체 등도 가능하다.

그림 6-34 휴대전화의 구성

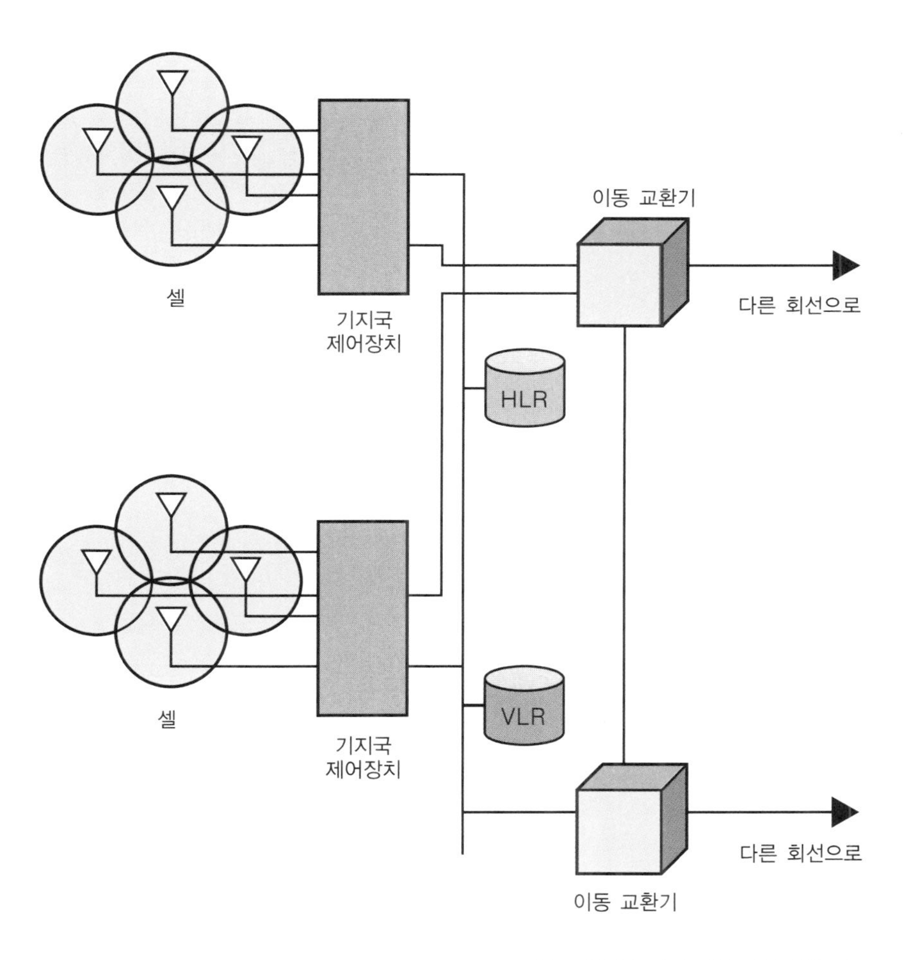

- HLR : 이용자·과금 정보 데이터베이스
- VLR : 위치정보 데이터베이스

찾아보기

숫자·알파벳

ㄱ

ㄴ

ㄷ

ㄹ

ㅁ

ㅇ

ㅈ

ㅊ

ㅋ

ㅌ

ㅍ

ㅎ

프로가 가르쳐 주는

전자회로

2012. 1. 26. 초 판 1쇄 발행
2012. 6. 8. 초 판 2쇄 발행
2013. 3. 15. 초 판 3쇄 발행
2014. 3. 25. 초 판 4쇄 발행
2015. 3. 13. 초 판 5쇄 발행
2017. 3. 31. 초 판 6쇄 발행
2019. 3. 13. 초 판 7쇄 발행

감수자 | 이다카 시게오(飯高 成男)
지은이 | 우다가와 히로시(宇田川 弘)
옮긴이 | 김성훈
펴낸이 | 이종춘
펴낸곳 | BM (주)도서출판 **성안당**
주소 | 04032 서울시 마포구 양화로 127 첨단빌딩 5층(출판기획 R&D 센터)
10881 경기도 파주시 문발로 112 출판문화정보산업단지(제작 및 물류)
전화 | 02) 3142-0036
031) 950-6300
팩스 | 031) 955-0510
등록 | 1973. 2. 1. 제406-2005-000046호
출판사 홈페이지 | **www.cyber.co.kr**
ISBN | 978-89-315-2634-9 (13560)
정가 | 23,000원

이 책을 만든 사람들
기획 | 최옥현
진행 | 박경희
교정·교열 | 이은화
전산편집 | 김인환
표지 디자인 | 박현정
홍보 | 정가현
국제부 | 이선민, 조혜란, 김혜숙
마케팅 | 구본철, 차정욱, 나진호, 이동후, 강호묵
제작 | 김유석

■ 도서 A/S 안내

성안당에서 발행하는 모든 도서는 저자와 출판사, 그리고 독자가 함께 만들어 나갑니다.
좋은 책을 펴내기 위해 많은 노력을 기울이고 있습니다. 혹시라도 내용상의 오류나 오탈자 등이 발견되면 "좋은 책은 나라의 보배"로서 우리 모두가 함께 만들어 간다는 마음으로 연락주시기 바랍니다. 수정 보완하여 더 나은 책이 되도록 최선을 다하겠습니다.
성안당은 늘 독자 여러분들의 소중한 의견을 기다리고 있습니다. 좋은 의견을 보내주시는 분께는 성안당 쇼핑몰의 포인트(3,000포인트)를 적립해 드립니다.

잘못 만들어진 책이나 부록 등이 파손된 경우에는 교환해 드립니다.